青少年万有书系
探索之旅系列

ZOUJIN DONGWU WANGGUO

走进动物王国

青少年万有书系编写组 编写

U0352541

北方联合出版传媒（集团）股份有限公司
辽宁少年儿童出版社
沈阳

编委会名单 （按姓氏笔画排序）

方 虹　冯子龙　朱艳菊　许科甲

佟 俐　郎玉成　钟 阳　谢竞远

谭颜葳　薄文才

图书在版编目（CIP）数据

走进动物王国/青少年万有书系编写组编写.—沈阳:
辽宁少年儿童出版社, 2014.1（2021.8 重印）
（青少年万有书系.探索之旅系列）
ISBN 978－7－5315－6028－9

Ⅰ.①走… Ⅱ.①青… Ⅲ.①动物－青年读物②动
物－少年读物 Ⅳ.①Q95-49

中国版本图书馆CIP数据核字(2013)第003555号

出版发行　北方联合出版传媒（集团）股份有限公司
　　　　　辽宁少年儿童出版社
出 版 人　胡运江
地　　址　沈阳市和平区十一纬路25号
邮　　编　110003
发行（销售）部电话：024－23284265
总编室电话：024－23284269
E—mail：lnse@mail．lnpgc．com．cn
http：//www．lnse.com
承 印 厂　三河市嵩川印刷有限公司

责任编辑　朱艳菊　谭颜葳
责任校对　李　爽
封面设计　红十月工作室
版式设计　揽胜视觉
责任印制　吕国刚

幅面尺寸：170mm×240mm
印　　张：12　　　字数：330千字
出版时间：2014年1月第1版
印刷时间：2021年8月第3次印刷
标准书号：ISBN 978-7-5315-6028-9
定　　价：45.00元

全案策划　唐码书业（北京）有限公司
WWW.TANGMARK.COM
图片提供　台湾故宫博物院　时代图片库 等
www.merck.com　www.netlibrary.com
digital.library.okstate.edu　www.lib.usf.edu　www.lib.ncsu.edu

ZONGXU 总 序

　　青少年最大的特点是多梦和好奇。多梦，让他们心怀天下，志存高远；好奇，让他们思维敏捷，触觉锐利。而今我们却不无忧虑地看到，低俗文化在消解着青少年纯美的梦想，应试教育正磨钝着青少年敏锐的思维。守护青少年的梦想，就是守护我们的未来。葆有青少年的好奇，就是葆有我们的事业。

　　正是基于这一认识，我社策划编写了《青少年万有书系》丛书，试图在这方面做一些有益的尝试。在策划编写过程中，我们从青少年的特点出发，力求突出趣味性、知识性、神秘性、前沿性、故事性，以最大限度调动青少年读者的好奇心、探索性和想象力。

　　考虑到青少年读者的不同兴趣，我们将丛书分为"发现之旅系列"、"探索之旅系列"、"优秀青少年课外知识速递系列"、"历史地理系列"、"最应该知道的为什么系列"和"最惊奇系列"六大系列。

　　"发现之旅系列"包括《改变世界的发明与发现》《叹为观止的世界文明奇迹》《精彩绝伦的世界自然奇观》和《永无止境的科学探索》。读者可以通过阅读该系列内容探究世界的发明创造与奇迹奇观。比如神奇的纳米技术将如何改变世界？是否真的存在"时空隧道"？地球上那些瑰丽奇特的岩洞和峡谷是如何形成的？在该系列内容里，将会为读者一一解答。

　　"探索之旅系列"包括《揭秘恐龙世界》《走进动物王国》《打开奥秘之门》。它们将带你走进神奇的动物王国一探究竟。你将亲临恐龙世界，洞悉动物的奇趣习性，打开地球生命的奥秘之门。

　　"优秀青少年课外知识速递系列"涵盖自然环境、科学科技、人类社会、文化艺术四个方面的内容。此系列较翔实地列举了关于这四大领域里的种种发现和疑问。通过阅读此系列内容，广大青少年一定会获悉关于自然以及人类历史发展留下的各种谜团的真相。

　　"历史地理系列"则着重于为青少年朋友描绘气势恢宏的世界历史和地理画卷。其中《世界历史》分金卷和银卷，以重大历史事件为脉络，并附近千幅珍贵图片为广大青少年读者还原历史真颜。《世界国家地理》和《中国国家地理》图文并茂地让读者领略各地风情。该系列内容包含重大人类历史发展进程的介绍和自然人文风貌的丰富呈现，绝对是青少年读者朋友不可错过的知识给养。

"最应该知道的为什么系列"很好地满足了广大青少年朋友的好奇心和求知欲。此系列分生物、科技、人文、环境四卷，很全面地回答了许多领域我们关心的问题。比如，生命从哪里来？电脑为何会感染病毒？为什么印度人发明的数字会被称作阿拉伯数字？厄尔尼诺现象具体指什么？等等，诸多贴近我们生活的有意义的话题。

　　"最惊奇系列"则为广大青少年读者朋友介绍了许多世界之最和中国、世界之谜。在这里你会知晓世界上哪种动物最长寿，宇宙是如何起源的，中国人的祖先来自哪里，传说中的所罗门宝藏又在哪里等一系列神秘话题。这些你都可以通过阅读《青少年万有书系》之"最惊奇系列"找到答案。

　　现代社会学认为，未来社会需要的是更具有想象力、创造力的人才。作为编者，我们衷心希望这套精心策划、用心编写的丛书能对青少年起到这样的作用。这套丛书的定位是青少年读者，但这并不是说它们仅属于青少年读者。我们也希望它成为青少年的父母以及其他读者群共同的读物，父女同读，母子共赏，收获知识，收获思想，收获情趣，也收获亲情和温馨。

　　谁的青春不迷茫？愿《青少年万有书系》能够为青少年在青春成长的路上指点迷津，带去智慧的火花，带来知识的宝藏。

Contents

目录>>

PART 1

动物奇趣

PART 2

认 识 动 物

PART 3

无脊椎动物（一）

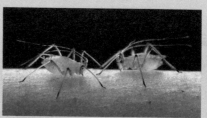

PART **4**

无脊椎动物（二）

PART 5

脊椎动物（一）

鱼类 80

PART 6

脊椎动物（二）

Part 1
动物奇趣

知识拓展：白色动物之乡是哪里？
答疑解惑：我国湖北的神农架林区，生活着白熊、白蛇、白喜鹊、白猴、白鹿、白乌鸦、白黄鼠狼等奇异动物。

▷ 会发光的动物
▷ 稀少的白色动物

奇妙有趣的动物

■ 会发光的动物

动物界里广泛存在着生物发光的现象，从原生动物到昆虫再到鱼类，无一不是如此。除了我们熟悉的萤火虫，珊瑚虫、虾、蛤、墨鱼等动物身体也可以发光，此外，蜈蚣、蜗牛和一些鸟类等也都能以各种形式放射出美丽的光。

那么，动物发出的光是从哪里来的呢？很多人认为这是磷的作用。其实，大多数动物会发光并不是由磷引起的。例如萤火虫，它能发光是尾部的发光细胞在起作用，发光细胞中的荧光素与荧光素酶能在空气中将化学能转变为光能，从而发出亮光。

水母
水母发光靠的是一种叫埃奎林的神奇的蛋白质，这种蛋白质遇到钙离子就能发出较强的蓝色光来。

海洋深处有许多鱼会发光，有的是由于鱼体附有发光的细菌，如带鱼发光就是身体上的发光细菌引起的。这些发光细菌常和鱼类共生，如长尾鳕等动物会利用共生发光细菌发出的光来照明和寻食，而发光细菌则从动物体中获取营养来维持生命。

有的动物发光是由于发光物质从动物体内排泄到皮肤上的缘故，这叫细胞外发光。例如，生活在深水中的墨鱼（乌贼）会喷射出一种发光的液体，这种液体能使追赶的敌人不知所措，墨鱼遂趁机逃生。

深海里还有一种灯笼鱼也会发光，那是因为它的发光细胞能分泌出一种含磷的腺液，腺液在腺细胞内可以被血液中的氧气氧化，在氧化反应中会放出一种荧光，这就是灯笼鱼发出的光。

此外，有一些深海鱼虽然发光器官很小，但发出的光亮却很强，如角鲨和乌鲨，它们的发光器分布在皮肤内，结构简单，数目却很多，能发出强烈的绿光来。更神奇的是，个体死后3小时，发光器仍能发出光来。

动物发光时是不发"热"的，因此动物学家称它们发出的光为"冷光"。总起来说，动物发光，有的是为了方便同类间相互辨认，有的是为了求偶，有的是为了诱捕猎物，也有的是为了防御敌害。总之，各种亮光都是动物用以觅食、联络和警戒的信号。

■ 稀少的白色动物

大自然赋予动物的色彩可谓多种多样，而唯独白色最为稀少。所以，我国古代常常把白色动物视为神灵宝物，即便到了现代，人们仍然将白色动物视为奇观。再加上有些动物的种群特征并非是白色，但偏偏会出现个别白色者，于是就显得更为珍贵。

在韩国京畿道的山区里，有一种喜鹊，

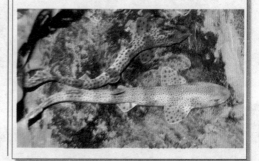

角鲨
角鲨是软骨鱼纲板鳃亚纲的一目。常见的有白斑角鲨、长吻角鲨、短吻角鲨等。

白狮子

白狮子作为单独的品种在自然界中并不存在，它是非洲狮产生变异，毛色变为白色的结果。

科学家曾对神农架地区的白熊进行过一番考察研究，发现这种白熊行踪不定，长期生活在海拔1500米以上的原始箭竹林中，以野果、竹笋为食，体形似黑熊，脸比黑熊短，视觉比黑熊强，没有冬眠习惯，常在雪地里寻找食物。白熊毛细如绒，颈部和肩部的毛较短，上唇和鼻呈淡红色，眼睛也是红的，头长尾短，两耳竖立，性情温驯，高兴时会直立起来手舞足蹈，有时还会模仿人的动作。

白蛇

《白蛇传》的故事流传了近千年，其主角是一条修炼成精的白蛇。自然界中，白色的蛇非常少见，即使有也是某些蛇种的变异。

它一反普通喜鹊白尾黑羽的模样，周身雪白，被视为前所未见的稀有之鸟。亚美尼亚共和国塔洛尼克国营农场曾出生过一头白毛水牛，被动物园征去吸引游人，慕名而来的游客成千上万。1966年，西班牙人在赤道几内亚捕获了一头白色大猩猩，把它养在巴塞罗那的动物园中，人们将它视为珍宝。另外，印度的白虎、非洲的白狮、北极地区的白熊、我国台湾和云南的白猴等，也因其数量稀少而备受关注。

然而，最吸引人的还要数堪称世界白色动物之乡的神农架的白色动物。神农架位于湖北省西部，以大神农架山得名。1954年，一位药农在熊窝中发现了一只白色小熊。1977年，一支科学考察队又在神农架地区捉到了好几种白色动物。迄今为止，这一地区已发现了白金丝猴、白熊、白狼、白蛇、白松鼠、白乌鸦、白龟、白鹿、白雕、白麂、白蜘蛛等20多种白色动物。

至于其他种类的白色动物，科学家们认为有少数可能是远古时代残存下来的孑遗品种，而大多数则属于白化现象。神农架林区的白色动物为何如此之多，一直以来科学家们都在苦苦探索，寻求答案，但至今也未形成定论。不过据科学家们推测，神农架林区特殊的地质、水文、气候等诸多环境因素可能是导致该区域出现众多白色动物的重要原因。

■ 身体透明的动物

在优胜劣汰、适者生存的残酷竞争中生存下来的动物，大多在漫长的岁月中进化出了一些能够很好地保护自己的奇特本领，隐形就是其中之一。有些动物长了一个透明的身体，让人不易发觉，但它们却真实存在着，动物学家称之为隐形动物。例如，水族中的玻璃鱼、透明虾、面条鱼、海蜇等都属于隐形动物。

海蜇是一种消极防御类隐形动物，能在大海中上下垂直游动。尽管不同深度的海水颜色不一样，但由于它的身体透明，所以不论游到什么位置，它都能与海水浑然一色，从而达到隐藏自己的目的。玻璃鱼和透明虾的自

白狐

白狐又叫北极狐，是北极地区的特产。神农架发现的白狐和北极狐没有关系，属于当地狐狸的变异品种。

海蜇
海蜇为海生腔肠动物，蜇体呈伞盖状，通体半透明。

卫能力较差，但由于身体透明，能在水中很好地隐蔽自己，从而逃离捕食者的视线。

陆栖动物也有一些是透明的，如生活在南美洲的蛇眼蝴蝶，它们的双翼像两扇玻璃窗子，在空中飞舞时几乎看不见它的形体。

还有一些隐形动物，身体只有一部分透明，其他部分却是不透明的。如两栖节肢类动物钩虾，身体透明，内脏却不透明。因此捕食者看到的只是它的肠胃，而不是它的整体。因为它的肠胃看起来小得不值一吃，于是捕食者也就懒得理会它了。

隐形动物都具有透明度很高的肌肉组织和皮肤组织，皮肤组织中几乎没有色素，因而皮肤也就没有色素细胞，所以看上去就是透明的。还有，只要这些动物能保持细胞和身体组织的活性，就能保持其透明度。倘若动物死去，其透明度就会完全丧失。

■ 会使用工具的动物

人类作为灵长类动物，会制造和使用工具。其他动物虽不会制造工具，却也会使用石块或木棍等进行捕食或防御。

海獭就是会使用工具的动物之一。海獭捕食时，会潜入水底，寻找螺、蛤等贝类动物。当它找到食物时，就会把食物放到腹部，再拾起一块石头，

然后慢慢仰浮到海面。接着，它用前肢夹住石块往食物的贝壳上猛砸，直到把贝壳砸碎，这样海獭就可以悠闲地美餐一顿。为了满足口腹之欲，海獭做这件事时相当有耐心，吃完一个，它会急急忙忙地去寻找下一个目标。

有些种类的蚂蚁在找到食物后，如果食物很小就当场吞食掉，如果食物太大，它们会找来同伴集体把食物搬到树叶上，再齐心协力把树叶抬到洞里去。

太平洋的加拉帕戈斯群岛上生活着一种啄木地雀，它爱吃小昆虫，常用细长的尖嘴啄树木，寻找食物。一旦发现树孔中藏有虫子，它就把树皮啄穿，把小虫子从里面啄出来享用。有时洞孔太深，尖嘴无能为力，啄木地雀就找来细树枝条或仙人掌刺，用嘴将多余的部分截去，再把树叶啄掉，然后衔着枝条的一端，将另一端伸进洞里把虫子拨弄出来，饱餐一顿。要是找到一件得心应手的工具，啄木地雀会在用完一次后把它留下来，并且经常带在身边，以备不时之需。

大象会用鼻子抓住树枝来搔痒；埃及秃鹰会用岩石将鸵鸟蛋敲碎来饱餐一顿；黄蜂也会用工具，雌蜂用泥土把卵封起来后，会用嘴衔着一小块鹅卵石将封口敲紧；最令人叫绝的是

大象
大象的鼻子长而灵巧，不仅能用来获取食物，而且能够用来操作多种工具。

北极熊，它会将一种幼海豹从水中抓起来，把它弄伤，然后再放回水里，受伤的小海豹所发出的哀叫声及浑身散发的血腥味会把它的母亲引来，于是海豹母子就都成了北极熊的腹中之物。

至于灵长目的猴或猿类更是巧用工具的能手。它们不仅会用工具来取食，还会把工具当武器来御敌。狒狒会用树枝来击打有毒的蝎子，直到对方不能动弹为止；黑猩猩更是经常挥动树枝来威胁敌手，而且还会用树枝撬开东西。

聪明的黑猩猩
黑猩猩能辨别不同颜色和发出32种不同意义的叫声，能使用简单工具，是已知仅次于人类的最聪慧的动物。

而下入海产卵，而幼鳗又会逆流而上回到内河。它们是靠水流来认路的。

非洲南部的一些岛屿上，生活着一种生性胆小的蛇，人们称它为"撒粉蛇"。它离开"家"后便沿途抖落一些身体表面的粉末，这些粉末颜色明艳，气味浓烈，撒粉蛇就是靠这种粉末的引导回到自己洞穴中的。南非森林中有一类灰鼠，它们在出远门时，每走一段距离就用嘴拱起一个小土堆，回来时，只要找到小土堆便可找到回家的路了。不过一旦土堆遭到破坏，它们就无计可施，找不到回去的路了。

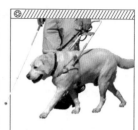

导盲犬
导盲犬是经过严格训练的一种工作犬，可以帮助盲人去学校、商店、洗衣店、街心花园等。它们习惯于颈圈、导盲牵引带和其他配件的约束，懂得"来"、"前进"、"停止"等口令，可以带领盲人安全地走路，当遇到障碍和需要拐弯时，会引导主人停下以免发生危险。

■ 天生认路的动物

世界上许多动物都具有天生认路的本领，即使离"家"再远，也能找到住所，而且从不迷失方向。那它们都是怎样认路的呢？总体来说，每一种动物的认路方式都不一样。

信鸽是认路的高手，即使把它带到千里之外的地方去放飞，它也能很快、很准确地飞回自己的窝里。其原因主要是它能靠地球的磁场来确定飞行方向。

马也是认路的行家。把一匹马牵进一片茂密的森林里，它能顺着原来的路回到马棚。它是靠一路上的景物、颜色、声音、气味等外界环境刺激大脑产生记忆来认路的。

蜜蜂每天都要离开蜂巢到很远的地方去采蜜，它靠识别空气中的偏振光来认路，从而回到自己的巢中。大雁每年要南迁北徙，往返的路程长达数千千米，它把太阳和星座作为飞行的定向标，从不迷失方向。生活于内河中的鳗鱼，每年春天会顺流

■ 能预知灾难的动物

大量事实表明，有些动物能对即将来临的灾难作出精确的预测。比如水母具有预知台风的能力，往往会在风暴来临之前迅速逃走。

还有些动物具有预测地震的能力。在地震爆发前，地磁、地电、地温、地下水、大气等都会发生相应的变化，而有些动物对这些变化感觉十分灵敏，所以它们能在第一时间预知地震的发生。蟑螂的一对尾须上覆盖着2000多根密密麻麻的丝状小毛，小毛的根部是一个高度灵敏的微型"感震器"，不但能感觉到震动的强度，而且能感觉出压力的来源。在日本，有一种鲇鱼在地震前会翻身。鲇鱼的身体对轻微震动感觉十分敏锐，地震前所引起的微弱的电流变化，也能被鲇鱼灵敏异常的感觉器感受到。

不少鱼类在地震前会浮上水面，有的甚至还会跃上岸来。鱼类之所以能预感地震，是由于它们具有相当灵敏的振动感觉器官——内耳

和侧线。内耳感觉较高的振动频率，侧线感觉较低的振动频率。

此外，在地震前，很多动物都会有反常现象，如牛、马、驴表现为少食、惊恐，猪、羊、兔会显得躁动不安，此外还有鸡飞狗叫，蛇鼠出洞，猫儿乱窜，燕子、鹰群飞走等反常现象出现。这些都是地震即将发生的"报警信号"。

黄鼠狼

黄鼠狼是能预知地震的动物之一。据记载，在唐山大地震前三天，就有人发现成百只黄鼠狼从一旧城墙内倾巢出动，大的黄鼠狼或背或叼着小的黄鼠狼向村里转移。

■ 会自杀的动物

生存是大自然中一切动物的本能，自从地球上出现生命以来，它们就无时不在利用自己的优势和大自然做顽强的抗争，以求得自身的生存、繁衍和发展。但是，也有许多动物义无反顾地走上了自杀之路，这是什么原因呢？

动物自杀的内因千奇百怪，有些动物自杀竟然是为了自救。蝎子自杀就是其中一例。动物学家发现，无论是在自然条件下还是在实验条件下，蝎子对火都畏若神明。如果在野外遇火，蝎子便躲在碎石下、树叶下或土洞中不出来。要是大火把它们团团围住，蝎子便弯起尾钩，朝自己背上猛刺一下，然后便瘫软在地，抽搐而"死"。有人认为蝎子这种自杀行为源于古代蝎子恐火特性的遗传，而动物学家给出了更科学的解释：蝎子习惯在阴暗、潮湿的环境里生活，一旦见到火光便会本能地假装自戕而死（蝎毒根本毒不死自己），这是它保护自己的一种手段。

鲸类集体自杀也是很常见的事情。1946年10月，在阿根廷的马德普拉塔海滨浴场，有835头鲸齐齐游向海岸，冲向海滩，在海滩上挣扎了好一会儿，终于窒息而死。

1985年12月，在我国福建省打水呑湾的洋面上，一群抹香鲸乘着涨潮的波浪冲向海滩，结果全部搁浅。渔民们采用各种方法，甚至用机动帆船驱赶鲸群返回海洋。可是刚刚被驱赶回海里的鲸鱼竟然再次冲上滩来，停在那里哀号、挣扎，直至退潮，12头长12~15米的抹香鲸全部毙命。

乌贼有时也有集体自杀的行为。1976年10月，在美国科得角湾沿岸辽阔的海滩上，成千上万只乌贼突然争先恐后地冲上岸来，仿佛是赶着参加一个盛大的聚会。因为乌贼在陆地上不能呼吸，所以没过多久便全部死亡了。

鸟类中也有自寻短见的。印度阿萨姆邦詹金根地区有一个叫贾迁加的村子，每年8月中旬左右，在无月光的夜晚，都会有数百只鸟逆风飞进村里，只要见到光源就猛地飞撞过去，有的甚至飞进有亮光的卧室，当场撞死，少数会活到第二天。当村民给它们喂食时，它们竟不约而同地开始绝食，不到两天，这些鸟便全部死去。

北欧的田野里有一种老鼠叫旅鼠。这种鼠的繁殖力很强，数量很多，食量也很大。每到一处，它们都把当地的植物吃得精光，甚至会把牲畜也咬伤。而当地的植物资源有限，无法填饱它们的肚子，因此，旅鼠的世界常常发生饥荒。每逢饥荒，数以万计的旅鼠便从四面八方蜂拥而来，一时间方圆几百里的地方就都成了它们的天下。凡是它们经过的地方，庄稼、草木都被洗劫一空。

最后，它们会直奔海洋，在挪威海岸集体自杀。

旅鼠

旅鼠从春到秋均可繁殖，繁殖力极强。但是，旅鼠的种群总是维持在数量刚好合适的水平。如果种群过大，自杀便成为它们用以减轻种群压力的方式。

抹香鲸的骨架

抹香鲸喜欢群居，常结成5至10只或多至200至300只的群体。有时，整个鲸群会集体自杀。

▶ 三叶虫——古生代的海洋霸主　知识拓展：最大的三叶虫化石有多大？
▶ 恐龙——中生代的地球霸王　答疑解惑：最大的三叶虫化石是 2000 年在加拿大发现的，
　　　　　　　　　　　　　　长 72 厘米，宽 40 厘米，是迄今为止发现的最大的三叶虫化石。

动物奇趣

❧ 已灭绝的动物

■ 三叶虫（Trilobite）——古生代的海洋霸主

三叶虫生活场景复原图
三叶虫全属海生，多数营游移底栖生活，少数钻入泥沙
中或营漂游生活。

三叶虫是已经灭绝的古生代海洋节肢动物。出现于寒武纪早期，种属和数量都很多，到寒武纪晚期时发展到高峰，至奥陶纪时依然很繁盛，进入志留纪后开始衰退，而到二叠纪末则完全绝灭，繁衍历经 3.5 亿年。

三叶虫体形扁宽，背面正中突起，两侧较扁平。背上有两条纵沟，把身体纵分为三叶，三叶虫由此得名。早期的三叶虫一般头部巨大，尾部短小；中期的三叶虫头、尾大小基本相等，尾部长有不同类型的棘刺；晚期的三叶虫头、尾有一半是光滑浑圆的。三叶虫演化迅速，数量繁多，分布广泛，大小不一，是古生代，尤其是早古生代的重要虫类之一。

三叶虫全部生活在海洋中，以水中的

三叶虫复原图
三叶虫属于节肢动物门三叶虫纲，虫体外壳纵分为一个中轴和两个侧叶，故名三叶虫。三叶虫虫体由前至后，又可分为头、胸、尾三部分。

小动物和低等植物为食，绝大多数营游移底栖生活，少数可钻入泥沙中摄取养料，有的则附着在海藻上或随洋流漂游。三叶虫在海底过着爬行生活，也短暂游泳，但是游速异常缓慢。当时，三叶虫家族几乎占据了整个海洋，所以被人们称为古生代的霸主。

二叠纪末期，由于地壳运动引起的环境变化，致使三叶虫彻底灭绝，而一种原始脊椎动物——硬骨鱼类逐渐兴盛起来。科学研究表明，那时候，硬骨鱼类有了较大的发展，它们不仅演化出了骨质甲片，可以进行有效的外界防御，而且有了大脑和比较发达的感觉器官。这样，硬骨鱼能有效避开水蝎等水中敌手的捕杀，从而滋长发展，进化出形态各异的种类，逐渐成了海洋中的优势动物种群。

■ 恐龙（Dinosaur）——中生代的地球霸王

恐龙是一种已经灭绝的爬行动物，出现在 2.45 亿年前的三叠纪晚期，至白垩纪晚期灭绝。在中生代时，恐龙是地球上繁衍最旺盛的物种之一，所以中生代又被称为"恐龙时代"。

古生物学家通过研究恐龙化石发现，恐龙实际上包括两类截然不同的动物，即蜥臀目和鸟臀目。与今天的爬行动物类似，恐龙也是皮肤粗糙，身披鳞片，绝大多数是冷血动物，并且下蛋；但它们的腿长在身体底面，向下直伸，可以像哺乳动物一样站立行走。目前，已经发现的恐龙超过千种，而且还不断地有新的发现。

【动物趣闻】
很多三叶虫化石都有被啮咬过的伤痕印迹，且 75% 都集中在右侧。科学家推测，三叶虫和它的捕食者都喜欢使用右侧。

● 雷龙

雷龙是巨型长脖食草恐龙之一，是恐龙中最大的一种，全长 21 米，有的身长达 30 多米，平均体重约 35 吨。这种像肉山一样的大个子恐龙，长着长长的脖子和一个小小的脑袋，以草或树叶为食，每天会在进食上花费大量时间。雷龙喜欢群体活动，当一大群雷龙从远处走来时，一定是一种尘土蔽日、响声如雷的壮观场面。我们常在博物馆见到的一些恐龙化石，大多就是这种恐龙。

【动物趣闻】

在 6500 万年前白垩纪结束的时候，曾经统治地球几千万年的恐龙突然灭绝了。关于恐龙灭绝的原因，有的观点认为，6500 万年前曾有一颗直径 7 至 10 千米的小行星坠落在地球表面，引起了一场大爆炸，从而导致了恐龙的灭绝。有的科学家则提出，数量惊人的草食性恐龙吃下大量的史前蕨类后，无法将其充分分解吸收，从而在体内产生大量氨气和甲烷，并以"放屁"的形式排放到空气中，造成环境巨变，从而导致恐龙灭绝。

● 剑龙

剑龙是完全用四足行走的恐龙，出现于 1.5 亿年前，与大象差不多大小。它前肢短、后肢长，整个身体就像一座拱起的小山，山峰正好在臀

剑龙

剑龙个子很高，但头很小。有人认为，在剑龙的臀部还有一个扩大的神经球，它大约是大脑的 20 倍大，能指挥后肢和尾巴的行动，所以有人说剑龙有两个大脑。

部。从已发现的化石可知，剑龙的背上有两排三角形的骨板，从颈部一直排到尾巴，宛如一把把插着的尖刀。

● 霸王龙

霸王龙是肉食性恐龙中最大的一种，出现在恐龙时代的最末期，距今大约 8000 万年。霸王龙的身体高达 14 米，体重大约 10 吨，后腿十分粗大强壮，每一颗牙齿都有成人的手掌那么大。奇怪的是，它们的前腿却非常短小，短得甚至没法把食物送入口中。曾经有人认为霸王龙是笨重迟缓的动物，但是最新的研究表明，霸王龙奔跑起时速可达 40 千米以上。如果真是这样的话，恐怕没有什么猎物可以逃过它的追杀。

霸王龙

霸王龙长有 60 颗匕首一样锐利的牙齿，还有一张比任何陆地动物都大的嘴。此外，对从霸王龙化石中提取的蛋白质进行化学分析的结果显示，霸王龙与现在的鸡是亲属关系。

● 角龙

角龙是一种头上长角的恐龙，一般分为两大类群，即鹦鹉嘴龙类和新角龙类。它们共同的特点是，头上有角质的钩状喙嘴，嘴的前部有高度发达的拱状骨板，有大小轻重不等、形状各异的颈盾。角龙科中最著名的就是三角龙了。三角龙中最大的有 9 米长、3 米高，重量可达 10~12 吨，相当于 5 头犀牛的重量。角龙的头骨

三角龙
据科学家推测，角龙不同形状的角除了可以作为武器外，还可能是角龙内部用以区分雌雄的标志。另据推测，雄性三角龙的颈盾可能是五颜六色的，以便吸引雌性，繁衍后代。

后面、脖子周围有一个短而较大的骨质颈盾，颈盾的周围长满了骨质的棘状突起。值得一提的是，三角龙巨大的角几乎是坚不可摧的。

● **蛇颈龙**

蛇颈龙是一类在浅水环境中生活的恐龙，以鱼类为食。它们的外形看上去就像是一条蛇从一个乌龟壳中穿了过去：头小、颈长、尾巴短、躯干像乌龟。蛇颈龙虽然头部偏小，但嘴很大，口内长有很多细小的锥形牙齿。蛇颈龙的身体非常庞大，长达 11~15 米，个别种类可达 18 米。它长着适于划水的四个肉质鳍脚，既能在水中往来自如，又能爬上岸来休息或产卵繁殖后代。

■ **始祖鸟（Archaeopteryx）——鸟类的始祖**

始祖鸟大小如乌鸦，外表界于鸟类与恐龙之间，是地球上最早出现的鸟类之一。始祖鸟的身长约 37 厘米，长长的尾巴占了身体的一大半。据科学家们考证，始祖鸟大约生活在 1.5 亿年前。这种古鸟具有爬行类动物向鸟类动物过渡的形态特征。从骨骼化石上看，它具有爬行动物的牙齿、爪子、带骨骼的尾巴，还有鸟类的羽毛和叉骨等。始祖鸟的牙齿和翅膀前端长有三只长指爪，这是现代鸟类所没有的；但其脚趾却和现代鸟类一样，呈三前一后排列，

可以平稳地行走。

始祖鸟虽然长着牙齿和一长串由尾椎组成的大尾巴，看上去像是一只带羽毛的恐龙，但实际上它已经跨越了爬行动物的门槛，成为鸟类的始祖了。始祖鸟的发现成为生物进化论的一个强有力的证明，因为在生物进化上它具有典型的过渡性，这恰好填充了从爬行动物进化到鸟类的缺失环节。

有人认为，从始祖鸟身上一系列与爬行动物相似的特征可以看出，始祖鸟在适应飞行方面的构造还很不完善，所以人们推测它只能在低空滑翔。

关于始祖鸟的"飞行"，还有不同的说法。一种意见认为它原来是一种善于奔跑的动物，奔跑时会用前肢拍打空气以加快速度，长此以往，前肢上由鳞片变成的原始羽毛的变异类型在适应这种习性的过程中逐渐得到完善，最终演化出翅膀，使始祖鸟得以在空中滑翔；还有一种观点认为，始祖鸟的飞行源于它树栖的生活习惯，而在树上使用带羽毛的翅膀滑翔是一种有利的活动方式，渐渐地，始祖鸟进化出了在空中飞翔的能力。

始祖鸟
始祖鸟是最早出现的鸟类之一，体形与现代中型鸟类大小相当。由于始祖鸟兼有鸟类和恐龙的特征，所以一般被认为是恐龙与鸟之间的过渡性生物。

【动物趣闻】

1996 年在中国辽西热河生物群中发现了一种鸟类化石，这种化石被定名为"中华龙鸟"。它的骨架大小有 1 米左右，生存于距今 1.4 亿年的晚侏罗纪。中华龙鸟的发现为鸟类是恐龙的后裔这一观点提供了一定的证据。

■ 恐角兽（Dinoceras）——丑陋笨重的食草动物

恐角兽复原图
恐角兽生活在3700万年前，是早期最大的食草哺乳动物之一。躯体粗大，四肢笨重，脚又阔又短，嘴巴两边各伸出一个长长的匕首状犬齿。

恐角兽身长4米，高2米，大小与今天的犀牛相仿，是一种生活在4000万年前的巨型食草动物，也是早期最大的哺乳动物之一，又称尤因它兽。恐角兽躯体巨大浑圆，四肢粗壮，头部小而长，眼鼻上方及头顶生有3对短角，1对犬齿又粗又大，露出唇外形成獠牙。恐角兽不仅相貌古怪，而且行动缓慢，反应迟钝。

从在亚洲和北美洲发现的恐角兽化石可知，恐角兽最早出现于上古新统时期，始新世早中期时相当繁盛，晚期较罕见，渐新世一开始即绝灭。恐角兽典型的代表是北美洲中始新世的尤因它兽，大小如犀牛，四肢粗壮，足有五趾，头上长有三对角。而早期原始的恐角兽类头上无角，亚洲最晚的戈壁兽也无角。虽然恐角兽上门齿逐渐退化、消失，但其下门齿始终都未减少。一般认为，恐角兽目只包括尤因它兽科一科，分原恐角兽亚科、尤因它兽亚科和戈壁兽亚科三个亚科。

■ 剑齿虎（Smilodon）——长着剑齿的猛虎

剑齿虎与现在的老虎体形差不多，出现在距今3500万年前的渐新世，是活跃于欧亚大陆上的一种长牙老虎，在100万年前的更新世就已

经灭绝了。剑齿虎的上犬齿比现代虎大得多，甚至比野猪的獠牙还要大，如同两柄倒插的短剑。科学家们正是根据它这一最明显的特征给它取名为"剑齿虎"。它的嘴能张得很大，专门吃象和犀牛之类的厚皮动物，四肢趾部前端生有利爪，不能长距离奔跑。

美洲剑齿虎出现于上新世晚期，是当年巨剑齿虎进入美洲之后演化出的新类型，它们长着非常尖锐的"匕首牙"，体形巨大，灭绝时间晚，出土化石多。由于美洲剑齿虎主要出现在古生物学最发达的美国，因而尽管它们在300万年间从来没有走出过新大陆一步，但常常被看作是最"正宗"和最"标准"的剑齿猫科动物。

随着更新世时期各种大型厚皮草食性动物的相继灭绝，不善于快速奔跑的剑齿虎，竞争不过那些身体灵活并能全面发展的一般肉食性动物，最终也就走向了灭绝。取代剑齿虎的就是后来出现的现代虎以及其他大型肉食性动物。

■ 大角鹿（Giant Deer）——大角古鹿

大角鹿生活在300万~1.2万年前，经常活动于泥炭沼泽地，曾在亚欧大陆广泛分布，以爱尔兰地区的大角鹿最著名。我国河北、山西、内蒙古等地都曾发现过大角鹿化石，北京周口店北京猿人洞内也有很多。这种古鹿高约2米，角大得惊人，角面的宽度通常有2.5米，所以人们叫它大角鹿。由于原始

剑齿虎狩猎图
在距今3500万年前的渐新世出现了古剑齿虎，后来的剑齿虎一直生活到距今100万年前的更新世。它们以猛犸象和美洲乳齿象为食，群居生活。

人类的长期猎杀，这种在地球上生活了近 300 万年的动物终于在 1.2 万年前灭绝了。

爱尔兰大角鹿主要分布在欧洲、欧亚交接处以及俄罗斯西北部地区。爱尔兰大角鹿肩高可达 2.5 米，雄鹿头上的角硕大，最大的两角宽度足足有 3 米多，重量自然不言而喻。大角鹿和剑齿虎一样，都是冰河时期末的牺牲者。在地球上其他地方逐渐回暖之际，爱尔兰却日渐变冷，恶劣的气候终于使大角鹿走上了绝路。

爱尔兰大角鹿
爱尔兰大角鹿两角最大宽度足有 3 米多，可它们结实的骨骼和肌肉又告诉我们，大角鹿是一类主要靠快速奔跑来逃离危险的动物。

■ 猛犸象（Mammoth）——长毛巨兽

猛犸象生活在北半球的第四纪大冰川时期，距今 300 万~1 万年前，身高一般为 5 米，体重 10 吨左右，以草和灌木叶子为食。它的体形大小相当于现代的大象，也长着一条长鼻，一对弯曲的门齿长达 3~5 米。由于它身披的棕色长毛约 50 厘米长，所以也称毛象。由于身披长毛，加之皮下脂肪也很厚，猛犸象具有极强的耐寒能力，因此它们一直生活在高寒地带的草原和丘陵上。

有科学家认为，猛犸象灭绝的原因是无法适应寒冷的气候，可能由于当时气候发生了剧烈变化，地面气温骤降，以致猛犸象一时无法适

哈斯特鹰捕食恐鸟
如今哈斯特巨鹰已经灭绝了，它们是当时陆地上最大的肉食鸟类，以恐鸟为食。

应而冻死。还有科学家认为，当时大量彗星尘埃进入地球大气上层空间，造成地球上最近一次冰期的来临，而冰期引起的大规模"冰雨"给猛犸象带来了灭顶之灾。

■ 恐鸟（Moa）——不会飞的鸟

恐鸟是很早以前生活在新西兰的一种无翼大鸟，身体异常高大，普通的有 3.2 米高，大的可以高达 4 米，曾是新西兰众多鸟类中最大的一种，比现代的鸵鸟还要高一倍。恐鸟胸骨平坦，胸部肌肉不丰满，没有翅膀，是一种不会飞的鸟。它们的羽毛除了腹部是黄色之外，其余部位全是黄黑色相间。虽然恐鸟的上肢和鸵鸟一样已经退化，但它的身躯肥大，下肢粗短，因此奔跑能力远不及鸵鸟。

恐鸟家族是实行"一夫一妻"制的，一对"夫妻"会终生生活在一起，除非其中一只死去，活着的那只才会去另寻配偶。它们以"夫妻"为单位终年栖息在新西兰南部岛屿的原始低地和海岸边林区的草地里，以浆果、草籽和根茎为食，有时也采食一些昆虫。由于恐鸟身体庞大，需要大量的食物，因此每对恐鸟都有专属于自己的大片领地。

恐鸟性情温驯、行动迟缓、自卫能力较差，这最终给它们带来了灾难。恐鸟所在的新西兰本来是一块食肉猛兽极少的乐土，只有洪水泛

猛犸象
猛犸象曾是世界上最大的象。它身高体壮，脚生四趾，嘴部长出一对弯曲的大门牙，身上披着黑色的细密长毛，皮很厚，脂肪层厚度可达 9 厘米。

知识拓展：渡渡鸟是什么时候灭绝的？
答疑解惑：1681 年，最后一只渡渡鸟被残忍地杀害了。从此，人们只有在博物馆的标本室和画家的图画中才能看到渡渡鸟。

▶ 渡渡鸟——大颅榄树的伙伴
▶ 袋狼——长相奇特的有袋动物

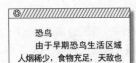

恐鸟
由于早期恐鸟生活区域人烟稀少，食物充足，天敌也少，因此少数土著人的猎杀并没有给恐鸟造成致命打击。

滥、火山爆发时才会造成恐鸟的集中死亡。但大约 7000 多年前，随着首批人类的到来，恐鸟开始走向灭绝。先是玻利尼西亚人，然后是毛利人，他们不但捕杀恐鸟，还在岛上大面积开荒，于是恐鸟的栖息地逐渐被人类占领，生活范围日趋狭小，并导致了最终的灭亡。

里求斯的一种珍贵的树木——大颅榄树也渐渐稀少。到了 20 世纪 80 年代，毛里求斯只剩下 13 株大颅榄树，这种名贵的树眼看也要从地球上消失了。1981 年，美国生态学家坦普尔来到毛里求斯开始对这种树进行研究，后来发现，原来渡渡鸟喜欢吃这种树木的果实，果实被吃下去后，种子外边的硬壳被消化了，剩下的部分则被渡渡鸟排出体外。而被排出体外的种子又能发芽，进而长成大树。

渡渡鸟与这种热带树是相依为命的，失去一方，另一方也就无法继续生存下去了。最后科学家不得不让吐绶鸡来吃大颅榄树的果实，以取代渡渡鸟，这种树木才得以绝处逢生而没有灭绝。

■ 渡渡鸟（Dodo）——大颅榄树的伙伴

渡渡鸟是一种不会飞的鸟，仅产于非洲的岛国毛里求斯，栖息于林地中，性情温驯，叫声似"渡渡"，因而被人们称为渡渡鸟。它没有飞翔能力，以树林里的果实为食。渡渡鸟肥大的体形使它走起路来步履蹒跚，再加上一张大大的嘴巴，模样看上去有些丑陋。它们居住的地方没有天敌，因此可以安逸地在树林中建窝孵卵，繁殖后代。

在 15 世纪以前，岛上的渡渡鸟数量还是很多的。从 16 世纪后期欧洲殖民相继在这里定居之带来的猪、狗、猴、鼠等动物开始捕食渡渡鸟的卵和雏鸟，同时他们自己也开始大片砍伐森林和大肆猎杀渡渡鸟，这直接导致了渡渡鸟在 1681 年的灭绝。

奇怪的是，渡渡鸟灭绝后，生长于毛

渡渡鸟
渡渡鸟是一种不会飞的鸟，肥大的体形总使它步履蹒跚，再加上一张大大的嘴巴，使它的样子显得更为丑陋。

■ 袋狼（Thylacine）——长相奇特的有袋动物

袋狼是一种难以形容的奇妙动物。从它的头和牙来看，它是一只狼。然而，它的身体又像老虎一样有着条纹。它可以像鬣狗一样用四条腿奔跑，也可以像小袋鼠那样用后腿跳跃行走，它和袋鼠一样是有袋动物，腹部有向后开口的育儿袋，袋内有两对乳头。

袋狼
袋狼栖息于开阔的林地和草原，夜间外出捕食，白天栖身于石砾中。多单独或以家族形式捕食袋鼠类、小型兽类和鸟类等。

袋狼栖息于开阔的林地和草原上，夜间外出捕食，白天栖身于石砾中。袋狼一般每胎产 3 至 4 仔，幼仔在母兽育儿袋里哺育 3 个月后便可独自活动，但仍会和母亲生活约 9 个月之久。袋狼奔跑的速度并不快，但在追击猎物时会穷追不舍，直到猎物疲惫不堪，再一口咬住猎物的头使其毙命。

袋狼曾广泛分布于澳洲大陆及附近岛屿上，生活于澳洲塔斯马尼亚山地灌丛中。欧洲移民定居澳洲后，袋狼遭到过度捕杀，从 1930 年以后就再也没有被看到过，可能已经灭绝了。

Part 2

认识动物

知识拓展：地球上现存的动物共有多少种？
答疑解惑：目前，已知的动物种类有 150 多万种，但据科学家估计，把那些未
知的动物加起来会超过 3000 万种。

▷ 动物的定义
▷ 动物的起源与发展

什么是动物

■ 动物的定义

什么是动物呢？这个问题似乎太简单了，几乎人人都能说出一大串人们所熟悉的动物名字，小白兔、大熊猫、老虎、狮子、鹅、鸭、鸡等，这些都是动物。也许还会有人这样回答：天上飞的，地上爬的，水里游的，善于攀缘的，快速奔跑的……总之，凡是会动的，就都是动物。

"会动的"都是动物吗？如果仅仅以"会动"来给动物下一个定义的话，那就太不全面了。因为有些动物并不能到处活动，例如生活在海底的一些低等动物，它们是动物但是不会移动。另外，有些微小的生物既有动物的一些特点，又有植物的某些特征，让人一时难以"裁决"它们究竟是动物还是植物。

那么，究竟什么是动物呢？科学家们一直都在努力寻找一个"无一例外"的答案。可是到今天为止，科学界也只能从动物与植物的对比中给"动物"一词下一个概括的定义：绝大多数动物可以自由活动，动物自身不能制造养分，需要从外界摄取有机物和无机物来维持生命活动。而"植物"一般是不能"主动"移动的，植物大多是绿色的，可以借助太阳光能将无机物转化成有机物，供自身所需，并释放出氧。

■ 动物的起源与发展

所有的生物都起源于海洋。6 亿年前，蓝色的海洋孕育出了最原始的无脊椎动物，从此生命开始了漫长的进化过程，逐渐从无脊椎动物进化为脊椎动物，从海洋走向陆地，不断发展。现在可供我们研究动物起源的资料只有化石，化石就像是记录地球生命的书，科学家正是根据形形色色的化石来探考生命起源的。根据化石的形成年代，科学家将地球的历史划分为 5 个代。

侏罗纪的地球
侏罗纪距今约 2.08 亿～1.44 亿年，是中生代第二个纪。该时期在生物发展史上出现了一系列重要事件，如恐龙成为陆地的统治者，翼龙类和鸟类出现，哺乳动物开始发展，等等。

● 太古代

从大约 45 亿年前地球诞生到 25 亿年前这段漫长的历史时期，是生命的孕育阶段，称为太古代。由于地球还处于一种极不稳定的状态，再加上空气中几乎没有氧气，因此只有在几十米深的

形形色色的动物
动物是生物的一个主要类群，能够对环境作出反应并自由移动，捕食其他生物。广泛分布于地球上所有的海洋和陆地，包括山地、草原、沙漠、森林、农田、水域以及两极在内的各种生态环境中。

生命之始

地球刚形成时，地壳活动频繁，来自太空的陨石经常撞击地球，地球表面处处都是熔化的岩浆。后来，地球逐渐冷却下来，原始的海洋形成了。海洋里有机物质异常丰富，孕育着最原始的生命。

海水中才有一些最原始的生命存在。26亿年前，地球上出现了一种对生命蓬勃发展有重要意义的物种——蓝绿藻。这种藻类具有原核细胞和叶绿素，可以通过光合作用制造出氧气。这一时期，适应有氧环境的单细胞生物登上了历史舞台。

● 元古代

从大约24亿年前到6亿年前的时期称为元古代。此时，多细胞生物大量出现，生命演化越来越快。大约在6亿年前，海洋无脊椎动物出现，并得到了迅速发展。

● 古生代

大约从6亿年前到2亿多年前的时期称为古生代。这段时期又分为寒武纪、奥陶纪、志留纪、泥盆纪、石炭纪和二叠纪几个时期。寒武纪时期，海底出现了成千上万种新生命。最早出现的是形状像香槟酒杯一样的动物和生活在管状角状结构里的动物。后来又出现了长着硬壳的食草动物以及最早的捕食动物。它们当中有的是现在的蠕虫、有壳动物和脊椎动物的祖先，因此这一时期也被称为"生命大爆炸时期"。

奥陶纪的生物界较寒武纪更为繁盛，海洋无脊椎动物空前发展，其中以笔石、三叶虫、鹦鹉螺类和腕足类最为重要。志留纪时期，出

现了陆地动物，还出现了昆虫和一些小动物。这个时期鱼类也开始大批繁殖起来，成了海洋里的新主人。石炭纪时期，气候变得温暖湿润，陆地上出现了茂密的森林，各种形状的两栖类动物和体形巨大的昆虫在湿润的环境中蓬勃生长。此时，两栖动物中已开始孕育更高级的物种——爬行动物。然而，二叠纪时期，由于火山爆发产生的熔岩和灼热气体的炙烤，地球上的生物几乎全部灭绝。

● 中生代

大约从2亿年前到7000万年前的时期称为中生代。这段时期又包括三叠纪、侏罗纪和白垩纪3个时期。中生代是爬行动物横行的时代，包括大型肉食性动物、轻巧的捕猎动物、身披鳞甲的植食性动物和像鳄鱼一样的食鱼动物。三叠纪末期，恐龙成为陆地上体形最大、最常见的动物。到了侏罗纪时，恐龙更是天下的霸主，整个大地都被它们主宰着。此时，一些原始的哺乳动物和鸟类也开始出现了。

● 新生代

从7000万年前到现在称为新生代，分为第三纪和第四纪两个时期。此时，中生代的庞然大物已经绝迹，哺乳动物繁盛起来，生物进入高度发展阶段。这一时期的哺乳动物主要有马的祖先始祖马，犰狳的祖先大懒兽，犀牛的祖先始犀，有蹄动物的祖先原蹄兽，食肉动物的祖先曙虎，啮齿动物的祖先始松鼠和鼯等。

菊石化石

古生物的真实形象已经无法知道了，人们只能从发现的化石中一窥原貌。菊石是已绝灭的海生无脊椎动物，它最早出现在古生代泥盆纪初期（距今约4亿年），繁盛于中生代（距今约2.25亿年），广泛分布于世界各地的三叠纪海洋中，白垩纪末期（距今约6500万年）绝迹。

知识拓展：现代动物分类法的奠基人是谁？
答疑解惑：瑞典生物学家林奈，他采用等级分类法，将动物分到最小的
级别"种"，并且给动物重新命了名。

▶ 动物的遗传、变异与进化
▶ 动物的分类

■ 动物的遗传、变异与进化

从30多亿年前地球上开始出现原始的低等生命，至从简单的低级生物逐渐发展到复杂的高级生物，再至万物之灵的人类，这是一个漫长的生物进化过程。生物进化过程已被古生物学、胚胎学及比较解剖学的大量证据所证实。

自然界中的生物在繁殖过程中，都能将亲代的一些特征传递给下一代：鸡卵孵出小鸡，鸭卵孵出小鸭，从没有见过鸡卵孵出鸭、鸭卵孵出鸡的情况。这就是物种的亲代和子代之间的相似性遗传现象。

亲代和子代之间也存在着不相似性，尽管孩子像他的父母，但并不是完全相似。就是双胞胎中的一卵双生也不会长得完全一样，这就是亲子之间及子代个体之间的不相似性，是广泛存在的变异现象。

遗传和变异是生物界最基本、最重要的现象，两者是对立统一的。遗传是生物存在的基础，没有遗传，物种就不能延续下来；变异是生物发展的前提，没有变异，生物界就不可能进化和发展，更不可能有物种进化发展的多样性。正是因为存在遗传和变异，生物界才出现了由低级到高级、由简单到复杂的进化。现存的150余万种动物就是30多亿年来生物不断进化的结果。

地球演化及生物进化示意图
不同的地质环境有不同的生物群落，动物的进化是一个从无到有、从低级向高级进化的过程。

■ 动物的分类

动物的种类比植物多得多，已知的有150多万种，遍布于自然界。动物的形态构造虽然各不相同，但是，我们可以根据动物体内有没有脊椎骨这一特点，把所有的动物分成两大类：

一类是无脊椎动物，即背侧没有脊柱的动物，主要包括原生动物门、海绵动物门、腔肠动物门、扁形动物门、线形动物门、环节动物门、软体动物门、节肢动物门、棘皮动物门的所有动物。它们占据了动物界总数的绝大部分。

另一类是脊椎动物，即背侧有脊柱的动物。它们是脊索动物门中的一个亚门，主要包括鱼纲、两栖纲、爬行纲、鸟纲和哺乳纲的所有动物。它们是动物界中的高等动物。

动物世界
地球上的动物不计其数，我们可以根据动物体内有没有脊椎骨这一特点，将所有的动物分成两大类：一类是无脊椎动物，即背侧没有脊柱的动物，其种类数占动物总种类数的95%；另一类是脊椎动物，即背侧有脊柱的动物，它们是动物界中的高等动物。

人们将这两类动物通称为动物界。在此基础上我们还可以进行更细的分类，将具有最基本最显著的共同特征的生物分成若干群，每一群叫一门。门以下为纲，它是把同一门的生物按照彼此相似的特性和亲缘关系所分成的群体。同一纲的生物按照彼此相似的特征又可分为几个群，叫作目。目以下为科，科是同一目的生物按照彼此相似的特性所形成的群体。再往下分便是属，是同一科的生物按照彼此相似的特性结合形成的群体，包括那些有着非常近的亲缘关系的动物。属下面是种，也叫物种，物种是最小的类群，也是动物分类最基本的单元。

动物的身体

■ 生命的起点——细胞

细胞是生物体形态结构、生理功能和生长发育的基本单位。除了病毒这一类最简单的生命形式外，其他任何生物体都是由细胞组成的。细胞的体积非常小，通常只有在显微镜下才能看到。细胞是最小的生命单位，它可以显示生命最基本的功能，例如生长、新陈代谢以及生殖等。某些简单的有机体只由单一细胞构成，例如一些原核生物，但大多数生物体都是由许多细胞构成的。

动物细胞主要由细胞核、细胞质和细胞膜三部分组成。细胞里有一些被称为细胞器的结构，包括内质网、线粒体、溶酶体和高尔基体。动物细胞与植物细胞最显著的区别是植物细胞有细胞壁和叶绿体，而动物细胞没有。动物细胞的表面由一层质膜包裹，控制着细胞内外物质的运输。

在电子显微镜下可以看到，质膜的结构变化多端，有的向内折叠成手指状，有的则向外凹陷，形成月牙状。

自从1665年英国人罗伯特·胡克发现了细胞之后，生命之谜的大门逐渐被打开了。细胞是生命的原型与基质，其内部结构及功能相当复杂。细胞虽然很微小，但是却有着非常精细的结构和复杂的自控功能，这些是细胞能够进行一切生命活动的基础。

分泌小泡
吞饮小泡
类囊体
叶绿体
纤毛
微绒毛
细胞质
微管
微丝
内质网
中心粒
高尔基体
光面内质网
核仁
核染质
线粒体
核糖体
溶酶体
核膜
细胞核
粗面内质网 核孔 核被膜 细胞膜

细胞结构示意图
除病毒外的所有生物，都是由细胞构成的。细胞是生物体基本的结构和功能单位，由细胞膜、细胞核、细胞质、线粒体、内质网、高尔基体、核糖体、中心体、溶酶体等组成。

■ 骨骼和牙齿

骨骼和牙齿是身体的主要组成部分。骨骼是身体的支架，它为动物体的软组织提供保护和支持，也为肌肉提供了附着的基础，构成一个彼此连接的、可以运动的杠杆系统。骨骼的功能主要是供肌肉附着，作为动物体运动的杠杆；支持躯体，使躯体维持一定的体形；保护体内柔软的器官，如颅骨保护脑和延髓，胸廓保护心和肺等。

脊椎动物体内都有一副骨骼，称为内骨骼。鱼类、两栖动物、爬行动物、鸟类和哺乳动物等都有内骨骼。鱼类的脊椎骨易于弯曲，

龙虾
龙虾属于节肢动物，体外覆盖着外骨骼，又称表皮或角质层。头胸部具发达的头胸甲，相邻体节之间的关节膜上，角质层非常薄，易于活动。

狮子
狮子的犬齿非常发达，上下颌咬合力很大，可以轻易咬穿羚羊的头骨。

知识拓展：动物的牙齿都长在嘴里吗？
答疑解惑：大多数动物的牙齿都是长在嘴里的，不过也有例外，如鲤鱼的牙齿是长在喉咙里的，海龟的牙齿长在食道里，而螃蟹的牙齿则长在胃里。

皮肤和肌肉

鲨鱼

鲨鱼是一个种类繁多的大家族，既有海中霸王大白鲨，也有最大的鱼类鲸鲨。不过，它们都属于软骨鱼纲，内骨骼完全由软骨组成，常钙化，无任何真骨组织。

并有刺状的骨支撑鳍部，便于它们在水里游动。两栖动物幼年时期只能在水中游动，成年后才既能在陆地上生活又能在水中生活。鸟类主要用羽毛保护自己，骨骼很轻，可以减少飞行时的负荷，它们像爬行动物一样，足上有鳞甲。大多数哺乳动物的骨骼系统十分发达，脊柱分区明显，结构坚实而灵活，四肢下移至腹面，出现了肘和膝，可将躯体撑起，适宜在陆地上快速奔跑。

绝大多数无脊椎动物的骨骼位于体外，如昆虫体外的硬壳，就是外骨骼。某些脊椎动物（如鱼、龟等）体表的鳞、甲也叫外骨骼。昆虫等节肢动物的外骨骼由活动关节相连的硬壳所构成，外骨骼一旦形成就不易改变形状，也不能再扩大，因此动物在生长过程中，必须及时蜕去外骨骼，通常称之为蜕皮。每次蜕皮之后，动物体表又会长出更大的新外壳。

牙齿是很多脊椎动物身上都存在的结构，是消化器官的一部分。牙齿的表面覆盖着一层坚硬的物质，叫作珐琅质，能保护牙齿不被磨损，防止食物中某些化学成分对牙的侵蚀。牙齿的各种形状适用于不同用途，包括撕裂、磨碎食物等。某些动物，尤其是食肉动物，牙齿也常常是它们搏斗的武器。

奔跑中的猎豹

猎豹是食肉目猫科猎豹属的单型种。外形像豹，但身材比豹瘦削，四肢细长，趾爪较直。全身肌肉匀称有力，善于奔跑，时速可达115千米，是跑得最快的哺乳动物。

皮肤和肌肉

皮肤是动物体外部的覆盖物，是一个保护层，包括皮肤和所有由皮肤衍生的或与皮肤结合在一起的结构，如毛发、刚毛、鳞片、羽毛和角等。大部分动物的皮肤坚韧而柔软，具有机械保护作用，可防止摩擦、穿刺，并且形成一道有效的屏障，抵御细菌侵入。皮肤还可以防潮、防止水分丧

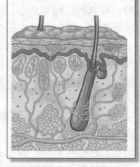

人的皮肤构造

皮肤是人体最大的器官。皮肤由表皮、真皮、皮下组织三部分组成。皮肤内还有许多毛发、爪甲、皮脂腺、小汗腺、大汗腺、血管、淋巴管、肌肉及神经等结构组织。

失或侵入，并保护皮下细胞免受太阳紫外线的伤害。皮肤除了保护性功能外，还具有各种重要的调节机能。温血动物（即恒温动物）的皮肤与体温调节有着极其重要的关系，身体的大部分热量都是由皮肤散发的。皮肤组织中含有各种感受器，能感受周围环境的重要信息。高等动物的皮肤有排泄功能，有些动物的皮肤还有呼吸功能。皮肤的分泌物能使动物之间互相引诱或排斥，或释放出能影响个体间行为的某种气味，成为一种嗅觉信号。

动物的皮肤由三层组织构成，由外层往内依次是：表皮、真皮及皮下组织。表皮位于皮肤的表面，分为角质层和生发层。角质层由多层角化的细胞所组成，可以有效地抵御外界影响。表皮下面是真皮，里面含有丰富的血管。真皮下面是皮下组织，含有大量的脂肪细胞，具有保温作用。

运动是动物的特征之一，而所有动物的运动都通过肌肉收缩来完成。肌肉由许多成束的肌纤维构成，附着在韧带上，当肌纤维接收到神经系统发出的信号后，肌肉就收缩变短，同时牵动连着骨骼的韧带，并带动骨骼运动，由此做出各种动作。

▶ 血液与血液循环

知识拓展：所有的动物体内都有血液吗？
答疑解惑：并不是所有动物体内都有血液，那些低等的无脊椎动物，如原生动物、海绵动物、腔肠动物等就没有血液。

认识动物

人体血液成分示意图

血液由 4 种成分组成：血浆、红细胞、白细胞、血小板。血浆约占血液的 55%，是水、糖、脂肪、蛋白质、钾盐和钙盐的混合物，也包含了许多止血必需的形成血凝块的化学物质。血细胞和血小板组成血液的另外 45%。

肌肉大致可分为三种类型，即骨骼肌、平滑肌和心脏肌。骨骼肌也叫随意肌，它附着在骨骼上，是脊椎动物体内最多的肌肉，大多数运动都是由骨骼肌来完成的。平滑肌也称非随意肌，收缩比较缓慢，产生诸如肠道蠕动和动脉收缩这样的运动。心脏肌简称心肌，由排列成十字交叉图案的条纹纤维构成，主要功能是维持心脏的跳动。

■ 血液与血液循环

血液是流动在心脏和血管内的不透明红色液体，主要成分为血浆、血细胞和血小板。血细胞又分为红细胞和白细胞。血液中含有各种营养成分，如无机盐、氧、代谢产物、激素、酶和抗体等，具有营养组织、调节器官活动和防御有害物质的作用。血液是流体性状的结缔组织，它通过心脏的搏动，经过由静脉、动脉和微血管构成的网络流遍全身。这一过程称为血液循环。血液通过血液循环来运送养分、废物和其他物质。血液充满于心血管系统（循环系统），在心脏的推动下不断地循环流动。如果流经体内任意一个器官的血流量不足，都会造成严重的组织损伤，危害身体健康。

然而，并不是所有的动物体内都有血液，那些低等的无脊椎动物如原生动物、海绵动物、腔肠动物、扁形动物及线形动物等就没有血液。在稍高等的环节动物（如蚯蚓）中，才开始有血液的存在。不过它们的血液构成十分简单，处于血液的萌芽阶段，血细胞只是一些形似变

形虫样的无色细胞，而且仅有一种类型。软体动物、节肢动物、棘皮动物等的血液构成也处于低级阶段，直到脊椎动物中的圆口类动物，血液的构成才开始有了明显的分化，血细胞中有了白细胞和红细胞的区别。鱼类、两栖类、爬行类、鸟类和哺乳类的血液更是逐渐达到了更高的分化程度。

动物的血液循环系统是由心脏、血管和血液共同构成的。在循环系统中，依靠心脏的搏动，血液被推入动脉并经由动脉的各级分支输送到全身各个器官和组织，然后又经静脉回流到心脏。哺乳动物的循环系统包括心脏、动脉、毛细血管、静脉和淋巴系统。血液循环时，血液由心脏的左心室经由动脉流经身体的各个器官，然后经过毛细血管进入静脉，经由静脉回到右心房。接着，血液又自右心室经肺动脉流到肺脏，在肺脏的毛细血管中实现气体交换。最后，血液又经肺静脉流至左心房，由左心房进

人体血液循环示意图

血液循环是一个整体，循环系统包括心脏和血管。心脏是动力枢纽，血管是管道系统，循环系统的功能就是把血液输送到全身各器官和组织中去，从而确保人体营养物质的需要。

知识拓展：动物的血液都是红色的吗？
答疑解惑：大多数动物的血液都是红色的。但也有例外，如虾与蟹的血液是青色的；有一种
叫冰鱼的鱼类血液是黄色的；还有一种小动物叫扇螅虫，它的血液时而绿色，时而红色。

消化与排泄

海葵
海葵属于腔肠动物中的水螅型。腔肠动物的身体由内胚层和外胚层组成，内胚层细胞所围成的原肠腔即其消化腔。这种消化腔只有口，没有肛门，消化后的食物残渣也由口排出。

入左心室，再由左心室经由动脉流至身体的各部位，循环往复。

■ 消化与排泄

消化是动物将食物分解为较小分子，使之成为可供身体吸收利用的成分的过程。动物所摄取的食物营养素，如碳水化合物、蛋白质、脂肪等都要经过消化过程，使复杂的大分子的有机物分解为简单的小分子物质，以便被机体吸收。这些小分子物质在消化系统的作用下被血液吸收，并通过血液循环流至全身，同时产生新的细胞，并为机体活动提供能量。

单细胞的原生动物在摄取食物时，随着食物也带进一些水分，形成食物泡。食物泡在细胞内质中沿着一定路线运行流动，并与溶酶体结合，对食物进行消化并吸收营养物质，同时将食物残渣运行到胞肛时排出体外。这种消化是细胞内消化。

如海绵就是靠领鞭毛细胞将食物颗粒吞入细胞内后进行消化的。食物被消化后，食物泡即消失。

多细胞动物则出现了或简单或复杂的消化腔。多细胞动物的食物由消化管的口端摄入，然后在消化管中消化，这叫细胞外消化。它的消化能力更强，可消化大量的化学组成较复杂的食物。

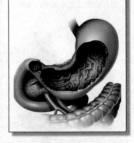

胃的肌层
人的胃壁由黏膜、黏膜下层、肌层和外膜四层组成，并有神经、血管和淋巴管的分布。肌层发达，由内斜肌、中环肌和外纵肌三层平滑肌构成。

机体消化食物和吸收营养素的结构总称为消化系统。动物的消化系统大多是一条弯曲的管道，里面有很多能分泌消化液的腺体，食物进入食道后与消化液混合在一起，经由消化系统被充分分解掉，以供机体吸收。各种动物的消化方式不同，消化系统的组成也各不相同。

动物体在新陈代谢过程中会不断产生不能再利用甚至是有毒的废物，同时，在动物摄取食物时又会将过多的水、盐以及一些有毒物质摄入体内，这些物质必须被尽快排出体外，这个过程就是排泄。在动物界，排泄的主要途径是通过肾脏以尿液形式排出；其次是随同胆汁混入粪便从消化道排出。其他各种腺体的分泌液，如唾液、乳汁、泪液及胃肠道的分泌物等，也有一定的排泄作用。

低级动物的排泄系统很简单，原生动物以伸缩泡来完成体内的水分平衡和排泄作用。扁形动物的排泄器官是焰细胞。环节动物、软体动物及其他无脊椎动物的排泄器官是肾管。脊椎动物已有了集中的肾脏和输尿管，并与生殖系统产生了密切的联系。哺乳类的排泄系统包括肾脏、输尿管、膀胱和尿道。此外，皮肤也是哺乳类动物特有的排泄器官，它参与体温调节。

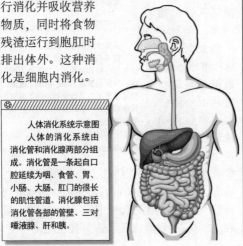

人体消化系统示意图
人体的消化系统由消化管和消化腺两部分组成。消化管是一条起自口腔延续为咽、食管、胃、小肠、大肠、肛门的很长的肌性管道。消化腺包括消化管各部的管壁、三对唾液腺、肝和胰。

大脑与神经系统
感官与感觉

知识拓展：什么动物的大脑最重？
答疑解惑：动物中要数巨鲸的大脑最重，人们曾剖开一条 14.94 米长的
巨鲸，测量出它的大脑重达 9.2 千克。

认识动物

■ 大脑与神经系统

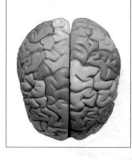

人体大脑模型
人的左、右脑半球由胼胝体相连，半球内的腔隙称为侧脑室，每个半球有三个面，即膨隆的背外侧面、垂直的内侧面和凹凸不平的底面。

任何动物都会感受外界环境的变化，并采取特定的反射行为，这种能力称为"反应"。动物的机体能随着天气的冷热变化而做出相应的调节，以适应外界环境；骨骼和肌肉能在瞬间做出巧妙的应激动作，以应付外来的侵袭。这一切都是在动物机体神经系统的指挥下完成的。神经系统是众多有组织的神经细胞（神经元）的集合体，是调节动物体内各种器官活动以适应内、外环境变化的全部神经装置的总称，由脑、脊髓及它们所延伸出的神经组成。

脊椎动物和人的神经系统是地球上所有动物里最复杂的，可分为中枢神经系统和外周神经系统两部分，前者包括脑和脊髓，后者包括外周神经和神经节。神经系统的形成及其结构和功能的完善是低等无脊椎动物向高等脊椎动物长期进化的结果。

大脑又称端脑，是动物神经系统中最大也是最重要的一部分。在脊椎动物中，脑位于颅骨内，受颅骨保护；无脊椎动物的脑则简单得多，只是神经管头端薄壁的膨起部分而已。大脑由左右两半球

人体神经分布示意图
人体的神经系统是非常复杂的，分布在人体的各个角落，而大脑是整个神经系统的中枢。

组成，是控制运动、产生感觉及实现高级脑功能的神经中枢。人脑位于颅腔内，包括大脑、小脑和脑干三部分。

两栖类和爬行类的端脑略显发达，但小脑却不甚发达。在进化过程中，小脑及大脑的日益发达是和应付外界环境的运动功能的发展和辨别外部刺激的中枢功能的进步分不开的。例如，鸟类的小脑相对比较发达，而哺乳类的大脑则更发达些，特别是灵长类动物，大脑的发达程度更高。其中，人类大脑皮质的高度发达使人类高居脑进化的巅峰位置。

■ 感官与感觉

动物的感官分为视觉、嗅觉、触觉、听觉和味觉器官五类。动物依靠感官系统来感知周围的环境，获得各种信息。视觉器官可以辨认物体的形状；听觉器官可以判断物体的位置与方

神经元模式图
神经细胞是高等动物神经系统的结构单位和功能单位，又被称为神经元。神经元的形态与功能多种多样，结构上大致分为胞体和突起两部分。

向；嗅觉和味觉器官不但能察觉四周的食物，还能识别敌人或同伴的气味；触觉器官可以通过和物体表面的接触来感受物体的体态特征。有些动物还有第六感官，它们可以通过探知热量、电压、磁性、声波等来感知周围的环境。总之，由于所处的环境不同，各种动物在长期的演变进化中，都各自演变出了功能侧重不同的感官。

生长环境的不同，对感官的需求也不同。如鼹鼠长期在地下活动，对视觉能力

人耳内部结构示意图
耳朵具有辨别振动的功能，能将振动发出的声音转换成神经信号，然后传递给大脑，是人体主要的听觉和平衡觉器官。人耳可分为外耳、中耳及内耳三部分。

的要求就不是很高，不过，为了寻觅地下洞穴里的蠕虫为食，它发展出非常敏锐的鼻子，可利用嗅觉和触觉来找寻食物。相比之下，人类就非常依赖视觉了。据研究，人类大脑所"知道"的事情，有4/5是通过眼睛接收到的。因此，我们无法想象鼻子敏锐的鼹鼠是如何利用气味来"嗅闻"世界的，而耳朵敏锐的蝙蝠又是如何以尖叫的回声来"听闻"世界的。尽管人类对眼睛的依赖性很强，但是人类的视力却没有许多哺乳动物发展得那么好。

鳗鱼体内有好几根"发电肌肉"，它们利用低压电流来导航，游速越快，电力就越强，在袭击猎物的一刹那，其电力可高达500伏特。非洲有200多种身上带电的鱼，这种电可以起到导航作用，帮它们在大海中辨别方向。

动物体内的磁性是比电更奇怪的第六感官。黑雁依靠磁性导航，能从格陵兰飞到苏格兰，

总是能在风暴来临之前返回蜂窝，原因是它翅膀上的电磁波能探测到空气中电场的改变。鳄鱼能通过口部小孔内的磁场来探测其他鱼类放出的电。如果感知到的电力较强，鳄鱼就知道来的是一条大鱼，它会急忙躲避；如果感知到的电力较弱，它就知道来的是小鱼，它会毫不犹豫地把小鱼吞进腹中。

黑雁
黑雁在北美洲及西伯利亚极地的苔原冻土带繁殖，在南方沿海的草地及河口越冬。黑雁飞行能力较强，飞行过程中主要靠磁性导航。

鼹鼠
鼹鼠的身体完全适应地下的生活。前脚大而向外翻，并长着有力的爪子，如同两只铁铲。头紧接肩膀，看起来像没有脖子，整个骨架矮而扁，跟掘土机很相似。

动物如何传宗接代

知识拓展：什么动物既可有性生殖又可无性生殖？
答疑解惑：昆虫既可以有性生殖也可以无性生殖，例如蚜虫，在雌雄受精作用下可以繁殖，在没有雄性时，雌虫也能生儿育女。

认识动物

动物怎样生活

■ 动物如何传宗接代

交配中的蜻蜓
蜻蜓交配时，雄蜻蜓会用腹部末端的夹子拖住雌蜻蜓的头，雌蜻蜓则把腹部弯过去，伸到雄蜻蜓的腹部，就这样在天空中一边飞一边交配。

出生与死亡是生命循环过程中不可或缺的两个环节。有生必有死，任何生物个体不管寿命有多长，到头来总不免一死。不过，生物可以通过繁殖来繁衍后代，使自己的种族得以延续。动物也不例外，它们出生、成长，而后在与其他同类动物的竞争中繁衍后代。繁殖是动物生命循环中最复杂、最重要的阶段，也是动物生存的终极目标。常常见到这样的场景，一群昆虫围绕着自己产下的卵飞来飞去，看上去就像在举行某种欢庆仪式。事实也正是如此，它们是在表达新生命产生的庄严与神圣之感。任何新生命的降临都伴随着艰难与痛苦，蝴蝶要经过挣扎才能破茧而出，雄蜘蛛为了繁衍后代会不惜付出被雌蜘蛛吃掉的代价。除了人类，地球上几乎所有的动物来到世上要做的不外乎两件事，一是生存，二是繁殖。

动物的种类和它们所生活的环境是多种多样的，因而动物的生殖方式也是多种多样的。一般来说，动物的生殖方式是随着动物的进化而发展的，即由简单到复杂，由低级到高级，由无性到有性。动物生殖的方式概括起来可分为无性生殖和有性生殖两大类。

由生物个体的营养细胞或营养体的一部分，直接生成或经过孢子而产生出两个以上能独立生活的子体的方式即称无性生殖，多见于原核生物、原生生物和低等无脊椎动物。这种生殖方式的特点是生殖过程简单，速度较快。无性生殖是较原始的生殖方式，一些进化程度较低的无脊椎动物繁衍后代时往往通过这种方式，如草履虫通过分裂产生两个均等的子细胞，每个子细胞都可以形成一个新个体。

两种异性生殖细胞相结合而产生新一代个体的方式称为有性生殖。生殖细胞通常有雄性生殖细胞和雌性生殖细胞两种。两性细胞的结合，即精卵结合，称为受精。有性生殖是动物界最普遍的一种生殖方式。有性生殖通过受精的方式形成受精卵，由受精卵发育成新个体，是高等动物繁殖的普遍形式。

有性生殖在生物进化史上具有划时代的意义，它发展了变异机制，大大增强了生物变异的潜力，标志着生物进化的一个新阶段。它遗传内容丰富、变异能力增强，更有利于生物适应环境变化，占领新的环境。在30多亿年的生命史上，有将近20多亿年的时间里，生物都在进行无性生殖，生命长期停留在单细胞阶段，进化缓慢。直到10多亿年前有性生殖的出现，才大大加快了生物进化的步伐。

鸭嘴兽
鸭嘴兽是现生的最为奇特的单孔类哺乳动物。所谓单孔类动物，是指处于爬行类动物与哺乳类动物中间的一种动物。它虽比爬行类动物进步，但尚未进化到哺乳类动物。两者相同之处在于都用肺呼吸，身上长毛，且是热血；而单孔类动物又以产卵方式繁殖，因此保留了爬行类动物的重要特性。

知识拓展：袋鼠妈妈如何照顾自己的"小宝宝"？
答疑解惑：袋鼠妈妈有一只育儿袋，这个袋子是有乳头的腹袋。在生命的最初几个
月里，幼仔会在腹袋的保护下安全成长。

▶ 呵护"小宝宝"

破壳而出的小鸡

鸡是一种典型的卵生动物。当鸡排卵时，如果正好遇到精子受精，就成为受精卵；如果没有遇到精子，就成为未受精卵。但二者都可以成为鸡蛋，并出生。在孵化时，只有受精的鸡蛋才会发育成小鸡，没有受精的鸡蛋则不能。

鱼类的卵是排出体外，在水中受精的。鱼卵很小，可以在水中漂浮。到了繁殖期，雌鱼会在水中产下很多卵，雄鱼也会在卵的周围排出许多精子。精子向卵子游去，于是一些精子和卵子结合形成受精卵，之后，受精卵就会逐渐发育成幼鱼。

白蚁王国的"婚配"是集体进行的。夏天傍晚，大批长翅繁殖蚁在空中飞舞，选择配偶。找到配偶后双双飞落地面，将翅膀脱掉，相互追逐嬉戏，用心寻找合适的场所，进行交配、筑巢、产卵，不久就繁衍出一个新的群体。

臭虫的繁殖速度很快，生育能力极强。雄臭虫性成熟时，就到处爬行，碰到雌臭虫就爬上去，用锐利的交尾器将精子射入对方的血液中，然后借助血液运输，使卵子受精。

哺乳动物中除鸭嘴兽等极个别种类是通过产卵繁殖外，其他的全是通过专门的外生殖器官进行交配，从而实现体内受精及体内胚胎发育过程，并直接产仔生育的。

■ 呵护"小宝宝"

保护幼小动物，精心照料后代，是地球上大多数动物的本能。而且越是高级的动物对自己的幼崽

背孩子的黑猩猩

黑猩猩是一种非常聪明的动物。每胎只生产一个孩子，猩猩妈妈会尽心尽责照看孩子。孩子长大后会长久保持母子关系，常回群探母。

呵护得越是周到。哺乳动物和鸟类对子女都有一种特殊的疼爱之情，这一点在哺乳期体现得尤为明显。父母常常会冒着生命危险去保护它们的子女，有时面对异常强大的猎食者，会拼上性命来抗争。当然也有些小动物出生时身边既无父亲，也无母亲。如大多数海洋动物，包括鱼类、软体动物、甲壳类等，它们把大量的精子和卵子丢弃在大海中结合成受精卵，微小的幼体就从这些受精卵中诞生，之后随波逐流，自己渐渐地长大成熟。不过，大多数高等动物都会以自己的方式来呵护刚出生的小宝宝。雌鳄鱼会把卵产在河岸上并且十分警觉地守护着它们，不让其他野兽靠近。在小鳄鱼孵化的过程中，细心的妈妈会一直守护在旁边，等小宝宝孵出来之后，鳄鱼妈妈就小心翼翼地用牙齿叼起小宝宝，把它放到水里，因为水里的环境对它们来说更舒适、安全一些。虽然鳄鱼的牙齿异常锋利，但却丝毫不会伤到小宝宝。

鸟类经常使用各种方法来保护自己的卵和幼雏不受野兽的侵害。当母鹅看到其他动物接近自己熟睡的小鹅时，就会发出恫吓的叫声。美洲红隼会伸出尖利的爪子来威胁对雏鸟不利的敌人。鸻科鸟和麦鸡鸟的雌鸟会佯装翅膀受伤，以转移向它们的窝巢靠近的猎食者的注意力。

小长颈鹿出生后，长颈鹿妈妈经常会为小宝宝舔身体，以免它身上的气味招来敌人。如果小长颈鹿受到威胁，长

嗷嗷待哺的小鸟

大多数鸟类都很有爱心。繁殖季节，鸟爸爸和鸟妈妈每天早出晚归，不停地捕捉猎物以喂养自己的孩子。小鸟在成长过程中，往往食量很大。

颈鹿妈妈就会用强有力的腿给对方致命的一击。袋鼠妈妈有一只育儿袋，这个袋子是有乳头的腹袋。在生命的最初几个月里，幼仔会在腹袋的保护下安全成长。出生 5 个月后，幼仔就可以自由出入腹袋，不过它有时也会赖在妈妈的腹袋内吃草，只将脑袋露出袋外。

■ 向子女传授本领

动物不仅能生儿育女，而且也会教育培养后代。

当巢中雏鸟会扑翅欢跳时，母鸟就捉来一些雏鸟爱吃的小虫，放在离雏鸟有一定距离的地方，只给它看不给它吃。雏鸟见状，急得喳喳叫，只好展翅出巢，跟在母亲后面学习飞行。食肉动物的幼仔略微长大一点儿以后，它们的父母就开始训练它们的捕食能力，父母往往把半死的猎物交给幼仔，让它们学习独立捕食猎物。在这个过程中，幼仔捕食的能力就会得到不断提高。

猫科动物和犬科动物的幼仔尤其需要父母的训练。猫一生下来就具有杀死猎物的本能，但它却不会跟踪和捕获猎物，这一点就需要猫妈妈耐心训练了。猫妈妈会把半死的老鼠丢给小猫，让它认识猎物的外形，一有机会就让它练习独立处理猎物。在猎取食物时，它们有时把那些离群的幼小或病弱的猎物一直追到窝边，以便让幼仔练习捕

长颈鹿舐犊情深
长颈鹿妈妈经常舔自己的孩子，目的是为了让自己孩子身上的气味变淡，免得引起狮子、猎豹等食肉动物的注意。

猎技术。狮子在传授子女捕猎技巧时，也是耐心细致不厌其烦的。日本著名学者泰代路易斯在非洲考察后讲到这样一件事：有一次，母狮先把牛羚踢倒，用牙紧咬其喉部，松口后做出一种姿态示意小狮子去咬，自己则退到一旁观看。当小狮子敌不过牛羚时，母狮才奔过去又把牛羚踢倒，咬至半死让小狮子去收拾。这样反复几次，小狮子终于战胜了牛羚。

海獭妈妈与宝宝
一只海獭宝宝正在妈妈身旁心满意足地吃着美味的食物。海獭是肉食性动物，吃的大多是海底生长的贝类、鲍鱼、海胆、螃蟹等，有时也吃一些海藻和鱼类。

有些动物还会教子女使用工具，节省时间和体力。有一种生活在浅海里的海獭，发现鲍鱼时，会用前肢从海底捞起石头，猛力把猎物砸死，然后取而食之。小海獭爱吃海胆、贝类，而这种东西外壳坚硬，小海獭又咬不动，这时大海獭就会教它捡一块石头抱在胸前作砧，然后教它用前肢挟着海胆在石上撞击，使之破裂。

黑猩猩是智力发达的高等动物，对子女"言传身教"自有一套特别的方法。在教小黑猩猩爬树技术时，母亲总是先做示范动作，沿着树干爬上爬下，然后再把小猩猩抱起，用前肢托住它的背部，让它学着爬树干。

猫妈妈和猫宝宝的"悄悄话"
生育孩子是传宗接代的必然行为，而传授给孩子生存的本领更为重要。猫妈妈教给孩子捕鼠的本领是猫家族得以延续的关键。

■ 动物的食性

食物是动物赖以生存的物质保障。动物的食物一般是其他生物，那些很小的用肉眼看不见的微生物除外。同样的食物，对一种动物来说是山珍海味，对另一种动物来说可能淡乎寡味。在动物学上，对食物的喜好称为"食性"。动物的食性大致可分为草食性、肉食性及杂食性三大类。

狗粮

狗是一种杂食性动物。狗粮中含有蛋白质、脂肪、碳水化合物、维生素、矿物质、水等狗必需的营养，可代替肉类、米饭等成为宠物狗的主要食物。

然而，动物的食性分类并不是十分严格的，譬如肉食性动物，在肉类不易寻找的情况下，或在家养条件下，也会改变食性而吃植物或混合食物。家养的狗、猫，原来是肉食性动物，经人类饲养后，已渐渐变成杂食性动物了。食草动物也是这样，如长颈鹿是吃合欢树枝叶的，但在动物园里它也吃鸽子。而驯鹿有时也会吃旅鼠。野猪、牛、河马是杂食性的，除吃草之外，也吃昆虫的幼虫、蚯蚓和鼠类。另外，草食性的动物，并不是每一种"草"都吃，肉食性的动物也不是每一种"肉"都吃，杂食性动物也不是杂得百无禁忌。

澳大利亚的树袋熊是一种草食性动物，专吃生长在澳洲的某一种桉树的叶子，如果给它其他品种的桉树叶，它饿死也不会吃一口。

绵羊

绵羊是一种草食性动物，哺乳纲、偶蹄目、牛科、羊亚科。绵羊饲养在我国已有5000余年的历史。

肉食性动物主要以动物为食。吃动物，比吃植物困难得多了。植物不会跑，也没有什么防卫能力，遇到草食性动物，只有乖乖被吃的份儿。而动物就不同了，动物有防御能力，遇到肉食性动物时，如果觉得自己敌不过捕食者，就会迅速逃跑。因此，肉食性动物不是行动快速，就是具备特殊的捕食"装备"。

杂食性动物既吃植物也吃动物。我们人类就是一种杂食性动物，我们的餐桌上有米饭，有青菜，也有肉。老鼠也是杂食性动物，甚至连肥皂都吃。蟑螂吃得更杂，饿的时候，连纸都吃。

一些会变态的动物，幼虫和成虫的食性往往不一样。比如，蝌蚪是草食性的，而蛙却是肉食性的，蛙不但吃"肉"（动物），而且还非吃活的不可。

非洲狮

非洲狮是大型肉食性动物，猫科动物的代表。当几只非洲狮共同追捕猎物时，它们常常围成一个扇形，把捕猎对象围在中间，对其进行围攻。

■ 千奇百怪的巢穴

在人类文明发展史上，穴处巢居为保护自身、防御风雨、防备野兽、安置群体提供了极大的便利，是人类居住文明的一大进步。与人类一样，动物也有自己的巢穴。人类居住的房子从外观上看大同小异，而动物居住的巢穴却是五花八门，多种多样，各有特点。

动物们独特的生活方式和习性决定了它们有着各自不同的筑巢方式。如生活在热带海洋里的颌鱼是建造巢穴的高手。颌鱼的家建在海底的沙地或淤泥中，样子就像一口井，深度可达1米。挖掘巢穴时，颌鱼就像一台功率强大的挖泥机，它用嘴从底部挖些泥沙，含在嘴里，再一口接一口地吐出穴外。等到巢穴挖好后，颌鱼又衔来一些小卵石或螺蛳壳、牡蛎壳等，压入井壁，使巢穴不至于坍塌。这样，一个美观、坚固的巢穴就建成了。

蚂蚁是昆虫中的"建筑师"，90%以上的蚂蚁窝都修建在地下，通常是在沙地或者泥土地里。它们的窝有很多走廊通道，这些走廊通道有无数分支岔口，用以穿透沙层或土层。蚂蚁经常在巢穴的上层位置开辟仓库，有时多达20处，有的相当接近土壤表面。各个仓库之间都有通道。每个仓库都有各自的用途，这主要取决于温度，较暖的部位会给刚刚出生的蚂蚁幼虫使用。在巢穴里，生活着蚁后、兵蚁和勤劳的工蚁，它们共同经营着这个温暖的家。

鸟儿更善于筑巢，在南非平原一种有刺的阿拉伯橡胶树上，常会看到一些大得惊人的鸟巢，这便是莺鸟的"大厦"，里面住着许多个莺鸟"家庭"，每个"家庭"占一个单元，就像我们人类所住的大厦一样。

旱獭善于挖洞，隧道系统四通八达，一条长长的通道由主要入口通到巨大的中央巢穴，里面铺垫着一层干草，沿着其他通道有较小的巢穴，甚至还有用来堆粪便的"厕所"呢。

鸭嘴兽在水边掘洞，洞里铺有干草，有两个洞口，一个通到水里，另一个通到岸上草丛里。獾喜欢穴居地下，并不断扩建"居所"，它们的隧道深5米，长度可达几十米，出口很多。巢穴共有3层，彼此都有地道相连。野生的大象和鹿等食草动物没有固定巢穴，它们往往选择一个地方，铺些草叶，作为临时休息场所。黑猩猩一般会在树上搭个临时睡床，睡一晚上就走了，每天调换住所。

白蚁巢穴
在非洲常见高达五六米的塔状白蚁巢穴，远远望去，既似高塔，又像碉堡。内部四通八达，有产卵室与育幼室，既坚固又实用，可供几百万只白蚁栖息。

鸟巢
筑巢不是鸟类特有的技能，但鸟类筑巢的工艺在动物界却是无与伦比的。鸟巢是鸟类最安全可靠的"家"，也是雏鸟最温馨的摇篮。

旱獭与它的巢
旱獭又名土拨鼠、草地獭，是松鼠科中体形最大的一种，属陆生和穴居的草食性、冬眠性野生动物。其洞穴有主洞（越冬）、副洞（夏用）、避敌洞。主洞构造复杂，深而多口。

动物的行为

■ 多姿多彩的交流方式

在人类社会，人们是靠语言来交流思想、传递感情的。那么，在自然界中和人类共同生存、共同生活的动物又是怎样进行交流的呢？事实上，动物之间也各有各的联系方式。它们通过自己独特的"语言"系统——声音、动作和化学气味等，来相互联络或传递信息，彼此沟通"情意"，甚至寻找配偶。科学研究发现，许多动物都以声音作为语言，来和其他动物联络。像马的嘶叫、狼的嗥叫、狮子的怒吼、老虎的咆哮等，都是兽类的"语言"。虫也有语言，如蝉、蟋蟀、纺织娘、油葫芦等，都会通过鸣叫传递信息。黑艳蝉的幼虫不会单独觅食，可它腿上有一个发音装置，饥饿时只要发出"鸣叫"，母虫便知道该给它喂食了。

有些动物以气味作为联络的信号。如老鼠被抓住后，就会撒出尿来。如果你以为这是老鼠被吓得"屁滚尿流"，那就大错特错了。其实，这是老鼠向同伴发出的信号，意思是：此地危险，赶快逃跑！

有的动物以色彩作为语言。鸟类、爬行类、鱼类、两栖类以及昆虫

撒尿的狗
狗无论到哪儿都会随时撒尿，其实这是传递信息的一种方式，告诉同伴"我来过了"或"这是我的领地"。

叉角羚
叉角羚分布于北美洲西部的开阔地带，北起加拿大南部，南到墨西哥北部，擅长奔跑，是美洲奔跑速度最快的动物。

类，都有自己的色彩语言。比如，雄孔雀常常在春末夏初开屏，以色彩斑斓的尾羽向雌孔雀"求爱"。金翅雀的幼鸟在饥饿时会把嘴张开，露出嘴边四个亮闪闪的金属色斑点，告诉妈妈肚子饿了。

有些动物以一些肢体动作作为联络信号，不同的肢体动作代表不同的含义。有一种黇鹿，用尾巴竖立起来的不同程度来表示不同的意思：平安无事时，尾巴就垂下不动；表示警戒时，尾巴半抬起来；有危险时，尾巴就完全竖起来。野猪在平常没有什么危险的时候，尾巴总是转来转去，或者下垂着。一旦发现不祥之兆，它便立即扬起尾巴，尾尖上还卷起一个小圆圈，就像一个问号。其他野猪见了，就会马上警觉起来。美洲的叉角羚发现有危险时，臀部的一大片白毛会竖立起来，活像一团蓬松的大白球，十分显眼，远在3000米外的伙伴看到了，也会如法炮制，用臀部的"大白球"报起警来。

许多鸟都是以摇头表示善意；许多鱼都是以收缩鱼鳍表示友好，张开鱼鳍是向对方发出警告；蝙蝠、海豚等是用超声波来进行联系的，它们有自己独特的超声波语言。蜜蜂更有一套极为

蚂蚁的交流

蚂蚁是社会性很强的昆虫，彼此通过身体发出的信息素来进行交流沟通，而传递信息的工具就是触角。

独特、严谨的动作语言。当工蜂发现蜜源后，就会飞回来，以各种不同的舞蹈向别的蜜蜂传递信息。其他蜜蜂根据工蜂的"舞步"和它指示的方向，可以确切地知道蜜源在哪儿。

大多数动物是不会用脸部表达感情的，黑猩猩却是一个例外。可以说，黑猩猩是世界上最聪明的动物之一。它们和人类一样，常常用抚摸、拍打等动作来传达感情，甚至朋友见面时它们还会互相问候。

■ 友谊与协作

互帮互助是人类社会中极为高尚的品德。在动物界，为了生存，动物之间会进行激烈的竞争，有时甚至很残酷。但是在长期的生活中，动物之间也会出现"友谊"与"合作"的关系。

当一只大雁死去后，它的伙伴会悲伤好几个星期。它们低垂着头，对什么都不感兴趣，吃得也很少。当一只大象受了伤，别的大象都会来照顾它，如果它死去了，整个象群还会为它准备葬礼。这种类似于人类的行为，在狼的身上也能观察到。

在千奇百怪的动物世界里，还有许多两种截然不同的动物结成相互依存的"良朋挚友"的现象，它们之间有着人们意想不到的"友谊"。

鳄鱼是水域中的猛兽，然而它与燕千鸟却是一对好朋友。鳄鱼一顿饱餐之后，便躺在水畔闭目养神。这时，燕千鸟就成群飞来，啄食鳄鱼口腔内的肉屑残渣。有时鳄鱼睡熟了，燕千鸟就飞到鳄鱼嘴边，用翅膀拍打几下，鳄鱼竟自动张开嘴，让小鸟飞进嘴里。这样，鳄鱼的口腔就得到了清理，而小鸟也寻觅到了丰富的食物，可谓是"双赢"。

寄生蟹和海葵的"友谊"也很有趣。长相古怪的寄生蟹喜欢攻击油螺，在把油螺击毙后，便把身体隐藏在螺壳中，而好吃懒动的海葵也喜欢在螺壳上栖身。海葵能放出一种有毒的刺丝，麻醉来犯之敌，所以一般动物都不敢接近它。于是寄生蟹就带着海葵在海洋里四处畅游，借助海葵来保护自己，而海葵则以寄生蟹吃剩的食物残渣来充饥度日。

此外，鹈鹕能和鸬鹚、海鸥合作捕鱼。鹈鹕的脚趾似蹼，它能以蹼为桨来游泳，但不会潜水，故只能在水面上捕鱼；而鸬鹚善于潜水；海鸥则能在空中观察鱼群，为鹈鹕和鸬鹚导航。它们以这种方式合作，一起把鱼群赶到浅水区，然后合力围剿，捕到鱼后再一起饱餐一顿。非洲的引蜜鸟和蜜獾也会以相似的方式互惠互利。引蜜鸟会把蜜獾引领到蜂巢边上，肆无忌惮的蜜獾就把蜂巢打开，大吃蜂蜜，而引蜜鸟则得到了蜂蜡。

■ 自我保护与伪装

打仗的时候，士兵会以伪装掩护自己，不让敌人发现。而动物伪装则是为了躲避天敌或蒙骗猎物，或两效兼收。对人类而言，伪装是后天学习得来的技巧，但对动物来说，伪装则是一种天生的自卫本

牛背鹭

牛背鹭经常落在犀牛或野牛的身上，猎取犀牛或野牛身上的寄生虫来吃。此外，牛背鹭可发现远处的敌害，及时为犀牛或野牛报警，使犀牛或野牛得以避开危险。

绿色的青蛙
青蛙背上长着草绿色和墨绿色的条纹，容易和青草碧水融为一体。

领，经过千万年演化，已成为它们身体及行为的一部分。在弱肉强食的自然生态环境中，每一种动物都在精心为自己设计形态、颜色和身体上的花纹。我们现在看到的动物伪装，不论哪一种，恐怕都有着几百万年进化演变的历史。

在自然界，许多动物都很善于伪装。有的会变色，会随着周围环境的改变而改变身体的颜色，如变色龙、乌贼等；有的会拟态，把自己伪装得跟周围的环境几乎一模一样，像枯叶蝶、螽斯等。

青蛙一般生活在碧绿的水中和潮湿的草丛中，它们的背上长着草绿色和墨绿色的条纹，当它们躲在草丛中时，敌人很难发现。

老虎的毛皮上有明、暗色相间的花纹，这些花纹就像战场上人们穿的迷彩服一样，是一种保护色，可以使它们轻而易举地靠近猎物。

金枪鱼生活在海水的上层，背部为浓青色，从上面往下看，与墨蓝的海水颜色十分相似。而它们的腹部是白色的，从下往上看时，鱼腹又和淡蓝的天空颜色很相近。

在非洲詹姆斯敦的森林里，生活着一种非常灵巧的小鸟，全身长满了五光十色的羽毛，当地人称它为"花鸟"。当花鸟在树枝上栖息的时候，翅膀张开，仿佛绚丽的花瓣，头则像是花蕊，整个身体就像是一朵盛开的鲜花。当被它蒙蔽而前来采蜜的昆虫钻入"花蕊"后，立即就成为它的腹中之物了。

■ 生存与捕猎

动物要想生存，必须具备捕猎的技术。每种动物都有自己的看家本领，它们在弱肉强食的世界里，依靠自己独特的捕食技能获取猎物，维持生存。

沙漠中生活的蚁蛉蛉的幼虫蚁狮，在变成蚁蛉蛉之前，会把它的腹部当作"锄头"，在沙中挖洞，然后守在洞中，等待蚂蚁或蜘蛛之类的猎物送上门来。当蜘蛛、蚂蚁来时，洞边的沙会有所移动，蚁狮听闻响动后，会立即把唾液射向自己要猎取的昆虫。粘上唾液的昆虫一下子就跌落洞中，落到蚁狮的嘴里。美食一餐之后，蚁狮又开始准备喷射下一个倒霉的过客。

变色龙
变色龙的皮肤会随着周围环境的改变而改变颜色，更有利于捕食。它的舌头很长，是自身身体长度的2倍。用长舌捕食是闪电式的，只需 1/25 秒便可完成。

海底深处的鮟鱇鱼，背上长着一条类似钓鱼竿的长鳍，可以向前弯曲，把鳍尖弯到它那张大嘴的上方。"钓鱼竿"上还有"饵"，是鳍端长着的一块像虫似的肉瘤，它不停地来回摆动着。当那些被骗上当的小鱼要来吃"饵"时，不想却成了鮟鱇的腹中美味。

变色龙会依靠伪装的体色来接近猎物。

美洲豹
美洲豹是美洲大陆最强大的食肉动物，土黄色的毛色上布满黑色斑点，如同迷彩服一样，可以轻易地靠近猎物而不被发现。

捕获猎物的鹰

鹰的眼睛很锐利，当它发现地面上有可猎食的动物时，就会以飞快的速度直冲而下，用它尖利的鹰爪抓住猎物，这样猎物就成了它的腹中之物了。

它先用尾巴将自己倒缠在树上，然后瞄准目标，迅速射出又长又黏的舌头，悄无声息、又快又准地将昆虫粘入嘴里。

陆上的哺乳动物大多具有锐利的牙齿和锋利的爪子，可将猎物咬伤致死，它们或单枪匹马追击，或成群结队围攻，各有各的捕食本领。

■ 动物也"谈情说爱"

动物要使自己的种族得以延续，就必须成功地找到异性配偶并与之交配，以便繁殖后代。因此，自然界中的动物为了找到各自中意的伴侣，会施展出各种不同的、令人称奇的求爱方式，可谓花样百出。

动物们在寻找配偶时，一般是雄性吸引雌性，不过也有一些动物是雌性吸引雄性，例如雌蛾能释放出性信息素来吸引雄蛾。通常情况下，雄性动物会在雌性动物面前尽力展现自己华丽的"婚装"和表演各种复杂的动作。"孔雀开屏"就是雄鸟向雌鸟求爱的表现。夜莺、画眉的歌唱、蝉和蟋蟀的鸣叫等都是雄性为吸引雌性而进献的爱曲。

蜘蛛的求爱过程可谓惊心动魄，因为雄蜘蛛在求爱过程中很容易被雌蜘蛛捕杀。因此，即使是最老练的雄蜘蛛也不敢贸然去安慰饥饿的异性。雄蜘蛛在表达爱意时，会颇费一番周折。它在老远就开始跳动游走，雌蜘蛛的视力极好，在很远的地方就可以看见雄蜘蛛。为了使雌蜘蛛明白自己的倾慕之心，雄蜘蛛会选择一个安全的距离跳一种特别的舞来平息雌蜘蛛的怒火，以求进一步亲近。雄蜘蛛一边舞动，一边谨慎地向"爱侣"靠近，直到对方

感兴趣了，它才抓住时机与意中人共度新婚。

人类在求爱时会为爱人准备礼物，动物在求爱时也会通过送礼来表达爱意。它们送的当然不是珍珠项链、金戒指或巧克力，而是"意中人"最爱吃的食物。如雄性翠鸟会潜入水中捕捉肉肥味美的鳟鱼献给雌性翠鸟，来讨取雌鸟的欢心。

翠鸟

翠鸟种类很多，喜栖息在有灌丛或疏林、水清澈而缓流的河溪、湖泊以及灌渠等水域。繁殖季节，雄翠鸟会将自己捕到的鱼献给雌翠鸟以博得雌鸟的欢心。

有一种叫舞虻的昆虫，雄虻在表达爱意时，往往先去捕杀一些蚊子作为"礼物"献给雌虻，趁雌虻忙于吃"礼物"时落在雌虻背上交配。而雄蜘蛛也会忍着饥饿，将捕捉到的苍蝇用丝包好送给雌蜘蛛，并趁"爱侣"在品尝食物的时候进行交配，从而使自己免于成为婚宴上的"点心"。

泰国斗鱼

泰国斗鱼是一种热带淡水鱼。繁殖期雄斗鱼周身的色彩会变得十分鲜艳，以引起雌鱼的注意。它还会在水面上不断地吐泡筑巢，利用各种手段诱使雌鱼过来受精。

■ 艰辛的大迁徙

春去秋来，寒来暑往，每年世界上都会有许多动物随着季节更替进行大规模的迁徙，尤其是鸟类，全世界的 8600 多种禽鸟中，大多数鸟类都有季节性迁徙的习性。它们翻山越岭，甚至跨洋越海，不顾千里之遥，从一个地方迁徙到另一个地方，等来年再返回来。

除了鸟类之外，哺乳类中的蝙蝠、驯鹿以及昆虫中的蝗虫、某些蝶类也有迁徙的习性。海洋中的鱼类、鲸、海豚、鳍足类以及甲壳类动物的洄游也是一种迁徙。

鸟类迁徙中最辛苦的是北极燕鸥。每年秋天，它们成群结队地从北极圈一带起程，飞往远在 1.8 万千米以外的南极浮冰区过冬。次年春天，又成群结队地返回。这一来一去，总共要在路上飞行 8 个月之久，飞行距离近 4 万千米。鸟类迁徙中效率最高的是往返于加拿大和南美洲之间的小黑鹦鹉。它们能够连续飞行 4 天 4 夜，飞行距离达 3840 千米。当然，一路上它们消耗的体力也是惊人的。有人曾进行过测量，当它们完成这段飞行后，体重竟减轻了一半！

全世界共有 14000 多种蝴蝶，大部分分布在美洲，其中的美洲大斑蝶是少数季节性迁徙的蝴蝶之一。每年冬天来临之前，它们结成庞大的队伍，从寒冷的加拿大出发，飞到北美洲南部墨西哥的马德雷山区过冬。待到第二年春天，它们又成群结队，浩浩荡荡地飞向北方，总行程长达 2880 千米。然而，重返北方的大斑蝶已经不是原先的那一批了，而是它们的下一代。

每年 7 月底，非洲坦桑尼亚北部的几十万只角马，都会排列成长达十几千米的浩浩荡荡的大军，向 500 千米以外的马腊平原挺进。到了 12 月份，它们又不辞劳苦返回故乡。北美驯鹿也有迁徙的习性，加入迁徙大军的驯鹿多达几十万只。它们在每年的三四月份从加拿大北部出发，经过荒凉、广阔的冻土带，一直到达北冰洋沿岸，行程长达数千米，一直走到 6 月份。它们不顾艰难险阻奋勇前进，以便赶在北极的夏季到来时到达北极，在那里交配繁殖。而在北极短暂的夏天快要过去时，成群的驯鹿又得准备踏上回乡之路了。

有些生活在海里的鱼类和海龟，在产卵期间也会迁移。成群的鲑鱼从海洋来到它们熟悉的某处河口，然后逆流而上，游向数百里外的河流上游，在那里产卵。小鱼孵化后，开始时还会在附近游弋，后来就顺河而下，又回到大海的怀抱里生活。

北极燕鸥

北极燕鸥每年从其北部的繁殖区迁至南极洲的海洋，再迁回繁殖区，环绕地球一周，是已知迁徙路线最长的鸟类。

美洲大斑蝶

美洲大斑蝶具有金橙色和亮黑色相间的华丽斑纹，还有令人不可思议的超远距离迁飞习性。

角马大迁徙

非洲角马大迁徙是自然界最伟大的迁徙过程之一。每年六七月间，随着旱季来临和青草逐渐被吃光，数百万头的角马会进行长途迁徙，以寻找充足水源和食物。

动物的栖息地

极地和冰原

无论是南极还是北极，寒冷都是永恒的主题。漫长的极夜，狂暴的风雪，滴水成冰的极度寒冷，挑战着所有生物的生存极限。然而，在这样恶劣的条件下，仍有不少不畏严寒的动物顽强地生存着。南极是一块孤立的陆地，地面上覆盖着平均深达 2300 米的冰块，除企鹅之外，陆地上的其他动物都无法在南极上生存。北极则是一片海洋，海面覆盖着厚达几米的浮冰。最北的地方是一块北极苔原，那里生活着好几十种陆地动物，它们已经完全适应了极地寒冷的气候。

企鹅是南极的代表，它是一种鸟类，但不会飞。本应拥有的和其他鸟类一样美丽的羽毛，在企鹅身上却成了层层鳞片状。这层特殊的羽毛，就像一件做工精细的"羽绒服"，即使气温下降到零下90 摄氏度，也不会使它失去保暖作用。而且，这件"羽绒服"还不怕水泡，企鹅在刺骨的海水里游泳时，也不会湿透。企鹅能在南极悠然自得地生活，并且不断地生儿育女，真可以说是个奇迹。

在加拿大、格陵兰岛等地分布的麝牛，是北极地区最大的食草动物。最大的麝牛长达 2.45 米，重300 千克。爱斯基摩人称这种麝牛为"大胡子"。通常是 20 只左右的麝牛一起生活，它们永远也不会离开

北极苔原，哪怕是在北极最寒冷的冬天，也是如此。那里的地衣、小草和小树木是它们仅有的食粮。

北极白熊是极地又一种耐寒动物，这种食肉性兽类，成年累月在海岸边猎取海豹为食。白熊能抵抗零下 57 摄氏度的严寒，只有在天气极坏的情况下，或者是产仔时，才会躲进雪洞里去。

树蛙
树蛙种类繁多，栖息在潮湿的热带阔叶林区及其边缘地带。体背多为绿色或随环境而异，繁殖习性反映了树栖的生活方式，多数种类在伸向水塘上空的枝叶上产卵。

茂密的森林

地球上森林的面积约占陆地总面积的60%，那里是野生动物的家园，主要有热带雨林、温带森林和寒带森林等类型。

地球上的热带雨林主要分布在赤道附近，典型的是在中美、南美的亚马孙河流域，非洲的刚果河流域，亚洲的马来半岛、南沙群岛等地。热带雨林地区没有四季变化，常年高温多雨，年降水量在 2000 毫米以上，几乎天天都在下雨。在这种又湿又热的气候条件下，森林植物种类繁多，生长茂密，枝叶阔大，一年到头总有植物开花结果，因此成了各种野生动物的乐园。

热带雨林里的动物种类之多、类

企鹅
企鹅生活在寒冷的南极，白肚黑背，似着燕尾服，张翅似臂，举步似人，颇具绅士风度。别看它在陆地上行动很笨拙，但在冰雪中却能快速匍匐前进，在水中每小时能游出 30 千米。

松鼠

松鼠生活在寒带或温带森林中，能适应树上生活。其数量多少取决于冬季针叶树种子的多少，因为它们的食物以针叶树的种子和果实为主。

型之杂，是世界上其他任何地带都无法相比的。各种飞禽走兽包罗万象，有鹦鹉、蜂鸟、太阳鸟、吸血蝙蝠、孔雀，有大猩猩、树袋熊、食蚁兽、美洲豹、非洲象、亚洲象，还有鬣蜥、变色龙、大蟒和两栖类的树蛙、雨蛙、飞蛙，等等。此外在地面上还活跃着大量的热带昆虫。

热带雨林中动物的生命活动异常旺盛，不像高纬度地带的动物，会随着季节的变化而发生变化。它们一年到头都在活动，都在繁殖，没有冬眠与夏眠，也很少会有季节性迁移现象。

温带森林地带生长着阔叶林和针阔混交林，这里的气候温暖湿润，利于植物的生长发育。森林中耸立着高大的树木，富有灌木和林间空地，还有天然的野果，是野生动物理想的居所。温带森林的季节变化非常明显，只有在夏季时树木才呈现出一片鲜绿，枝叶交织成荫，成为动物良好的藏身之所。一到冬季，则枝枯叶落，光秃透亮，林中一下子就变得寂静无声了。

温带森林地带的动物种类没有热带森林那样繁盛，加之生存环境有明显的季节性变化，因此动物的生命活动也相应地具有明显的季节更替现象。夏季动物种类比冬季要丰富得多，各种动物数量变化也很显著。许多动物种类，

尤其是鸟类在冬季都要离开此地。而其他一些种类的动物，例如蝙蝠、刺猬、獾和熊等则会开始冬眠。

寒带森林主要以针叶林为主。针叶林是地球上占据面积最大的森林，分布在阔叶林的北端和内地大陆性气候较强的地方，呈带状横贯欧亚大陆和北美大陆，针叶林的北界就是森林的北界。针叶林里主要生长着常绿的针叶树木，如松树、杉树等树种，它们的叶子像针一样，在球果里结籽。这里的气候冬季寒冷漫长，夏季湿润短暂。这里活跃着很多鸟类，如雷鸟、柳莺、杜鹃等，还有各种松鸡、熊等。到了冬季，森林被积雪覆盖，常可看见松鼠和狐狸在雪地里窜来窜去。

■ 辽阔的草原

草原是由低温、旱生、多年生草本植物组成的生态系统，主要分布在温带地区。从欧亚大陆黑海沿岸向东经中亚、蒙古至我国内蒙古和黄河中游，有一个非常明显的草原带，北美洲中部、南美洲南部和非洲南部也有草原分布。

草原地带的气候介于荒漠和夏绿阔叶林地带的气候之间，夏季比较温暖，冬季比较寒冷，四季分明，季节更替频繁而鲜明。雨季主要集中在夏秋两季，多暴雨，所以高大的森林树

麝牛

麝牛栖息于北极多岩而荒芜的地方，群居生活，主要吃草和灌木的枝条，冬季也挖雪取食苔藓类。它们生性勇敢，任何情况下都不退却逃跑。

知识拓展：非洲大草原上有哪些特有动物？
答疑解惑 在辽阔的大草原上，最常见的动物是斑马，除此之外，长颈鹿、羚羊、
狮子也都是典型的非洲动物。

▶ 干旱的荒漠

认识动物

木常遭暴雨袭击，无法保持良好的生长态势，而低矮的草本植物则相当发达。草原上主要以簇生的禾本科植物为主，但有些地方也生长杂蒿和小灌木。

跳鼠
跳鼠生活
干草原或荒漠地区，因善于跳跃而得名，通常一跃可达2至3米，甚至更远。有些种类如三趾跳鼠、栉趾跳鼠等的后足掌外缘生有1至2列硬密的白色长毛，既可在跳跃时保持后足在松散土地上不致下陷，又可在挖洞时借以将土推出洞外。

与草原的环境相适应，这里的动物大多具有擅长挖洞或快速奔跑的特点。草原上的动物数量繁多，尤以啮齿类、有蹄类及昆虫为最，两栖类和爬行类较贫乏。有蹄类动物发展了迅速奔跑的能力和集群生活方式，具有敏锐的视觉和听觉；而啮齿类动物则以穴居生活习性来适应开阔草原缺乏天然隐蔽物的环境。草原上的昆虫数量很多，以蝗虫、蚁为主，蜂以及依赖有蹄类粪便、尸体为生的粪食甲虫和尸食甲虫数量也很可观。草原动物生命活动的季相变化明显，冬季有蹄类需长途跋涉到雪少地区觅食；爬行动

物和多数啮齿动物进入冬眠或贮藏食物越冬；大多数鸟类向南迁移。由于气候原因造成草原产草量的年变化大，导致啮齿动物的年变化明显，并间接影响以啮齿类为生的食肉兽数量。

草原动物群的代表性动物：哺乳类，在欧亚大陆有黄羊、高鼻羚羊、旱獭、黄鼠，北美有美洲野牛、叉角羚羊、美洲黄鼠等；鸟类，欧亚大陆有大鸨、云雀等，北美有草原榛鸡；爬行类，欧亚大陆有蝮蛇等，北美有箱龟、响尾蛇等；两栖类，欧亚大陆有花背蟾蜍，分布较广。

■ 干旱的荒漠

地球上的荒漠主要分布于亚热带和温带。沙漠地表覆盖着一层在风力作用下形成的厚厚的细沙，强大的风力不断地吹蚀地面，使沙漠地区的地貌发生急剧的变化。气候干燥是沙漠地区的特点，由于地表缺乏植被和水分，沙漠地区昼夜温差很大，夏季午间地面温度可高达60摄氏度以上，夜间则下降到10摄氏度以下。在这块贫瘠缺水的土地上，除有不少沙漠动物在此繁衍生息之外，还有一些耐旱的半灌木及禾本科植物在此顽强地生存。

草原上的羊群
牛、羊等有蹄类动物以其迅速的奔跑能力、集群的生活方式、敏锐的视觉和听觉，成为草原动物群的重要组成部分。

沙漠地带的动物，无论在种类上或是数量上，都较其他地区贫乏，并且都是一些适应荒漠环境的特殊种类。它们大多具有极强的耐旱能力，属于适应缺水环境的广适性类型。

沙漠地区的鸟类，如沙鸡、沙百灵、波斑鸠、漠鹭和沙雀等，只在黎明或日落后的几个小时里活动，其他时候则躲在凉爽有阴影的地方避暑。这里的鸟类大多是留鸟，因为冬季少

热带草原上的长颈鹿
热带草原以非洲和南美洲分布最广。那里气温很高，每月平均气温在20摄氏度以上，一年中分干湿两季。热带草原上生活着许多食草动物，如非洲草原上的长颈鹿、斑马、羚羊等。它们有随季节成群迁徙的特性。

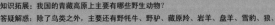

知识拓展：我国的青藏高原上主要有哪些野生动物？
答疑解惑：除了鸟类之外，主要还有野牦牛、野驴、藏原羚、岩羊、盘羊、雪豹、狼、棕熊、猞猁和爬行类中的红尾沙蜥等。

▶ 河湖和沼泽
▶ 高原山区

角响尾蛇

角响尾蛇生活在沙漠中那些被风吹过的松沙地区。它靠一种奇特的横向伸缩的方式穿越沙漠，在寻找栖身之处或猎物时行动迅速。当角响尾蛇从沙地上穿过时，会留下其独有的一行行踪迹。

雪，比较容易找到食物。

各种地下穴居小兽——沙鼠、旱獭等是荒漠地带的主要"居民"。适应荒漠环境的大型有蹄类动物有野骆驼、野驴和野马，但数量不多，它们都能忍饥耐渴，适于长途旅行。这里的食肉类动物主要有沙狐、沙猫和羊猞猁等。此外，爬行类中的沙蜥、麻蜥和响尾蛇等在这里也很活跃。

河湖和沼泽

沙漠鬣蜥

沙漠鬣蜥广泛分布在美国西南部各州的沙漠草原地区。它们体内的水分循环很慢，所以可以承受很高的温度和很干燥的环境。沙漠鬣蜥行动迅速敏捷，是一种很机警的蜥蜴，稍有风吹草动就会立刻躲避。

河湖与沼泽都是地球上的淡水水源。在河湖沼泽及其附近区域都有野生动物的踪迹。江河溪流表层的浮游植物为许多水生动物提供了丰富的食物来源，同时也与水生动物形成了一种共生关系，它们常依附于软体动物、甲壳类动物上生长。沼泽地长满了丰富的水草，它们是浮游生物、小鱼、小虾和贝类动物取之不尽的食物源。鳄鱼也躲藏于这些茂密的沼泽草丛中，时不时给其他动物来个突然袭击。在河流湖泊附近还有许多大型的涉禽、游禽，它们都以鱼虾为食。

鸬鹚

鸬鹚平时栖息于河川和湖沼中，也常低飞掠过水面，飞时颈和脚均伸直。鸬鹚是鸟类中优秀的潜水明星，主要以小鱼和甲壳类动物为食。

■ 高原山区

高山环境的特点是地形陡峻、气压偏低、气温较低、雨水充足、天气变化无常，因此，植物生长期短，并且大都比较矮小，或在地面匍匐生长。高山的周围都是山谷，生活在高山上的动物，早已适应了高海拔、低气压的生活环境。当然，它们也适应了寒冷的气候，学会了一些御寒的方法。生活于高原山区地带的动物，都具有灵活敏捷的攀缘技术。

美洲有一种生活在高海拔地带的爬行动物，叫作滑喉蜥。滑喉蜥生活在洞穴里和灌木丛中，它可以自由出没于海拔2500米的高原地带。当它的体温下降至2.5摄氏度时，还有足够的力量行走，但走得特别慢。等太阳一出来，它身体的颜色会立刻变暗，这样可以吸收最多的热量。等到它的体温达到20摄氏度，就可以开始捕捉昆虫了。

高山上也有鸟类，分布于欧洲和亚洲高山地区的黄嘴鸦（与乌鸦是同类），生活于海拔8200米的高峰上，它会飞进登山运动员的帐篷里去寻找食物。最令人钦佩的是它们高超的飞行技巧，它们能从几百米的高处垂直落下，直到最后一刻才展开翅膀。

在青藏高原海拔6100米的山区常会看到牦牛，这是陆地上生活地点海拔最高的哺乳动物。

知识拓展：已发现的生活在海底最深处的动物是什么？
答疑解惑：科学家们在 10500 米深的海沟缝隙中，发现了长达 1 米的管形蚯蚓。

浩瀚的海洋

认识动物

秃鹫
秃鹫是大型猛禽，鹰科鸟类，栖息于高山裸岩上，多单独活动，主要以鸟兽的尸体和其他腐烂动物为食。

那里的气温可低至零下 40 摄氏度，为了抵抗寒冷，牦牛又密又长的毛下还长出了一层绒毛。西藏人驯化了牦牛，把它作为运载工具，因此，它被称为"高原之舟"。

■ 浩瀚的海洋

海洋约占地球表面积的 70%，是生命孕育的最初摇篮，也是一个巨大的生态系统。海洋中的动物种类繁多，从单细胞的原生动物到个体最大的蓝鲸，有着极其多样的形态。

世界上的海洋连成一片，茫茫苍苍漫无边际。然而，由于海洋所处的地理位置不同，深度不同，海洋环境千差万别。海洋动物的一个重要特点是生活习性与环境相适应，因此不同的海洋环境栖息着不同的动物。

根据海洋的物理化学性质并结合生物学特征，我们可以将海洋分为三个主要的生态地带，即沿海带（或称浅海带）、远海带（或称开阔海带）、深海带，在这些不同的海带里生活着不同的动物群。

首先是沿海动物群或浅海动物群，它们生活在大陆边缘海水至水深 200 米的区域间。这个区域间的海洋动物因环境多样、阳光充足、食物来源丰富而种类繁多，数量巨大。生活在这一带的动物多为底栖者，如珊瑚、海葵等。由于鱼类繁多，半水生的哺乳动物如海豹、海狮、海狗、海獭也相应很多，

海星
海星是典型的海洋生物，品种很多，主要分布在热带或亚热带水域。

牦牛
牦牛主要分布在喜马拉雅山脉和青藏高原，一般呈黑褐色，身体两侧和胸、腹、尾部的毛长而密，四肢短而粗健，能耐零下三四十摄氏度的严寒。

而全水生的哺乳动物则相应要少得多，常见的是海牛类动物和海豚等，虎鲸也常在这里出现。

其次是远洋动物群，它们生活在开阔的海洋地带，通常在有光层（从海平面到200米深处）活动。这里海洋植物较多，浮游动物和漂浮动物也很多，加上阳光充足，所以动物种类非常丰富。大致上有分布范围很广的浮游动物，如有孔虫、放射虫等，有数量巨大的甲壳类，漂浮动物如一些种类的水母在这里非常常见，另外还有大量的海生软体动物，如海兔等。海洋中极少见的昆虫类海蝽在这里也能见到。这里的一些游泳动物一般行动迅速，体形也较大，如凶猛的鲨鱼类，哺乳动物则更是海洋中的巨无霸，如大型鲸类。如果说沿海动物群的特点是绚丽，那么这里的动物群则是多姿。

在有光层以下的动物就可以称为深海动物了，它们的活动范围从200米以下直到海底，包括11000米深的马里亚纳海沟也有动物。这个地带海水极为深广，终年黑暗，盐分高且压力大，食物来源稀少，可以说生存条件比较恶劣。所以这里的动物群种类和数量非常少。比较常见的有棘皮动物中的海蛇尾和古老类型的海胆、腔肠动物、须腕动物及海绵等，脊椎动物多为一些特殊鱼类，外形上常常让人生畏。这里的动物颜色较单调，不少能自己发出冷光。一些鱼类的口特别大，能吞下比自身大出几倍的食物。为保证繁殖获得成功，这里的一些动物会雌雄结伴生活，且雄性基本营寄生生活。由于条件的限制，事实上在这个区域中还有许多我们从未见过的动物存在。

蝴蝶鱼
蝴蝶鱼是近海暖水性小型珊瑚礁鱼类，身体侧扁，适宜在珊瑚丛中来回穿梭，能迅速而敏捷地躲藏在珊瑚枝或岩石缝隙里。

海底世界
热带地区的海底是一个生机勃勃的动物乐园，色彩斑斓的珊瑚礁千姿百态，海星、海参、蝴蝶鱼、雀鲷、印头鱼、狮子鱼、天使鱼、鹦鹉鱼等各种鱼类出没其间。

Part 3
无脊椎动物（一）

知识拓展：最大的变形虫有多大？
答疑解惑：最大的变形虫直径只有 0.4 毫米，肉眼看上去，不过是
一个模糊的小白点而已。

▷ 草履虫——最低等的原生动物
▷ 变形虫——永生的虫

原生动物 ❁

■ 草履虫（Paramecium）——最低等的原生动物

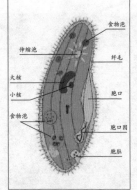

草履虫身体结构示意图

草履虫属于动物界中最原始、最低等的原生单细胞动物，身体只有芝麻的 1/10 大。

食物泡
伸缩泡
纤毛
大核
小核
胞口
食物泡
胞口因
胞肛

【动物趣闻】

草履虫喜欢生活在有机物含量较多的稻田、水沟或水流不大的池塘中，以细菌和单细胞藻类为食。据估计，一个草履虫每天大约能吞食43000 个细菌。因此，它对污水能起到一定的净化作用。

草履虫身体很小，呈圆筒形，生活在淡水中，以细菌和单细胞藻类为食，是最低等的原生动物。因为它的体形从平面角度看上去像一只倒放的草鞋底，所以被命名为草履虫。草履虫全身由一个细胞组成，身体表面包着一层膜，膜上长着许多密密的纤毛，靠纤毛的划动在水里运动。

草履虫身体的一侧有一条凹入的小沟，叫"口沟"，相当于草履虫的"嘴巴"。口沟内密长的纤毛摆动时，能把水里的细菌和有机碎屑扫进口沟作为食物，之后，这些碎屑进入草履虫体内，被其慢慢消化吸收。残渣则由一个叫肛门点的小孔排出。草履虫靠身体的表膜吸收水里的氧气，排出二氧化碳。

绿草履虫是一种生活在淡水中的纤毛虫，呈雪茄形或鞋形，长 100~150 微米，宽 50~60 微米。一般草履虫是无色的，可绿草履虫会呈现出绿色。在显微镜下观察发现，绿草履虫细胞内生活着另外一种生物——小球藻，这是一种绿藻细胞，它含有与高等植物叶绿体结构类似的载色体，里面也含有能进行光合作用的叶绿素。每个绿草履虫体内都生活着 600~1000 个小球藻，所以草履虫看上去就呈绿色了。

■ 变形虫（Amoeba）——永生的虫

变形虫也叫阿米巴，属于单细胞动物，身体形状不固定，靠伪足运动和捕食。变形虫种类很多，最大的长 4 毫米，小的仅 30 微米。我们在观察变形虫时，几乎都要借助显微镜才能看到它。变形虫可生长在各种环境中，以淡水环境居多。有的变形虫还生活在海水、湿土、藻类或苔藓类植物里。在长有水草的池塘中取水，连同水草和腐烂的茎叶一起采集。将池水和水草在没有阳光的地方放置 3~5 天，液面上便会有黄色泡沫浮现，此时便可从泡沫处发现变形虫。

变形虫

变形虫身体结构简单，体表为一层极薄的质膜，之下为一层无颗粒、均质透明的外质。外质之内为内质，内质中有扁盘形的细胞、核伸缩泡、食物泡及食物颗粒等。

变形虫的身体由一个细胞构成。细胞由细胞膜、细胞质和细胞核组成，没有身体器官。但它的一切生理机能，如运动、消化、呼吸、排泄等，都可以由这唯一的细胞来完成。各种动物死了之后，都会有尸体留下来，然而变形虫却死不留尸。原来，变形虫长大之后就开始繁殖，由一个分裂成两个。这样，新的变形虫产生了，原先的变形虫也就消失了。所以它被科学家们称为"永生的虫"。

腔肠动物和棘皮动物

■ 水母（Jellyfish）——长毒刺的"天使"

水母是一种非常漂亮的水生动物。它虽然没有脊椎，但身体却非常庞大，平时主要靠水的浮力支撑巨大的身体。浮动在水中的水母，长长的触手向四周伸展着，有些水母的伞状体还带有各色花纹。在蓝色的海洋里，这些游动着的色彩各异的水母看上去十分美丽。水母的触手上布满刺细胞，像粘在触手上的一颗颗小豆。当遇到敌人或猎物时，这种刺细胞就会射出有毒的丝，把敌人吓跑或将其毒死。水母的出现比恐龙还早，可追溯到 6.5 亿年前。目前世界上已发现的水母约有 200 种，我国常见的约有 8 种，包括海月水母、白色霞水母、海蜇、口冠海蜇等。

海月水母

海月水母属于钵水母纲，直径约 10 至 30 厘米，因夏秋两季浮于水面，状如明月，故名。

● 海月水母

海月水母是海洋中最常见的一种水母。在我国山东烟台的黄海沿岸，每年七八月间就会有成群的海月水母在那里出现。它们的伞无色透明，呈圆盘状，直径约 10~30 厘米，伞缘有很多触手。伞中央有一个方形的口，口的四角各有一条下垂的口腕。海月水母利用伞缘四周垂在水中的口腕捕捉小鱼，用带褶边的触手将猎物麻痹后拖入口中。它们的毒刺虽不会使人丧命，却能引起刺痛感。

● 白色霞水母

白色霞水母的伞部扁平呈圆盘状，乳白色，直径为 200~300 毫米，大型个体的直径可达 400~600 毫米。口呈十字形，口腕非常发达，长度超过伞部半径，两侧有复杂的皱褶。它们是近海常见的暖水性大型水母，夏季常大量出现于我国东南近海。大量的白色霞水母常会堵塞渔网网眼，把网撑裂，影响渔业生产。

白色霞水母

白色霞水母营浮游生活，常成群出现在海面上，以幼小生物为食。

● 海蜇

海蜇的蜇体呈伞盖状，通体半透明，颜色多为白色、青色或微黄色，海蜇伞径可超过 45 厘米，最大可达 1 米。口腕处有许多棒状和丝状触须，上有密集刺丝囊，能分泌毒液。如果有小动物触及，它便释放出毒液将其麻痹，然后美餐一顿。海蜇在热带、亚热带及温带沿海都有广泛分布，是我国东南沿海重要的水产品之一。

【动物趣闻】

水母的体腔里有一个谐振腔，能感受到海浪和空气摩擦产生的次声波，可以在海洋风暴来临的 15 个小时之前预测到这一信息，所以大群水母通常会在风暴来临之前及时避走。

知识拓展：寿命最长的海洋动物是什么？
答疑解惑：科学家采用放射性同位素 ^{14}C 技术对 3 只采自深海的海葵进行测定，发现它们的年龄竟有 1500 ～ 2100 岁。

▶ 海葵——海底的葵花
▶ 珊瑚虫——"海底花园"的营造者

海蜇的毒液可蜇伤人体，伤者轻的会出现肿痛，重的会休克乃至死亡。但是海蜇又具有极高的营养价值，目前已成为世界上最热门的海味珍品之一。

■ 海葵（Sea anemone）——海底的葵花

海葵的触手
海葵没有骨骼，在分类学上隶属于腔肠动物。环绕在海葵消化系统周围的每一只触手，都能判断它所接触到的食物能不能吃。

海葵是一种神奇的海洋生物，它状如葵花，所以被称为海葵。海葵的颜色十分鲜艳，通常为黄、绿、蓝色。在浩渺的珊瑚礁海域，海葵犹如长开不败的鲜花，婀娜多姿，娇艳无比，构成一簇簇美丽的花丛，成为小鱼小虾竞相游玩的乐园。

海葵广泛分布于世界各地的海洋中，从浅海到万米以下的深海都有它们的身影，但多数都生活在浅海中，以热带海域的数量最多。海葵约有 1000 多种，大小从数毫米到一米多不等。它们的身体为圆柱形，有粗有细，或长或短。口长在身体上端，四周长有颜色鲜艳的触手。不同种类的海葵，触手的数目不同，少的十几条，多者可达上千条。但无论触手多少，其数量总会是 6 的倍数。

海葵是一种原始低等动物，没有大脑，只能对最基本的生存需要产生反应。海葵的每一只触手都能感知出它所接触到的食物能不能吃，但却不能向其他触手传递信息。科学家们通过实验发现，海葵的触手接触到人工制作的塑料虾时，它会迅速将其抓住，但停留片刻后就把塑料虾放了。这是因为海葵的神经细胞告诉它塑料虾是不能吃的。其他触手再次接触塑料虾，它还是重复刚才的动作。海葵的神经系统无法辨别周围环境的变化，只有通过实际的接触，受到刺激才会产生反应。

海葵虽貌似一朵无害的柔弱鲜花，但实际上却是一种靠摄取水中动物为生的食肉动物。海葵的身体像水母一样柔软，但它的每只触手尖部都有一个毒囊，它还有一张硕大的嘴，"胃口"特别好。它就是利用自身触手的毒刺捕获猎物的。因此，许多海洋生物都对海葵敬而远之。海葵有时也会为抢占地盘、争夺食物等与同类进行争斗，常常会出现一方把另一方体表上的疣突扫平或把触手拔光的争斗场面。

■ 珊瑚虫（Actinozoan）——"海底花园"的营造者

珊瑚是由一种被称为珊瑚虫的身体柔软的小腔肠动物所分泌的石灰质壳堆积而成的。珊瑚虫常常大量群居生活，以海洋里细小的浮游生物为食，在生长过程中能吸收海水中的钙和二氧化碳，然后分泌出石灰石，并将其变为自己生存的外壳。珊瑚虫在白色幼虫阶段便会自动附着在先辈珊瑚虫的石灰质遗骨堆上。

每一个单体的珊瑚虫只有米粒大小，它们一群一群地聚居在一起，一代接一代地生长繁衍，同时不断分泌出石灰石，并黏合在一起。

小丑鱼和海葵
海葵的触手能分泌毒素，但小丑鱼却能在其中自由出入。这是因为小丑鱼体表有一层黏液，能够避免海葵触手的刺伤。

[动物趣闻]

参加建造珊瑚礁的生物，除造礁珊瑚外，还有珊瑚藻、多孔螅、海绵、苔藓虫和包壳有孔虫等，尽管它们的个体都很微小，但通过长年积聚，与珊瑚虫一起可以筑成庞大的珊瑚礁。

这些石灰石经过压实、石化，形成岛屿和礁石，也就是人们常说的珊瑚礁。珊瑚礁的底部除了会附着大量的珊瑚虫外，同时也有许多其他海洋生物在这里栖居。由于珊瑚虫呈现出很多不同的形状、大小和颜色，所以珊瑚礁看起来就像一座美丽的"海底花园"。

● 红珊瑚

红珊瑚见于地中海和日本海岸的水域中，它们的珊瑚虫呈白色，多生长在黑色、粉红色或红色的骨骼上。红珊瑚极其稀少，它们多栖息于海面下40~80米深处的岩石上，或生长在200米深的光线较暗的海底。红珊瑚不全是红色，还有橙黄色或白色等。珊瑚在水下的颜色通常十分鲜艳，但是当它们死去或从水中移出时，大多数种类会褪色。但是，红珊瑚从水中移出时，颜色却不会褪掉，所以很多世纪以来一直被人们当作珠宝使用。

● 蘑菇珊瑚

蘑菇珊瑚是由单个巨大的珊瑚虫形成的。它们不像石灰质珊瑚那样和岩石粘连在一起，而是以一种疏松的状态附着其上。它们甚至可以移动，但移动距离不会太大。蘑菇珊瑚可以产生一种含有刺状细胞的黏液，这些黏液会将侵入它们领地的其他珊瑚群体消灭。

红珊瑚
红珊瑚与琥珀、珍珠被统称为有机宝石。在中国，珊瑚是吉祥富有的象征，一直被用来制作珍贵的工艺品。

● 鹿角珊瑚

鹿角珊瑚呈树枝状，看上去就像雄鹿的角一样，分枝距离大，长而粗，直径在1.5~2毫米

珊瑚礁
在热带和亚热带浅海，由造礁珊瑚的石灰质遗骸和石灰质藻类堆积而成的一种礁石。

知识拓展：最小的海星是在哪里发现的？
答疑解惑：1975 年发现于澳大利亚艾尔半岛西岸的小海星，最大半径只有 0.46 厘米。

▶ 海星——美丽的海中之星
▶ 海胆——海中刺客

面包海星
又称"馒头海星"，偶尔出现于各地的珊瑚礁区，成体的腕长可达 15 厘米以上。一般为 5 只腕足，但腕足特别粗短，区分不明显，与体盘连成一团，形如超大型的菠萝面包。

之间。鹿角珊瑚是造礁珊瑚的一种，但因其比较容易破碎，所以常生长在热带海洋的珊瑚礁内及浅海潮下的礁石内。它的枝状顶端有一个特大的水螅体，是珊瑚生长最迅速的地方。

■ 海星（Starfish）——美丽的海中之星

【动物趣闻】

尽管海星是一种凶残的捕食者，但是它们对自己的后代却温柔之至。海星产卵后常竖立起自己的腕，形成一个保护伞，让卵在伞内孵化，以免被其他动物捕食。孵化出的幼体随海水四处漂流，以浮游生物为食，最终成长为独立的个体。

海星又名星鱼，虽然其名称叫鱼，但实际上根本不是鱼。海星大约有 1800 种，它们的颜色各不相同，从棕色到橙色到粉色都有，看起来十分美丽。海星主要分布于世界各地的浅海底沙地或礁石上。海星看上去像植物，如果仅从外观和缓慢的动作来看，很难想象出海星是一种贪婪的食肉动物。此外，它对海洋生态系统和生物进化还起着不同凡响的重要作用，这也正是它能在世界上广泛分布的原因。

大部分发育成熟的海星，身体直径可达 20~30 厘米。它的身体由一个中央盘和从中央盘辐射出的许多条腕组成。大多数海星有 5 条腕，但某些海星的腕却多达 50 条。多数海星的触腕在折断或被咬掉之后都能再长出新的来。

人们一般都会认为鲨鱼是海洋中一种极其凶残的食肉动物。但谁能想到栖息于海底沙地或礁石上，平时一动不动的海星也是食肉动物呢？由于海星的活动不像鲨鱼那般灵活、迅猛，所以它的主要捕食对象是一些行动较迟缓的海洋动物，如蛤、贝类、海胆、螃蟹和海葵等。它捕食时常采取缓慢迂回的策略，慢慢接近猎物，然后用腕将猎物整个身体紧紧围住。如捕食蛤时，海星用五个腕将蛤包住，用它的管足拉开紧闭的蛤壳，当蛤壳被拉开后，海星将胃袋从口中吐到蛤壳的开口处，然后释放出消化液来分解蛤的组织。之后，它就将猎物体内已消化了的部分吸取到自己的腹中。作为一种没有大脑的动物，海星的这种摄食方式是十分高级的。

棘冠海星
棘冠海星是臭名昭著的"珊瑚杀手"。它们喜欢把珊瑚表面的珊瑚虫吃掉，留下白色的珊瑚骨骼。平均一只棘冠海星一天要吃掉约 2 平方米的珊瑚，食量惊人。最可怕的是棘冠海星会突然数百万只大量出现，几天之内将珊瑚礁吃得面目全非，对珊瑚礁生态造成严重的破坏。

■ 海胆（Sea urchin）——海中刺客

海胆，别名刺锅子、海刺猬，体形呈圆球状，就像一个个带刺的紫色仙人球，因此有"海中刺客"的诨号。海胆生活在海洋的底部，全身布满长刺。它是海洋里一种古老的生

●● ● ● ● ●

知识拓展：最大的海参是哪种？

▶ 海参——浑身是刺的"海黄瓜"

答疑解惑：梅花参，体长 60～70 厘米，宽约 10

厘米,高约8厘米.体长最大的可达90～120厘米。

无脊椎动物（一）

海胆
海胆是棘皮动物门海胆纲的通称，现存约 800 种，体呈球形、半球形、心形或盘形。内部器官包含在由许多石灰质骨板紧密愈合构成的壳内，壳上布满了许多能动的棘。

物，与海星、海参是近亲。据科学考证，它在地球上已有上亿年的生存历史。在我国的西藏高原，就曾发现过海胆化石。它们在世界各大海洋中都生存过，以印度洋和太平洋中的海胆最为活跃。由于它们喜欢盐度高的海域，所以在靠近江河入海处和盐度低的海水中很少分布，或者根本没有。

海胆喜欢栖息在海藻丰富的潮间带以下的海区礁林间，或躲在较坚硬的泥沙质浅海地带，多藏身于石缝里、礁石间、泥沙中或珊瑚礁中。海胆有背光和昼伏夜出的习性，靠棘刺来防御敌害，长刺和叉棘都可能有毒。它可以和海星一样用管足移动，也可以用长刺"步行"。海胆主要以植物为食，它的口腔内有一个复杂的取食结构，由五枚呈放射状排列的齿组成，这些齿可以伸出口外，从岩石上刮取食物，也能把大块的食物切割成小块。

■ 海参（Sea cucumber）——浑身是刺的"海黄瓜"

海参的外形很像黄瓜，所以它的英文名为 Sea cucumber，意思是"海黄瓜"。几乎在所有

的海域都能见到海参，但它们主要分布在浅海中。海参身长 2~200 厘米不等。它的身体柔软，呈圆柱状，颜色暗淡，皮肤上有许多疣状的突起，身体外表长有许多肉刺。绝大多数种类的海参都有 5 排管足，沿着身体的形状从头至尾排列。嘴的周围环绕着 10 根或更多的触手，用以收集砂粒和泥土。海参就是以从泥沙中摄取的有机物为食的。

海参靠肌肉伸缩爬行，每小时只能前进 4 米。也许正是由于它懒于行动且行动缓慢，海参逐渐发展出了在遭到侵犯时排出内脏以迷惑敌人的功能。海参在遇到敌害进攻无法脱身时，常常通过身体的急剧收缩，将内脏器官迅速地从肛门抛出去，引诱敌害，自己则迅速避走以脱身。但海参失去内脏并不要紧，因为几个星期后，体内又会长出新的内脏。

海参虽然样子难看，可由于含有丰富的低脂肪蛋白质，而且吃起来颇为爽口，自古以来就是筵席上的佳肴。此外它还富含矿物质、维生素等 50 多种天然珍贵活性物质，能延缓

海参
海洋生物是微量元素的宝库，海参、海水鱼、海虾等海洋生物中钙、碘、铁等含量是禽畜肉的几倍甚至几十倍。海参不仅是珍贵的食品，也是名贵的药材。其滋补功效足敌人参，故名"海参"。

【动物趣闻】
我们通常只听说动物会冬眠，却很少听到动物会夏眠，而海参就是少数夏眠的动物之一。每到夏天，海水温度升到 16 摄氏度以上时，海参就会躲到海底的坑洞里不食不动地夏眠，一直到秋末冬初海水温度下降时才又开始活动。

知识拓展：哪些海洋动物酷似植物？
答疑解惑：海葵、海百合、海绵、海羊齿、羽毛星、海鞘、珊瑚等
海洋动物的外形都酷似植物。

▶ 海百合——最古老的棘皮动物

衰老，消除疲劳，提高免疫力，还有益气补血、益智健脑和防癌抗癌的作用。全世界的海洋中大约有 40 余种食用海参。

■ 海百合（Sea lily）——最古老的棘皮动物

海百合与海参一样同属于海洋棘皮动物。它生活在幽深的海底，漂亮的外壳和陆地上的百合花很相似。但它并不是植物，而且不能离开海水生活，因此人们给它起了个好听的名字叫"海百合"。海百合在棘皮动物中"资格"最老，比海参、海胆等都要古老，它在 5.7 亿年前就出现在海洋中了，是最古老的棘皮动物。

一种以捷克古生物学家普尔纳的名字命名的普尔纳海百合化石，生活在距今 4.08 亿年到 3.85 亿年间，高达 5.4 米，直径达 1.2 米。当时，这种海百合遍布欧洲中部、亚洲和澳大利亚等地，形似向日葵。现代海洋里尚存 600 余种海百合，体形各异，十分漂亮。其中无柄海百合可以借助腕

上羽枝的摆动在海底游移，身体又能随环境的改变而变换颜色，被称为"海洋齿"或"羽星"。

在我国厦门、金门岛附近的海洋中有一种海百合，它有"茎"，"茎"上有分支，还有"小叶"。可它并不是植物，而是一种动物，而且是无脊椎动物里比较高级的一种，比虾、蟹、蚌、昆虫等都要高级。这种海百合又叫五角百合，它的"茎"上呈五角形分叉的柄长约 60 厘米。海百合就利用这个长柄固定在海里。柄上面有个盘，盘的上面有个口，还有个肛门。盘的周围有 5 个腕，每个腕又有分支，分支又分成若干小支。

无柄海百合
又称毛头星。它没有长长的柄，而是长有几条小根或腕，口和消化管也位于花托状结构的中央，既可以浮动，又可以固定在海底。

海百合
海百合属于海洋棘皮动物，不能够离开海水生活。它的漂亮外表和百合花相似，因此人们叫它海百合。

血吸虫——水泽里的"瘟神"
绦虫——大型动物肠壁上的"丝绦"

知识拓展：我国在哪一年发现血吸虫？
答疑解惑：1905 在湖南常德一名患痢疾
渔民的粪便中发现有日本血吸虫卵。

无脊椎动物（一）

扁形动物和线形动物

■ 血吸虫（Blood fluke）——水泽里的"瘟神"

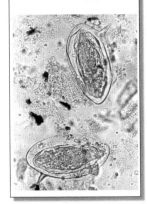

埃及血吸虫虫卵
埃及血吸虫是由德国科学家比尔哈兹于 1851 年在埃及首先发现的。根据埃及古尸木乃伊中的发现，埃及血吸虫病在非洲已存在数千年之久。

血吸虫，又称裂体吸虫，雌雄异体。雄虫短粗，乳白色，长 5~18 毫米，体两侧向腹面卷曲成一个小槽，称抱雌沟，用以夹抱雌虫。雌虫细长，后半部呈黑褐色，长 7~27 毫米。血吸虫寄生在人和多种哺乳动物的静脉和肠系膜的小血管内，能引起血吸虫病。血吸虫幼虫生活在水中，初期寄居于钉螺上，其后在水中扩散，并寻找最终的寄居体。一旦遇上合适的动物，它就会钻入其皮内，从此"安居乐业"，繁殖下一代。血吸虫能穿透皮肤，钻入血管，最后停留在动物的肝脏或膀胱里"搞破坏"。

寄生于人体内的血吸虫有日本血吸虫、埃及血吸虫和曼氏血吸虫 3 种。血吸虫病流行于热带和亚热带地区，在我国能引起血吸虫病的只有日本血吸虫。

血吸虫"一生"会经历卵、毛蚴、胞蚴、尾蚴、童虫及成虫 6 个阶段。感染了血吸虫的哺乳动物从粪便中排出虫卵，若粪便污染了水，虫卵被带进水中，在水里就会孵出毛蚴。毛蚴能在水中自由游动，并钻入水中的钉螺体内，发育成母胞蚴，然后进行无性繁殖，产生子胞蚴。子胞蚴再次繁殖，产生大量尾蚴，尾蚴会离开钉螺在水中自由游动。如果人不小心与含有尾蚴的水接触，尾蚴便很快钻进人体皮肤，进入皮肤后又立即转变成童虫，经过一段时间的生长发育，最终在肛、肠附近的血管内定居寄生，并发育成熟，成为成虫。

■ 绦虫（Tapeworm）——大型动物肠壁上的"丝绦"

绦虫和血吸虫一样，也属于扁形动物门。但绦虫体形为扁长的带状，虫体分节，没有消化道，完全靠皮层表面遍布的微毛来吸收营养。成虫一般寄生在宿主的消化道里。绦虫中的带绦虫是有记载的最早的人体寄生虫之一，在我国古代与蛔虫和蛲虫一起被称为"三虫"，其俗称"寸白虫"至今仍在使用。

绦虫通常寄生在猪、牛、鱼、老鼠身上。但喜欢吃生鱼生肉或半生不熟的肉食的人，也容易受其感染。感染后，绦虫便寄生在人体内，开始吸收人体的营养，患者会出现腹痛、贫血、营养不良等症状，对健康造成危害。南瓜子、槟榔对驱除绦虫具有良好的功效，连续食用 3 至 5 天，体内的绦虫便会

日本血吸虫
日本血吸虫是血吸虫的一个品种，它寄生于人和哺乳动物的体内，危害寄主的健康。

知识拓展：人体内最大的寄生虫是哪一种？

答疑解惑：牛带绦虫。最大的标本长达 25 米，约为成人整个肠道总长度的 3 倍。

▶ 蛔虫——潜伏在肠道里的窃贼
▶ 蛲虫——夜间产卵的寄生虫

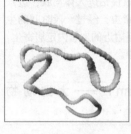

绦虫

绦虫多是雌雄同体，只有个别种类雌雄异体。广泛地寄生于人、家畜、家禽、鱼等动物的体内，引起各种绦虫病和绦虫蚴病。

随着粪便排出。此外，南瓜子对其他寄生虫也有驱除效果。

绦虫成虫寄生在脊椎动物的小肠内，虫体扁平，左右对称呈带状，通常是白色，有时呈灰色、淡黄色或黄色。虫体分节，由头节、颈部和链体组成。它的颈部具有很强的生发能力，可不断生出新的节片来。这些节片雌雄同体，每个节片均有雌性和雄性生殖器官各一套。

■ 蛔虫（Roundworm）——潜伏在肠道里的窃贼

猪蛔虫卵

猪蛔虫，圆柱状，长 12～25 厘米，大型线虫。雌雄交配之后，雌蛔虫子宫内会有大量虫卵发育，每天排出虫卵 11 万～28 万个，一条蛔虫一生可产卵 3000 万个。从虫卵被猪吞食，到发育为成虫再产卵，约需两个月时间。

蛔虫，全名叫似蚓蛔线虫，是寄生在动物肠道中的最大的线虫虫体，外部形态呈线状。蛔虫有数百种，分布广泛，遍及全世界。各种动物身上都可以寄生不同的蛔虫，例如猪、马、牛、羊、熊、虎、犬、猫、鸡、鸭、

蟒蛇等，都有自己专性的蛔虫寄生，并引起相应的蛔虫病，但它们之间一般不会互相感染。

蛔虫的体形较大，如同蚯蚓，虫体前端的口孔通常有 3 片唇围绕，食道简单，呈圆柱状。雌雄异体，雄虫一般小于雌虫，且尾部呈弯曲状。蛔虫的成虫主要寄生在动物的小肠内，因为在宿主的小肠内最容易获取自身所需要的营养物。

蛔虫是人体内最常见的一种寄生虫，一般儿童感染较多。蛔虫卵随粪便排到体外，在适宜的环境中孵化成有感染性的虫卵，通过人口进入肠道，发育成蛔虫。肠道里既安全舒适，又不缺少食物，它们寄居在那里窃取人体的营养来养活自己，繁殖后代，人们称它们是"潜伏在肠道里的窃贼"。

蛔虫卵被人吞食以后，到肠子里就会破壳而出，附在人的小肠壁黏膜上，吸收人体的微量血液；还能进入血管，随血液循环，通过肝脏、心脏进入人的肺部。它们在人体内乱窜乱钻，可引起胆道蛔虫、阑尾蛔虫等病症。如果大量蛔虫挤成一团，就会形成蛔虫性肠梗阻。

蛔虫卵一般存在于泥土和粪便里，而小孩子喜欢在地上玩泥土，玩后若不洗手就用手去拿食物吃，蛔虫卵就会随着食物一起进入肠道。蛔虫卵还会沾在瓜果上，如果瓜果吃前没洗干净，也会将蛔虫卵一起带入体内。

■ 蛲虫（Threadworm）——夜间产卵的寄生虫

蛲虫又称蠕形住肠线虫，多为乳白色，雄虫长 2~5 毫米，雌虫长 8~13 毫米。虫卵呈椭圆

蛔虫成虫

蛔虫是人体肠道内最大的寄生线虫，成体略带粉红色或微黄色，体表有横纹，雄虫尾部常蜷曲。

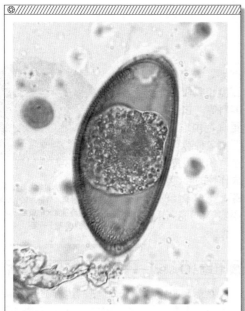

蛲虫卵

蛲虫的寿命不长，一般只能活25天左右，雌虫排卵后就死亡。但是蛲虫繁殖力很强，一条雌蛲虫一夜能产1万多个卵。

形，不对称，一侧扁平，一侧凸起，卵壳厚，无色透明。刚排出的虫卵含有蝌蚪期的胚胎，接触空气后会立即发育，6个小时后便可发育成含仔虫的虫卵，且这种虫卵富有感染性。

成虫通常寄生于人体的盲肠、结肠的下段，有时也可到达胃、食道等处。虫体可游离于肠腔或借助体前端的头翼、唇瓣和食道球的收缩而附着于肠黏膜上，以肠腔内容物、组织或血液为食。

成虫通常在寄生物体内交配，交配完后雄虫便死去，雌虫子宫内充满卵粒后会向下移行。夜间，寄主入睡后，雌虫便爬到肛门外附近的皮肤上产卵，产卵后雌虫多数死亡，偶尔也会有雌虫爬回直肠。虫卵在外界温度适宜、氧气充足的条件下，几小时之后又变成具有感染能力的卵，进行再度感染。

蛲虫感染往往以5~9岁的儿童居多，特别是在儿童集体生活的条件下更容易传播流行。患者轻度感染时症状不明显，严重感染时会影响睡眠，出现食欲不振、烦躁、腹痛等症状。

■ 钩虫（Hookworm）——侏儒症的危险诱因

钩虫是线虫动物门尾感器纲小杆线虫目钩虫科动物的通称，种属很多。寄生于人体的钩虫主要有两种：十二指肠钩虫和美洲板口钩虫。钩虫分布几乎遍及全世界。

钩虫的成虫身体细长，体壁略透明，活时呈红色，死后乳白色。体前端有一个发达的角质口囊，里面有钩齿或切板。雌雄异体，雌虫较雄虫粗而长。头腺巨大，分泌物能阻止血液凝固。体后有1对交合刺，很细，呈黄褐色，尾端有交合伞。钩虫虫卵呈椭圆形，壳薄而透明，钩蚴分杆状蚴和丝状蚴两期，发育不需中间宿主。丝状蚴侵入皮肤后会引起皮炎，多见于足趾和手指间。成虫寄生于肠道后，会引起黏膜出血点和小溃疡，会导致宿主慢性失血，体力减弱。儿童严重感染后会引发侏儒症。

蛲虫头部

蛲虫是寄生于人的盲肠、结肠下段的一种小型线虫，雌、雄头端均有角质膨大形成的翼。

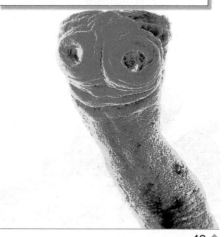

知识拓展：最大的蜗牛有多大？
答疑解惑：非洲大蜗牛是最大的蜗牛，壳高 130 毫米，宽 54 毫米，有 6～8 个螺层。

▶ 蜗牛——背房子的流浪汉
▶ 牡蛎——"牡蛎山"的建造者

软体动物

■ 蜗牛（Snail）——背房子的流浪汉

生活在陆地上的螺类，统称为蜗牛。其身体可分为背上螺旋状的壳、头部、腹足、内脏等四大部分。

壳是蜗牛避难与休眠的场所，当蜗牛感到情况危险时，就会把头部与腹足缩进壳内。蜗牛壳的主要成分是碳酸钙质，因为蜗牛需要大量的钙质来制造壳，所以它们常在含有石灰岩的地区活动。如果壳有小的破损，蜗牛会及时把它补好，但如果壳破损严重，蜗牛则无法修补并会很快因内脏受伤而死亡。

蜗牛的头部包含两对触角（大小各一）、一对眼睛、头瘤、大唇瓣等。它们的眼睛就长在大触角的顶端，不过视力很差，只能看见几厘米远处的东西，但它的小触角感觉非常灵敏。蜗牛主要用小触角来感受外界，如果要行动，它会先伸出小触角探测一番之后才前进。

蜗牛具有宽大而平坦的腹足，它们靠腹足肌肉伸缩造成波浪般的起伏来爬行前进。在爬行时，它们的足腺还能分泌一种黏液，用来润滑粗糙的地面，使移动更容易些，这就是蜗牛爬过之处都会留下一条白色痕迹的原因。此外，蜗牛还能在垂直的墙壁和锋利的刀刃上爬行。

蜗牛喜欢在阴暗潮湿的环境中生活，昼伏夜出，最怕阳光直射，对环境反应比较灵敏。它们常钻入疏松的腐殖土中栖息、

爬行的蜗牛
蜗牛一般生活在比较潮湿的地方，在植物丛中躲避太阳直射。蜗牛爬行缓慢，最快时速约为 12.2 米。

产卵、调节体内湿度和吸取部分养料等。它们的觅食范围非常广泛，各种蔬菜、杂草和瓜果皮，农作物的叶、茎、芽、花、多汁的果实等都可以作为食物。

蜗牛
蜗牛有一个比较脆弱的壳，有明显的头部，头部有两对触角，后一对较长的触角顶端有眼，腹面有扁平宽大的腹足，足下分泌黏液，降低摩擦力以利于行走。

■ 牡蛎（Oyster）——"牡蛎山"的建造者

牡蛎又叫蚝、海蛎子，是海边岩礁上最常见的一种软体动物。牡蛎营固着生活，以左壳（或称下壳）固着在岩礁或其他物体上生长，一旦固着后，便永远不再移动，且足部逐渐退化。右壳（或称上壳）较小，用以覆盖身体。牡蛎喜欢群聚生活，自然栖息的牡蛎都生活在由不同年龄的个体群聚而成的"牡蛎山"上。每年新生的个体都以其先辈的贝壳为固着基地，老的死去，新的又固着上去，以致形成"牡蛎山"。

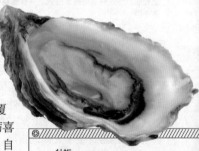

牡蛎
牡蛎又叫生蚝，生活在亚热带、热带浅海，是一种寄生动物，肉味鲜美，富有营养。

[动物趣闻]

蜗牛可供食用，巴西人喜欢吃南美大蜗牛，非洲人喜欢吃非洲大蜗牛，法国人则以法国蜗牛与庭院蜗牛为上等佳肴。但是蜗牛体内往往会有寄生虫，因此蜗牛肉不可生吃，一定要煮熟后再食用。

【动物趣闻】

自古以来，沿海人民普遍喜食牡蛎。传说，恺撒远征英国就是为了获得泰晤士河肥美的牡蛎；威名显赫的拿破仑，在战争最激烈时，就以牡蛎为补品来增强精力；美国总统艾森豪威尔在病后康复阶段，靠每天吃一盘牡蛎来进补；德国第一任宰相奥斯曼曾一次吃了175只牡蛎；巴尔扎克也曾以一天能吃144个牡蛎为荣。

牡蛎一年就可达到性成熟，开始繁殖后代。不同的种类，生殖季节也不相同：褶牡蛎繁殖期为6~10月，大连湾牡蛎约在5~9月，近江牡蛎则在6~8月。一般来说，牡蛎的繁殖期大都处在该海区水温较高、海水比重较低的月份里。性成熟的个体会把精子和卵子排放到海水中，受精发育。幼体大约经过半个月的漂浮生活后，在条件适宜的地方附着，先由足丝腺分泌出足丝，再从体内分泌出胶黏物质，把自己的左壳牢牢地固着在岩礁上。这样，牡蛎就开始了其终生不动的固着生活。

牡蛎最大的特点是雌雄性别不稳定，有的产卵后变为雄性，有的排精后雄性性状衰退变成雌性。据海洋生物学家长期观察研究发现，牡蛎一年之中会有两次性转变，真可谓是"朝雌暮雄"。

■ 珍珠贝（Pearl oyster）——卓越的珍珠匠

人们通常用"珍珠宝贝"一词来形容物品贵重。实质上，它是某些海水贝类或淡水贝类（如马氏珠母

贝、三角帆蚌、褶纹冠蚌、背角无齿蚌等）在一定的外界条件刺激下，分泌并形成的与贝壳珍珠层相似的固体粒状物。

海产的珍珠贝科动物，一般只栖息在热带、亚热带海区，自然分布的范围受海洋环境的限制。合浦珠母贝每年会在温带海区的南部生活一段时间，但是大珠母贝却很难在亚热带海区越冬。有些淡水产的珍珠贝类，则几乎可以栖息在世界各地的江河、湖泊里。在我国的福建和广东沿海地区，珍珠贝十分常见。珍珠贝的种类很多，有大珍珠贝、马氏珍珠贝、企鹅珍珠贝等，其中马氏珍珠贝是最为普遍的一种。

大珠母贝又叫白碟贝，是我国最大的珍珠贝，壳极大，一般长25厘米左右，最大的壳可长达32厘米，体重4~5千克。它的外形圆而稍方或近长方形，呈碟状。壳里面为银白色的珍珠层，珍珠层较厚，边缘呈金黄色或黄褐色，非常美丽。大珠母贝主要以硅藻类为食，此外，扰足类及其幼体、有机碎屑、双壳类盘幼虫、腹面类面盘幼虫、钙质骨针和其他原生动物都是它的食物源。

珍珠贝
珍珠贝属于双壳类海贝，种类很多，有珍珠贝、大珍珠贝、马氏珍珠贝、企鹅珍珠贝等。

贝壳中生成的天然珍珠
珍珠贝在水中生长时，如有细微的沙粒或较硬质的生物进入壳内外套膜内，受到刺激的它便会分泌珍珠质逐渐包围由外进入的沙粒或生物，并日益增大，最终形成珍珠。

■ 鲍鱼（Abalone）——餐桌上的软黄金

鲍鱼名为鱼，其实并不是鱼。它属于腹足纲鲍科的单壳海生贝类。因其形如人耳，也称"海耳"。此外还有鳆鱼、石决明鱼、九孔螺等多种别称。

全世界约有90种鲍鱼，它们的足迹

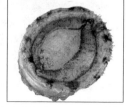

鲍鱼
鲍鱼名为鱼，实则不是鱼，属于腹足纲鲍科的单壳海生贝类。因其形如人耳，也称"海耳"。

原汁鲜鲍鱼
鲍鱼是名贵的海中珍品,肉质细嫩,营养丰富,烧菜、调汤,妙味无穷,是粤菜中必不可少的珍贵食材。原汁鲜鲍鱼即是一道经典的粤式佳肴。

遍及太平洋、大西洋和印度洋。我国辽宁大连沿海岛屿众多,礁石林立,气候温和,饵料丰富,很适合鲍鱼栖息和繁衍,这里所产的鲍鱼占全国鲍鱼总产量的 70%。

鲍鱼的单壁壳质地坚硬,壳形右旋,表面呈深绿褐色。壳内侧紫、绿、白等色交相辉映,看起来珠光宝气。壳的背侧有一排贯穿成孔的突起,软体部分有一个宽大扁平的肉足。软体为扁椭圆形,黄白色,大者似茶碗,小的如铜钱。鲍鱼就靠这粗大的肉足和平展的蹠面吸附在岩石上,或爬行于礁棚和穴洞之中。鲍鱼肉足的附着力相当惊人,一个壳长 15 厘米的鲍鱼,其肉足的吸着力可高达 200 千克。

鲍鱼是名贵的海珍品之一,肉质细嫩,鲜而不腻;营养丰富,清而味浓,可用来烧菜、调汤,妙味无穷。鲍鱼含有丰富的蛋白质及较多的钙、铁、碘和维生素等,是海鲜中的上品。鲍鱼肉中含有的鲍灵素 I 和鲍灵素 II,有较强的抑制癌细胞的作用。

鲍鱼的壳,名为九孔石决明,因其有明目

退翳之功效,故古书上又称之为"千里光"。鲍壳还有清热平肝、滋阴潜阳的作用,可用于医治头晕眼花、高血压及炎症等。另外,鲍壳那色彩绚丽的珍珠层还可以作为装饰品和贝雕工艺的原料。

■ 鹦鹉螺(Nautilus)——启发潜艇构想的精灵

鹦鹉螺属于暖水性动物,现存的种类不多。在我国台湾岛、海南岛、西沙群岛和南沙群岛等地均有分布。它们栖息于水深 5~400 米的热带海洋中。鹦鹉螺平时伏在海底的珊瑚礁及岩石上,日落后才出来活动,以小型海洋动物为食。它们能用触手爬行,也能在水中浮动或游泳。

鹦鹉螺的身体左右对称,背上生有一个石灰质的贝壳。这个贝壳很大,直径可达 20 厘米,壳口长 8 厘米左右,

鲍鱼的壳
鲍鱼壳表面粗糙,有黑褐色斑块,内面青、绿、红、蓝等色交相辉映,能发出珍珠光泽。

鹦鹉螺化石
鹦鹉螺现有的种类不多,但化石的种类多达 2500 种。鹦鹉螺化石也称菊石,这些在古生代高度繁荣的种群,构成了重要的地层指标。

不过不是左右蜷曲,而是沿一个平面从背面向腹面蜷曲,略呈螺旋形,没有螺顶。壳的内腔由隔板分为 30 多个壳室,其中最后一个壳室的容积最大,鹦鹉螺的躯体就居于其中,所以叫作"住室"。其他空着的壳室容积较小,可贮存空气,叫作"气室"。每个隔板中央有个小孔,由串管

鹦鹉螺

鹦鹉螺平时多在100米的深水底层用腕部缓慢地匍匐而行，或利用腕部的分泌物附着在岩石或珊瑚礁上，还能够靠充气的壳室在水中游泳，或以漏斗喷水的方式"急流勇退"。

章鱼

章鱼有八条腿，每条腿上都有吸盘。太平洋普通章鱼是最大的章鱼，是深海中的王者。其性情暴躁，不仅敢攻击鲨鱼和鲸鱼，有时还攻击小船。

将各壳室联系在一起。气室中空气的调节能使它在海中沉浮，其作用和乌贼的"海螵蛸"极为相似。鹦鹉螺的这些特征启发了人类关于潜艇的构想，世界上第一艘蓄电池潜艇和第一艘核潜艇也因此被命名为"鹦鹉螺号"。

早在5亿年前的寒武纪晚期，地球上就出现了鹦鹉螺。在4.4亿年前极其兴旺，但现存的鹦鹉螺仅有4种。今天，生活在热带海洋里的鹦鹉螺是地质时期鹦鹉螺类残存的后裔，而且只有一个属类，所以有"活化石"之称。不过，古代的鹦鹉螺绝大多数都是直壳型的，而现代的鹦鹉螺则有着蜷曲的壳体，很像蜗牛之类的腹足动物。

■ 章鱼（Octopus）——神通广大的八爪怪

章鱼和人们熟悉的墨鱼一样，都不是鱼类，它们都属于软体动物。而章鱼与众不同的是，有八只像带子一样长的脚，弯弯曲曲地浮在水中，因此又被称为"八爪鱼"。

章鱼与其他无脊椎动物最大的区别，在于它复杂的视觉系统。章鱼的视觉系统能够捕捉到从水面直射到海底深处，或者由水中生物身上发出的微光。但是，它们的巨眼看上去却呆滞泛白，冷漠无神。章鱼游泳时身体直立，目光四处扫视，8条拖曳着的触手仿佛随时准备向猎物出击。它那灵活柔软的触手可以准确地缠绕住10米之外的猎物，并把它拉到自己"怀"中。

【动物趣闻】

鹦鹉螺在海里游泳时，头和腕完全伸出壳外，壳口向下。全身闪耀着白色、灰色和橘红色光泽，像一只飞翔的鹦鹉，因而取名为鹦鹉螺。

成熟的章鱼体重可以达到1吨左右，成长期的章鱼成长的速度远远大于它们的天敌。除了抹香鲸，章鱼在浩瀚的海洋中几乎没有对手。

章鱼是一种非常聪明的海洋动物，它们喜欢钻进动物的空壳里居住。当一只章鱼碰到一

知识拓展：哪种乌贼的体形最小？
答疑解惑：雏乌贼。它的身长不超过1.5厘米，和一颗花生的大小
差不多，体重只有0.1克。

乌贼——喷射前进的游泳高手

只牡蛎时，它会在一旁耐心地等待，在牡蛎张开口的一刹那间，赶快把石头扔进去，使牡蛎的两扇贝壳无法关上，然后把牡蛎的肉吃掉，自己则钻进牡蛎壳里安家。章鱼还能用石头建造自己的家园，有章鱼栖息的地方，常有"章鱼城"出现，这些由石头筑成的"章鱼之家"鳞次栉比，颇为壮观。

■ 乌贼（Cuttlefish）——喷射前进的游泳高手

乌贼俗称墨鱼，生活在热带与温带的海岸浅水中，只有冬季才会迁徙到较深的海中。乌贼的身体左右对称，明显地分为头、足、躯干三部分。头部前端跟10足相连，其中8足较短，2足较长。较长的足称为触角，大约有躯干的1倍长，主要用来摄取食物。乌贼经过不断进化，摆脱了外壳的限制，最终演化成为大型的软体动物。它们采用向后倒进的方式行动，先用外套腔装满水，然后利用外套腔肌肉的收缩，从漏斗管射出水，借助反作用力向后倒进。乌贼主要以甲壳类动物为食，也捕食鱼类及其他软体动物等。

乌贼尾部有一个环形孔，海水经过环形孔进入外套膜。平时软骨会把孔封住，当它要快速行进时，外套膜猛烈收缩，软骨也在此时松开，水便从前腹部的喷水管喷射出去，顿时产生巨大的推动力。乌贼借助这个动力可以像离弦的箭一样飞速前进。海洋中的乌贼运动时速可达150千米，比正常运行的火车还快。和其他靠尾巴划水前进或靠身体扭动前进的鱼相比，乌贼不但运动速度快，而且加速度也大，可以从静止状态一下子加速好几百倍，令人猝不及防。

乌贼主要以鱼虾为食。当它遇到敌害时，会用两大法宝来对付：第一个法宝是"放烟幕弹"，把体内墨囊里的墨汁喷出来，染黑周围的海水，趁"敌人"迷失方向时悄然逃走；第二个法宝就是它的变色本领，刚才明明还是黑色的，一会儿却变成了黄色，转眼之间又变成了红色，使"敌人"捉摸不透，心生畏惧，只好停止追击，撤出战斗。

【动物趣闻】

有一种大王乌贼，身体长达18米，长腿伸开有11米，体重足足有3万千克。它敢跟大鲸鱼搏斗，用两条长长的触角拉住鲸鱼的头，钳住鲸鱼的鼻孔，把它活活闷死。

捕捉大王乌贼
大王乌贼也叫巨型鱿鱼，生活在深海中，是世界上最大的动物之一，也是最大的无脊椎动物，属于头足纲、枪形目、巨型鱿鱼科。

▶ 沙蚕——岸边沙地的穿行者　　知识拓展：最大的蚯蚓有多长？
▶ 蚯蚓——昼伏夜出的翻土工　　答疑解惑：生长于南非的一种巨型蚯蚓，正常状
态时体长为 1.36 米，收缩起来时也有 0.65 米。

无脊椎动物（一）

❧ 环节动物

■ 沙蚕（Clamworm）——岸边沙地的穿行者

　　沙蚕称得上是环节动物的典型代表，它们在潮间带的岩石上、泥滩上或沙滩上到处自由活动。沙蚕红色略带乳白色的身体由一个个完全相同的体节拼成，每一节都有一对扁平的桨状附肢向两侧伸出，称为疣足，疣足上长有许多刚毛。全世界约有 8000 种沙蚕，小的体长 1 毫米，大的体长 4 米。它与蚯蚓最大的不同是它有发达的头部，而且每个体节两侧都生有一对肉质的疣足。沙蚕以沿海滩涂为家，涨潮时从地下钻出来舒展身子，退潮后就钻进一个细长的圆形洞穴中藏身。沙蚕靠肌肉收缩在海底泥沙中钻穴。它们有一条呈 U 形的消化管，从口直通肛门。它们吃的是沙子，拉出来的也是沙子，身体内外几乎都是沙子。因为海底的沙子中含有有机质，所以被沙蚕吞入的沙子在经过消化管的时候，有机质就会被消化吸收。

　　水族中的婚姻大事，要数沙蚕办得最为隆重热烈。在繁殖期，成千上万条沙蚕会云集在一起，在海中翻上翻下，翩翩起舞，这种景象被人们称为"群婚舞会"。有些沙蚕性成熟时，外形就会发生一系列变化，新娘换上蓝绿色嫁衣，新郎披上粉红和乳白色礼服，疣足变得扁平，刺状刚毛也变为桨状，并由海底浮上海面。此外眼睛也变得大而圆，有的还出现透亮的晶体，似乎是特意为"认准对象"而睁大眼睛的。

■ 蚯蚓（Earthworm）——昼伏夜出的翻土工

　　蚯蚓是一种常见的陆生环节动物，除了干燥的沙漠地区与冰冻的南北极地区外，几乎任何长有青草的土壤中都能见到它们的踪影。全世界的蚯蚓约有 1800 种，都喜欢栖息在湿度适宜并含有丰富有机质的阴暗土壤中。它们以土壤中腐烂的生物体为食，在进食时，同时也吞下了大量的土壤与细沙。蚯蚓每天的进食量和排泄量与其体重相等。

蚯蚓
蚯蚓生活在土壤中，昼伏夜出，以腐败有机物为食，连同泥土一同吞入，可改良土壤，提高肥力，促进农作物生长。

　　蚯蚓是土栖动物，在有机物丰富的花园、菜园内数量最多，一般栖居在离土表 12~30 厘米深处，最深可达 1~2 米。它们在地下钻土挖洞，使空气和水分更多地渗入土中，有利于植物根部的生长。它还会吃下发酵过的污物和垃圾，并排出含有丰富氮、磷、钾等成分的粪便，使之成为植物生长必需的天然养料。可以

沙蚕
沙蚕在潮间带极为多见，体呈圆柱形，两侧对称、后端尖，有许多体节。发育比较复杂，受精卵经过螺旋卵裂、担轮幼虫、后担轮幼虫、疣足幼虫、刚节幼体等期发育为成体。

知识拓展：最早发现水蛭体内蛭素的人是谁？
答疑解惑：20世纪50年代，英国一位名叫麦克瓦特的化学家，经过多次实验，从水蛭体内提取出蛭素，并首次命名为蛭素。

水蛭——吸血幽灵

地龙
干蚯蚓是中药，称为地龙，可以治疗热病惊狂、小儿惊风、咳喘、头痛目赤、咽喉肿痛、小便不通、风湿关节疼痛、半身不遂等症。

说，蚯蚓是一个改良土壤的高手。

蚯蚓的皮肤很敏感，不能承受阳光的直接照射，因此它们只能在阴暗处或夜间活动。蚯蚓没有肺，它通过皮肤来呼吸。蚯蚓皮肤的微血管与青蛙很相似，能直接进行呼吸，不过必须保持适当的湿度，太干或太湿都会影响其呼吸。比如下过雨后，土壤里淤积了大量的雨水，使得氧气变少，这时蚯蚓泡在水里就会感到呼吸困难，于是它们会纷纷爬到地面上来透气。

蚯蚓没有眼睛，也没有耳朵，但身体表面有许多灵敏的触觉细胞，能感觉到地震、噪声、光亮和黑暗等，甚至能感觉出光线的强弱。另外，蚯蚓有很强的再生能力，如果身体被截成两段，这两段就会各自长成一条新的完整的蚯蚓，而不会死去。

■ 水蛭（Leech）——吸血幽灵

水蛭别名蚂蟥、马鳖。身体扁平而肥壮，一般成虫长6~12厘米，通常生活在河、溪流、湖泊等淡水中，人们在捞鱼时可能会网到它。它的颚齿不太发达，以吸食水中浮游生物、小型昆虫、软体动物幼体以及泥面腐殖质为生。

水蛭是一种贪婪的吸血虫，它的身体前端和腹面末端各有一个吸盘。它常常悄无声息地吸附在人的皮肤上，用它的吸盘紧紧吸住人的皮肤，开始吸血。由于它的肌肉特别发达，能够伸缩自如，所以，人一旦被它叮住，很难把它拉扯下来。吸血虫前吸盘中间是口，里面有锯齿状的颚片，水蛭就用颚片锯破人的皮肤，然后贪婪地吮吸血液。

水蛭在吸血时，先从咽壁上分泌出一种含有抗凝血物质的蛭素，将它注入锯破的地方，用以防止血液凝固，然后再鼓动咽部肌肉开始吸血。在水蛭的消化道里，有几对盲囊可以贮存吸入的血液。它的胃口很大，一条0.3克的水蛭，吸饱血后体重可以增加到2.1克，而之后的几个月里，它就可以不再吸血。

这么可怕的吸血虫，如何把它从吸附的位置拉掉呢？其实，只要用手拍一下被叮住的皮肤，皮肤一收缩，水蛭就掉下来了。另外，水蛭很怕盐，在它身上撒一点儿盐，随着盐分的渗入，它体内的黏液不断地往外渗，不久它就会身体萎缩而死掉。

水蛭对人体有害，但它也给人类带来了不少益处。水蛭的唾液中含有一种水蛭素，有防止血液凝固的作用，它边吸血，边分泌唾液，血液就不会凝固。医学家于是把水蛭的这一特性应用到了临床上，如在断指再植手术中，会出现局部肿胀、淤血、疼痛等症状，这时如果放上一条水蛭来吸血，既能使局部血液循环通畅，又保护了局部的肌肉组织。水蛭吸血还可以用来缓解血管痉挛、减轻高血压症状等。但是，

吸血的水蛭
水蛭口内有3个半圆形的颚片围成"Y"形，当吸着动物体时，用此颚片向皮肤钻进，吸取血液，贮存于整个消化道和盲囊中。

全世界能做医用的水蛭只有日本医蛭和欧洲医蛭两种。

Part 4

无脊椎动物（二）

知识拓展：最大的蜘蛛是在哪里发现的？
答疑解惑：1945 年在巴西发现的一只雌性南美袋蜘蛛，体重将近 85 克，
体长 23.68 厘米，犹如一只大螃蟹。

▷ 蜘蛛——"飞来将"的天敌
▷ 蝎子——毒针杀手

蛛形动物

■ 蜘蛛（Spider）——"飞来将"的天敌

全世界的蜘蛛约有 3.5 万种，遍布在世界各地。蜘蛛外形丑陋，身体呈圆形或椭圆形，分为头胸部和腹部，小小的头和膨大的腹部以腹柄相连。蜘蛛头顶端长有 1 对触须，雄性蜘蛛的触须顶端还有 1 个精囊。腹部后端生有 3 对纺织器，用来分泌蛛丝。蜘蛛几乎全部以昆虫为食，栖居地非常广泛，从冻土带到热带低地森林都有它们的足迹。蜘蛛在控制昆虫（包括能引发人类疾病的那些昆虫）的数量方面起到了很大的作用。

蜘蛛的腹部末端有若干丝腺，能分泌一种蛋白质成分的液体。它们一边收缩腹部，一边用肢脚把这些液体拉出体外，液体一遇到空气，立刻就变成韧性很强的细丝。蛛丝的直径极细，4000 根蛛丝合起来才有一根头发那么粗。但不要小看这些微小的细丝，它们具有很强的张力，能够捕捉蝴蝶、蜻蜓、飞蛾等昆虫。蜘蛛结网时十分专心，一般 25 分钟就能结成一个网。蛛网的黏滞性相当强，而蜘蛛的脚底会分泌一种油质，所以自己不会被网粘住。

黑寡妇蜘蛛
黑寡妇蜘蛛是一种具有强烈神经毒素的蜘蛛。尤其是黑寡妇雌蜘蛛，它是世界上毒性最强的蜘蛛，其毒液比响尾蛇毒还强 15 倍。

蜘蛛虽然视力不好，但却有着惊人的触觉，能敏锐地感知蛛网的振动。蜘蛛把所有的腿都贴在网上，因此能准确地知道猎物的大小和确切位置。猎物被蛛网粘住后，蜘蛛会迅速冲过去咬住猎物，用丝把它缠住，然后马上吃掉或留着饥饿时再吃。蜘蛛在吃猎物时，会向猎物体内注射一种消化液使之溶解，以便将其吸收。

捕鸟蛛
捕鸟蛛是最大的蜘蛛，最大的有 25 厘米长，原产自亚马孙雨林区，生活在树洞里，喜欢吃麻雀的幼仔，可以一次吃下整只乳鸽。

蛇岛有种全身黑色的蜘蛛，背上有浅黄色花纹，它的蛛丝很粗，不结成网状，只有稀疏的几根互相交错，两头粘在灌木枝条上。柳莺等小鸟一旦被粘住，就只能等死了。刚被粘上的小鸟都会使劲儿挣扎，当它们筋疲力尽的时候，一直躲在一旁的蜘蛛就会从蛛丝的上端慢慢往下爬，一直爬到小鸟身上。它的第一对足叫螯肢，螯肢内有毒腺，可分泌剧烈的毒液。毒液可通过脚爪里面的毒液管，从爪的前端流出来流到小鸟身上。蜘蛛就是这样让小鸟中毒死亡，然后吮吸其血液和液汁的。由于蜘蛛没有牙齿，是用消化液将猎物液化后吸食其汁液的，所以被它们吃过的昆虫往往只剩下一个空壳。

■ 蝎子（Scorpion）——毒针杀手

蝎子是胎生节肢动物，与蜘蛛是同类，有 4 对足。但蝎子的胸前部位没有蜘蛛那样的触须，而是长着 2 个大的螯肢。它的尾部有一根毒刺，

知识拓展：最大的蝎子是哪种？
答疑解惑：非洲皇蝎是世界上最大的蝎子，它身
长 18 厘米，相当于一根香肠的长度。

▶ 螨虫——酒渣鼻的罪魁祸首

无脊椎动物（二）

帝王蝎
帝王蝎属于非洲热带雨林和热带草原的蝎种，体长 25～30 厘米，是目前世界上最大的蝎子。

【动物趣闻】
蝎子的求爱方式
很有意思，雌雄相互追逐，双方大螯足牵在一起跳舞。尽情舞蹈之后，雄蝎子把精夹放在地上，雌蝎再把雄蝎的精夹放入自己的生殖腔进行交配。

能分泌毒液。蝎子用它钳子般的螯肢捕获昆虫等猎物，然后吸食它们的体液，毒刺则用来自卫。

蝎子是五毒之一，尾部像一条尾巴一样在身后高高翘起，末端伸出一个细尖的钩状尾刺，又称尾剑。锋利的尾刺与毒腺相连，分泌的毒液足以置猎物于死地。如果人被它的尾针蜇中，毒液进入身体后，就会疼痛难忍，虽然量不是很多，但它的毒力和作用并不亚于眼镜蛇的毒液。蝎子一般都在夜晚出来活动捕食，常以活的蟑螂、大土鳖、蝼蛄、潮虫、蜘蛛和小蜈蚣等为食。一旦遇上有反抗能力的小动物，蝎子便先用它的"神针"把猎物蜇死，再用螯肢将其撕碎，吸取体液后，还会吐出消化液溶化猎物的组织，然后再吸吮。蝎子一般不主动蜇人，只有在不得已的情况下，它才用尾刺蜇人。

蝎子的繁殖方式非常奇特，当雄虫与雌虫交尾以后，雄虫就走开了，而雌虫则从这时开始不吃不动，等待着它们的后代出生。然而，它们的后代却毫不客气地在母亲的肚子里以母亲的肉为食。随着这些小生命的慢慢长大，母亲的肚子也变得越来越大，而肚皮却越来越薄，身上的肉也越来越少。直到母亲的肚皮被胀破，小蝎子们才一个接一个地从母亲肚子里爬出来。这些刚出生的小蝎子还不能自食其力，必须继续靠母亲的躯体来维持生命，直到把母亲的肉体全部吃完，它们才差不多长大，开始自觅食物。

■ 螨虫（Mite）——酒渣鼻的罪魁祸首

螨虫和蜘蛛同属蛛形纲，大多是圆形或椭圆形。螨虫的个头很小，只有在显微镜下才能看到。螨虫的身体不分节，而是合成一个囊状体。世界上已知的螨虫种类有 50 万之多，仅次于昆虫。

寄生在人体上的螨虫体形极小，在 1 毫米以下，它们与人同居在室内。由于室内有适宜的温度和湿度，还有它的主食——人体皮屑，所以现在的室内螨虫已发展到 40 多种，其中与人体疾患有关的有 10 多种。它们常躲在地毯、被褥、枕芯、草席、沙发、毛巾、衣服等日常生活用品中。

显微镜下的螨虫
螨虫虫体分为颚体和躯体，颚体由口器和颚基组成，躯体分为足体和末体。躯体和足上有许多毛，有的毛还非常长。前端有口器，食性多样。

蠕螨是寄生在人体内的一种螨虫，体形狭长如蠕虫。它主要寄生在人体皮脂腺发达的部位，尤其是脸部。蠕螨有两种：毛囊蠕螨和皮脂蠕螨。毛囊蠕螨寄生在毛囊内，通常一个毛囊内会有多个群居，而皮脂蠕螨则常是单个寄生在皮脂腺内。人体一旦有蠕螨寄生，轻者会有些微的瘙痒感或灼痛感，重者则表现为"酒渣鼻"（俗称红鼻子），发生在眼睑处则多发痒，并使患者流泪。蠕螨使鼻子的毛细血管扩张、鼻头肥大并出现紫红色的结节隆起，表面凹凸不平，除了使人感到疼痛外，还会使面部显得十分难看，所以不要小看这些小小的螨虫。

知识拓展：第一个研究鲎眼的人是谁？
答疑解惑：美国著名生理学家 H.K. 哈特兰最先研究鲎的单复眼，并首
倡用电生理方法来研究水生动物复眼之间存在的相互抑制规律。

鲎——蓝血海怪

甲壳动物

■鲎（Horseshoe crab）——蓝血海怪

鲎，俗称三刺鲎、海怪，因其外形为马蹄形，因此人们又称之为"马蹄蟹"，是一种和三叶虫一样古老的动物。鲎的祖先出现在地质历史时期古生代的泥盆纪，当时恐龙尚未崛起，原始鱼类刚刚问世。随着时间的推移，与它同时代的动物或者进化或者灭绝，而唯独鲎从4亿多年前问世时至今仍保留着原始而古老的相貌，所以鲎又有"活化石"之称，是研究动物进化史最珍贵的物种之一。鲎的外形像一辆两栖水陆坦克，全身被坚硬的装甲包裹着，有头胸甲、腹甲、剑尾甲三部分。剑尾甲形如一把三角刮刀，是鲎自我防卫的武器。鲎嘴长在头胸甲的中间，嘴边有一对钳子般的小腿，用来摄取食物。鲎嘴的周围长有10条大腿，用于爬行。

板足鲎化石
板足鲎生活在大约4.2亿年前，身体分头部和腹部两大部分。头部由六个体节组成，腹面有六对附肢，最后一对呈板状，用来游泳。

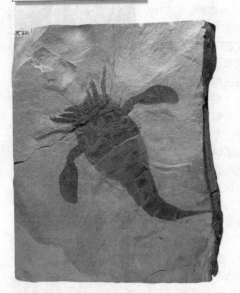

鲎一般生活在海底的泥沙中，以蠕虫和没有壳的软体动物为食。现今存在的鲎共有5种，最常见的是中国鲎。

中国鲎
鲎的血液是蓝色的，从中提取的"鲎试剂"可以准确、快速地检测人体内部组织是否因细菌感染而致病。在制药和食品工业中，可用它对毒素污染进行监测。

一般动物的血液都是红色的，鲎的血液却与众不同，呈蓝色。以前，人们觉得这种蓝色血液十分神秘。科学家们研究发现，这是因为鲎的血液中含有铜离子，当铜离子与溶于血液中的氧结合以后，便形成了血蓝蛋白，使血液呈现蓝色。这种蓝色血液可以提炼出有效治疗胃病的药物。

模样古怪而丑陋的鲎，对"恋爱婚姻"却十分专一，雌鲎雄鲎一旦结为伴侣，就会像鸳鸯一样朝夕不离。雌鲎要比雄鲎的体形大2倍以上，雌鲎的4条前腿长着4把钳子，而雄鲎的4条前腿上长着4把钩子。雌鲎前腿上的钳子专门用来钳住雄鲎前腿上的钩子，以保证行走时背上驮着的"丈夫"不会掉下来。体壮的雌鲎总是驮着比自己瘦小的"丈夫"在海滩上爬行，成年累月，始终如一。即使雄鲎被人抓住，雌鲎也不会脱身——但是，若是雌鲎被人抓住，雄鲎就会逃之夭夭。

[动物趣闻]

鲎如果离开了大海，除了人类之外，最大的天敌竟是蚊子，它们一旦被蚊子叮咬，就会立即死去。但是，在强烈的阳光暴晒下，它们却安然无恙。

藤壶——令人讨厌的附着物　　知识拓展：黏性最强的动物是什么？
对虾——甲壳透明的"明虾"　　答疑解惑：藤壶黏液的黏性甚强，它的化石经
龙虾——挥舞巨螯的将军　　过几千年仍可以牢固地附着在其他物体上。

＞＞＞＞＞＞＞＞＞＞＞

无脊椎动物（二）

■藤壶（Barnacle）——令人讨厌的附着物

藤壶是附着在海边岩石上的一簇簇灰白色、有石灰质外壳的小动物。它的形状有点儿像马的牙齿，所以生活在海边的人们常叫它"马牙"。藤壶不但能附着在礁石上，还能附着在船体上，任凭风吹浪打也冲刷不掉。藤壶在每一次蜕皮之后，都会分泌出一种黏性的藤壶初生胶，这种胶含有多种生化成分和极强的黏合力，从而使它具备了极强的吸附能力。藤壶分布甚广，几乎任何海域的潮间带至潮下带浅水区，都可以发现它们的踪迹。它们数量繁多，常密集在一起。成形的藤壶是节肢动物中唯一营固着生活的动物，常一动不动地粘在它的附着物上。海水每天涨、退两次潮，退潮的时候，藤壶紧紧闭上嘴巴，静静地等待，等到潮水上涨淹没了岩石等物体的时候，藤壶才张开嘴进食。

藤壶的体外包着4~8块石灰质的壳板，壳板互相倚叠，顶端的两对壳板可以打开。当海水涨潮的时候，打开的顶端会伸出6对胸肢，胸肢前端弯曲的蔓足上有刚毛，刚毛组成网袋，滤食水中自动漂来的浮游生物。等到退潮后，顶端的壳盖又紧紧闭起，防止体内的水分流失，也防御其他生物的侵扰。

如果大量藤壶附着于船体，就会增加船体的重量和船底的粗糙度，加大船与海水的摩擦力，使船速大大降低。但附着在船底的藤壶却

藤壶
藤壶属于雌雄同体、异体受精的生物。它们不是将精子和卵子排出体外，而是由充当雄性的藤壶将交配器伸出体外，向周围探索，遇到一个相邻的个体就把交配器伸进壳内，将精子送给对方。

无论惊涛骇浪怎么冲击也不会掉，要去掉藤壶就要揭掉一层船皮，这对船舶损害很大。因此，藤壶可以说是船舶的大敌。

■对虾（Prawn）——甲壳透明的"明虾"

对虾属节肢动物，身体长15~20厘米，甲壳薄而透明，第二对触角上的须很长。全世界共有对虾28种，仅中国就有10种，多栖息于热带、亚热带浅海。

对虾
对虾是十足目对虾科的一属。美洲大西洋岸有7种，太平洋岸6种，印度西太平洋共14种，太平洋及地中海1种，西非1种。

对虾是我国黄海、渤海中重要的渔业资源之一。它身体肥大，肉质鲜美，过去常成对出售，因而得名"对虾"。又因其个头大，所以又叫"大虾"，加之身体较透明，人们又叫它"明虾"。

对虾每年夏秋两季成群地在渤海里生活和繁殖，到了秋末冬初，它们便游到济州岛西南水温较高的黄海海区去越冬。到第二年三月份，气候转暖，对虾又开始北游，于夏初时成群返回渤海沿岸生儿育女。大约在2个月内，对虾就完成了近1000千米的长途旅行，实非易事。由于行程太远，产完卵后，对虾已经筋疲力尽，大部分都会死亡，但它们的后代又会按原来的路线往返于黄海和渤海之间。

■龙虾（Lobster）——挥舞巨螯的将军

龙虾是十足目龙虾科的大型海产爬行虾类，个体粗大，最大的体重可达4~5千克。它们体呈粗圆筒状，背腹稍平扁，头胸甲发

知识拓展：中国常见哪些寄居蟹？
答疑解惑：在中国，较常见的是方腕寄居蟹和栉螯寄居蟹。最大的寄居蟹所寄居的海螺直径可达 15 厘米以上。

▶ 寄居蟹——螺壳的入侵者
▶ 螃蟹——横行水域的"无肠公子"

龙虾
美洲螯龙虾和欧洲螯龙虾的螯足重量约为体重的一半，有的甚至可占体重的 2/3。大螯是龙虾最大的防身法宝，既能攻击"敌人"，又可当作取食的工具。

达，坚厚多棘，前缘中央有一对强大的眼上棘，具有封闭的鳃室。腹部较短而粗，后部向腹面蜷曲，尾扇宽短。

龙虾的胸部有步足 5 对，第 1 对至第 3 对步足末端呈钳状，第 4 对至第 5 对步足末端呈爪状。其中第 2 对步足特别发达，成为很大的螯，雄性的螯比雌性的更发达。另外，雄性龙虾的前外缘有一鲜红的薄膜，十分显眼。雌性则没有此红色薄膜，因而成为雄雌区别的重要特征。

龙虾主要生活于热带沿岸浅海的礁岩间，白昼潜伏于岩缝间或石下，夜间觅食活动，行动缓慢，多为杂食性。

■ 寄居蟹（Hermit crab）——螺壳的入侵者

寄居蟹属节肢动物，外形介于虾与蟹之间，头胸部坚硬有毛，腹部柔软，有较长的触角，左右的螯大小不等。由于寄居蟹腹部没有甲壳保护，所以为了防止敌人进攻，它们常以空海螺壳作为自己的家。如果找不到空海螺壳，寄居蟹就会把活海螺撕碎吃掉，然后自己钻进螺壳，把柔软的腹部盘在螺壳内，用最后面一对足紧紧抓住螺壳里面的轴，用前两对足爬行。这样，寄居蟹就轻而易举地做了螺壳的主人。等到身体逐渐长大，进出活动不方便时，它便会丢掉原来的房子，又

去寻找适合自己大小的海螺壳，再一次抢占别人的房子。

寄居蟹所背负的海螺壳是底栖生物良好的硬基质，所以常有水螅和海葵在壳上栖息。海葵的刺细胞能为寄居蟹提供某种程度上的保护，而海葵也能得到寄居蟹的食物碎屑。它们二者住在一起，互惠互利，形成共生关系。

寄居蟹
寄居蟹属于节肢动物甲壳纲十足目下的异尾类，世界上现存 500 多种，绝大部分生活在水中，常寄居于死亡软体动物的壳中，以保护其柔软的腹部。

■ 螃蟹（Crab）——横行水域的"无肠公子"

螃蟹是甲壳动物中进化程度最高的一种。事实上，人们称它为"无肠公子"是不准确的，它们不但有肠，还有心、肝、胃、鳃、口、眼、肢脚等，凡是高等动物所具备的器官，它们几乎都有了。

地球上所有的动物都是往前走的，只有螃蟹是横着走的。

【动物趣闻】
寄居蟹类节肢动物中，并不是所有的种类都喜欢抢占别人的房子。有一种叫栉蟹的寄居蟹，因为个头小，常寄居在海绵中；还有一种椰子蟹，常在椰子树上挖洞而居。

螃蟹一共有 10 只脚，最上面的一对已经进化为类似钳状的螯，成为进食和御敌的工具。其余的 8 只脚，既可用于陆上行走，也可用于水中游泳。因为这 8 只脚只能左右弯曲，因此行动起来就只能左右横行了。然而，也不是所有的螃蟹都只能横着走。比如，成群生活在沙滩上的长腕和尚蟹就可以向前奔走；生活在海藻丛中的许多蜘蛛蟹，还能在海藻上垂直攀爬。

知识拓展：体形最大和最小的螃蟹分别是哪一种？
答疑解惑：地球上体形最大的螃蟹是蜘蛛蟹，它们的脚张开
来宽达 3.7 米；最小的螃蟹是豆蟹，直径不到 0.5 厘米。

无脊椎动物（二）

螃蟹身上坚硬的甲壳可以保护它免遭天敌侵害，但是甲壳并不会随着身体成长而扩大。所以螃蟹生长是间断性的，也就是相隔一段时间，旧壳蜕去后身体才会继续成长。

每次母蟹都会产很多卵，可达数百万粒以上。这些卵在母蟹腹部孵化后，幼体即可脱离母体，随着沿岸潮流到处浮游。经过几次蜕壳后，长成大眼幼虫，再经几次蜕壳长成幼蟹，外形几乎与成蟹相同，再经过几次蜕壳后就变为成蟹。

螃蟹以腐殖质和低等小动物为食，是海滩上的"清洁工"。如果没有螃蟹不停地大吃的话，海滨就将到处都是小动物腐臭的尸首。

有一种身体柔弱、眼睛退化的豆蟹，通常隐藏在贻贝或牡蛎的贝壳中，分享它们所滤得的食物。还有一种巨型蜘蛛蟹，大螯伸展开有3米多长，生活在深海中，不仅会攻击落水的人，还会悄无声息地把小船上的人钳入水中，因此被称为"杀人蟹"。有一种居住在沙滩下的沙蟹，掘沙穴而居。每当退潮时，沙蟹就从穴中爬出来觅食。这时，沙蟹略白的身体会逐渐变黑，潮水退得越低，其体色越黑。退潮达到顶点时，也是沙蟹活动最频繁之时。退潮过后就是涨潮，这时所有的沙蟹又会全部钻回沙穴中藏匿起来。

招潮蟹
招潮蟹是海边常见的螃蟹，它们挥舞大螯的姿态好像对着潮水招手示意，"招潮"之名即由此而来。此外，雄招潮蟹挥动巨螯时好像在拉小提琴，因此也被称为提琴手蟹或琴师蟹。

【动物趣闻】
当遇到危急情况，一对螯抵挡不住敌人的攻击时，螃蟹会自断一螯转移敌人的注意力，然后乘机逃生保命。有时它们也会因打架而断螯，而此后新长出来的螯要经过多次蜕壳才能恢复原状。

沙蟹
沙蟹穴居于沙滩较深的洞中，洞一般呈螺旋形，洞口形成沙塔，为沙蟹所特有。沙蟹行动极为敏捷，常用第2、3两对步足爬行，速度可达1～1.6（米／秒），仅在稍停或改变方向时才用4对步足。

多足动物

■ 蜈蚣（Centipede）——五毒之首

蜈蚣俗称"百脚"，是一种古老的动物，大约在3.5亿年前就出现在地球上，现在已知的有三四千种。蜈蚣的身体扁而长，一般长12厘米，头部呈红褐色，有一对长触角，身体黑绿色，共22节，每节有一对脚，共44只。实际上，蜈蚣第一个环节上的一对脚已进化成一对毒螯了，因此它实际上只有42只脚。人们称它为"百脚"不过是形容它脚多罢了。蜈蚣的毒螯也称"颚足"，上面有发达的爪和毒腺。人们一直把蜈蚣、蛇、蝎子、壁虎和蟾蜍当作五毒，而且还把蜈蚣列为五毒之首。蜈蚣常在石块下和朽木下的潮湿土壤中挖穴居住，白天潜伏在洞穴中，夜晚出洞觅食。蜈蚣行动敏捷，是个活跃的猎食者，爱吃蚯蚓、苍蝇、蚊子、毛虫、蛞蝓等活的动物。它的毒性对于这些小动物来说是致命的。巨型蜈蚣是更可怕的猎食者，它的两条长触须寻找到猎物后，迅速将颚足插入猎物体内并注射毒液，接着将猎物咬碎，一块块送入口中。

蜈蚣
蜈蚣的第一对脚呈锐利的钩状，钩端有毒腺口，能排出毒汁。蜈蚣咬住猎物后，其毒腺会分泌出大量毒液，顺腭牙的毒腺口注入被咬者皮下而使其中毒。

净，一点儿杂物也没有，四周的土壁也好像经过了黏液涂抹，显得特别光滑。如果触角弄脏了，它们也会用口器反复擦拭，把脏东西抹掉。

蜈蚣卵大都产在枯枝落叶之中，是小小的黄色圆粒。蜈蚣妈妈会在落叶下面把身体曲成圈产卵，用脚抱住卵块，不让它们接触到潮湿的地面。不过，为了让卵保持适当的湿润，蜈蚣会每天舔几次卵，直到孵化为止。如果没有蜈蚣妈妈的保护，这些小圆粒马上就会因受到潮湿地面霉菌的侵袭而腐坏，或是成为土壤里捕食者们的食物。

蜈蚣还是一种很爱清洁的动物。它们居住的土穴中经常干干净

蚰蜒
蚰蜒的形态结构与蜈蚣很相似，但蚰蜒的身体较短，步足特别细长，且有再生的功能。

【动物趣闻】

蜈蚣能消灭很多农业害虫，对人类有益。而且它还是一味传统中药，能治中风、淋巴结核、恶疮、破伤风等症。

■ 蚰蜒（House centipede）—— 行动迅速的"钱串子"

蚰蜒，又叫草鞋虫，体态和蜈蚣相似。由于它的脚特别长，行动起来像草鞋一样拖拖拉拉，所以人们就送它这么一个"美名"。又由于它的腿很多，常常会窜到墙上，像是古时的铜钱串一样，因此北方人又称它为"钱串子"或"墙串子"。

蚰蜒的形态结构与蜈蚣很相似，外形上主要的区别是，蚰蜒的身体较短，步足特别细长。蚰蜒的背板很显著，一眼看去就能看出是8块板，

知识拓展：脚最多的马陆产于哪里？
答疑解惑：在北美巴拿马山谷里有一种大马陆，
全身有 175 节，690 只步足。

▶ 马陆——波浪式前进的千足虫

无脊椎动物（二）

马陆产卵

马陆的卵产于草坪土表，卵成堆产，卵外有一层透明黏性物质，每只雌虫可产卵 300 粒左右。在适宜温度下，卵经 20 天左右孵化为幼体，数月后成熟。

从第一块到第七块背板中央高耸成瘤状物，这些瘤状物是它们呼吸用的气门。头上有一对触角，往往超过体长，有触觉作用。蚰蜒在休息时，触角会不住地抖动，触探周围的情况。蚰蜒有 15 对脚，每个脚的跗节都很长，各节之间又有很多细刺，各脚紧接，长短交错，看上去就像一件蓑衣，因此蚰蜒也叫"蓑衣虫"。蚰蜒的最后一对足最长，也有触觉作用。它的颚足很大，能分泌毒液，用以捕猎或御敌。它的眼由许多单眼组成，很像昆虫的眼。

蚰蜒常生活在庭院房屋内外的湿润阴暗处，是一种肉食性动物，爱吃各种小虫，行动敏捷，连墙上的蚊子也能抓住。

有趣的是，蚰蜒的足还是它保护自身的"武器"。当它遇到危险时，这些足都能自断，让虫体逃跑，而断下来的足还会不断抖动，迷惑敌人。这是蚰蜒逃避敌害的一种有效方法。

■马陆（Millipede）——波浪式前进的千足虫

马陆与蜈蚣一样都属于多足类动物，但它与蜈蚣有许多不同之处。马陆的身体呈圆筒状，触角短，体节是 25~100 节，体长 200~300 毫米。除第 2、3、4 节各有一对步足外，其他的各体节均有两对步足，比蜈蚣的步足多得多，所以人们又称它为"千足虫"。马陆一般栖居在落叶、石下、树穴洞中，阴天及夜间十分活跃，尤其在夏季的雨后，可以看到很多马陆四处爬行。它是食草性动物，以绿色植物、真菌菌丝为食。马陆体内没有毒腺，但具有臭腺，能分泌一种有强烈臭味的液汁，可喷到数十厘米高处，这是它的防御武器。

马陆虽然足多，但是行动却极为缓慢，行走时两侧步足同时起步，节节向后传递，犹如波浪。它的步足长度几乎都是相等的，前后排在一条直线上，且排得很紧密。因此在行走时，后一只脚不能迈过前一只脚，而且相邻两步足间的距离很小，向前迈进时，没有充分的空间，所以它只能缓慢地呈波浪式前进。

【动物趣闻】

当马陆遇到侵袭它的动物时，它并不急着逃走，而是会把身体蜷曲起来，让身体两侧的臭腺孔释放出臭味来驱逐敌人。因为它臭，所以鸟兽们都不愿意接近它，就连喜吃蜈蚣的鸡也不愿吃它。

马陆假死

马陆受到触碰时，会将身体蜷曲成圆环形，呈"假死状态"，间隔一段时间后，又会复原活动。

昆虫

■ 蜻蜓（Dragonfly）——昆虫界的飞行之王

蜻蜓点水

蜻蜓点水的目的是为了产卵。实际上，只有一部分蜻蜓靠"点水"产卵，大多数将腹部插入浅水中将卵产在水底。

蜻蜓是一种大型昆虫，也是有翅亚纲里最原始的昆虫。它们的翅膀薄而有力，头部可灵活转动，触角短小，复眼发达，长有一个咀嚼式口器。无论成虫还是幼虫均为肉食性，多食害虫。

蜻蜓腹部细长，两对翅膀薄而透明，非常适合飞行。在飞行中，它的两对翅膀平行伸展，每秒振动达20~40次，每小时能飞150千米。蜻蜓还能在空中作特技飞行，姿态优雅，动作利落。它时而盘旋，时而疾飞，时而在空中滑翔，时而垂直降落。蜻蜓远程飞行更是惊人，它们在海上长途飞翔时，如果半路上没有地方着陆休息，它们就会一直飞下去，有些蜻蜓居然能连飞1000千米。

蜻蜓的头部可灵活转动，头上长着一对硕大的复眼，整个眼呈半球面形，约由28000多只小眼组成，上半部和

蜻蜓捕蝇

蜻蜓飞行能力很强，每秒钟可达10米，既可突然回转，又可直冲云霄，有时还能后退飞行。成虫除能大量捕食蚊、蝇外，有的还能捕食蝶、蛾、蜂等害虫。

蜻蜓

蜻蜓可分为蜻蜓类的差翅亚目和豆娘类的束翅亚目，翅发达，前后翅等长而狭，头部可灵活转动，触角短，复眼发达，有三个单眼，咀嚼式口器强大有力。

下半部色泽稍微不同，上面的眼观察远方，下面的眼观察近处，所以蜻蜓的视觉极为敏锐。

蜻蜓的交配也在飞行中进行，雄前雌后，一起飞行，有时能一直保持到雌蜻蜓产卵结束。雌蜻蜓会把卵产到水里面，飞翔时用尾部碰水面，把卵排出。我们常见的"蜻蜓点水"，就是它产卵时的表演。蜻蜓卵孵化出的幼虫叫水虿，它们在水中用直肠气管鳃呼吸。一般要蜕皮11次以上，约两年后，水虿才能爬出水面，最后蜕皮羽化为成虫。

■ 螳螂（Mantis）——挥舞大刀的勇士

螳螂在昆虫中属于螳螂目，种类很多，全世界约有2000种，我国有100多种。螳螂的形态比较鲜明，体形一般为长条状，颜色有绿色、黄色、褐色、白色，有的具有金属光泽。头部为三角形，能左右活动，复眼突出，嘴非常发达，牙齿坚硬。螳螂的前脚很大，呈铡刀状，并且长有许多小刺，便于捕捉猎物和切割食物，同时还能防止猎物逃脱。

螳螂在静立等待猎物时，总是抬起头，两只前足收拢在胸前，守候时间可长达1小时，因

【动物趣闻】

螳螂曾和恐龙生活在同一时代，在与大自然的生存斗争中，庞大的恐龙早已从地球上消失，而小小的螳螂却历尽艰险活了下来，并且一直活到今天。

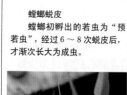

螳螂蜕皮
螳螂初孵出的若虫为"预若虫"，经过 6～8 次蜕皮后，才渐次长大为成虫。

此西方人称它们为祈祷虫。螳螂是捕虫能手，取食范围很广，大到小型的两栖类、爬行类，小到昆虫、苍蝇、蜘蛛，都是它的猎食对象，螳螂尤其喜爱吃蝗虫、蝴蝶和蝉。螳螂虽然行动缓慢，却是一流的伏击手。一旦发现猎物，它便迅猛出击，用前脚卡住猎物，用牙齿咬食，并且往往是"足"到擒来，百发百中。

螳螂捕捉猎物的速度极快，从扑击到捕获只需 0.05 秒。螳螂能如此迅速地捕到猎物，主要得益于它的复眼和颈前两侧的感觉触毛。螳螂的两个复眼很大，视野极广，一旦发现猎物会把信号迅速传递到大脑，头部便会立即对准目标。它的感觉触毛是两个感受器，由几万根弹性毛组成，头转动时，触毛的感觉细胞传到大脑，纠正视觉器官的偏差信号，然后再用两只前脚准确无误地将猎物砍死，送进嘴里。

螳螂为肉食性昆虫，性情凶狠残暴，除了捕杀其他小昆虫外，还会自相残杀。昆虫学家观察发现：在食物缺少的情况下，大螳

"祈祷者"
螳螂常喜欢半身直起， 前腿相合伸向半空，好像是在祈祷，所以有人称呼它为"祈祷者"。

螂会吃掉小螳螂。最令人不解的是，当雌雄螳螂交配时，体形较大的雌螳螂往往会吃掉体形较小的雄螳螂。有人观察到，一只受孕的雌螳螂不但吃掉了和它交配的雄螳螂，而且还吃掉了另外 6 只试图前来和它交配的雄螳螂。

■ 蝗虫（Locust）——庄稼的大敌

蝗虫属直翅目昆虫，就是我们平常所说的蚂蚱。它有两条强壮有力的后腿，善于蹦跳。它还有两对透明的翅膀，特别善于飞翔。最厉害的是它有两片锯齿形的大嘴，吃起植物来，像一把大镰刀，又快又狠，特别适合啃咬庄稼。再加上它那贪吃的恶习和大食量的肚肠，使它成了农作物最大的敌害，被称为"绿色世界的魔鬼"。

当蝗虫群体觅食时，数量巨大，常会造成蝗灾。一群沙漠飞蝗可多达 7 亿~20 亿只，它们迁飞时，遮天蔽日，所到之处所有植物会瞬间化为乌有。

飞蝗的前翅硬而直，后翅透膜质，张开如阔扇，可持续飞行1～3 天，每小时飞行10 千米左右。当需要补充营养，或者遇到降雨时，蝗群会停止飞行。大风可迫使它转换飞行方向，而遇微风时，它们则逆风而飞。飞蝗长距离飞行除了要觅食外，主要是

【动物趣闻】

1889 年在红海附近发生的蝗灾，蝗虫竟然覆盖了5000 多平方千米的地面，总重量达 55 万吨，需要用 10000 多节火车皮才能装下。那时，大片大片的绿色庄稼瞬间就被吃光了。

蝗虫
蝗虫通常为绿色、褐色或黑色，外骨骼坚硬，后腿的肌肉强劲有力，是著名的跳跃专家。

知识拓展：哪种蟋蟀最善斗？
答疑解惑：最善斗的蟋蟀当属墨蛉，民间称为"黑头将军"。墨蛉的鸣声也很好听，清脆婉转，抑扬顿挫。

▶ 蟋蟀——好斗的音乐家
▶ 臭虫——臭名远扬的嗜血者

蝗灾
蝗虫爱吃植物的叶子，食量很大，且繁殖能力强，数量很多，能给农作物生产造成很大的危害。

为了寻找繁殖地。蝗虫胸部有 2 对气门，腹部有 8 对气门，用以呼吸，胸腹前 4 对气门用于吸气，后 6 对呼气，以适应耗氧巨大的飞行过程。

蝗虫喜欢成群活动，而且队伍会不断壮大，铺天盖地而来。蝗虫产卵时，对环境的要求非常严格，既要土质坚硬，又要有一定的温度，还要阳光能够照射。所以，蝗虫选中的产卵地盘不会太大。蝗虫产卵也是群体进行的，加上卵孵化整齐，所以，蝗虫往往群居而生。此外，蝗虫生存需要较高的体温，它们必须群居，一起相互紧紧依偎，才能维持体内温度。

■ 蟋蟀（Cricket）——好斗的音乐家

蟋蟀属昆虫纲中的直翅目，我国南方一般称之为蟋蟀，北方则称之为蛐蛐。蟋蟀体形与蝗虫相似，体长在 0.3~5 厘米之间。蟋蟀的身体一般以褐色或黑色为主，在一些终年不见阳光的洞穴内，也有白色的蟋蟀。它们体格强壮，头部较圆，有大而发亮的复眼和细小的单眼，触角很长，有些种类的触角长度甚至是自己身体的 2~3 倍，能在漆黑的洞穴中代替眼睛来感知周围的环境。全世界的蟋蟀大约有 2400 种，以各种作物、树苗、菜果等为食。

蟋蟀一般在晚上活动，夏季夜晚的草丛里常会听到它那悦耳的鸣叫声。但是，只有雄性蟋蟀才会鸣叫，而且声音并不是从嘴里发出来的，而是从腹部发出来的。雄性蟋蟀腹部有一对双层的前翼翅，上翅背面有锯齿纹，齿纹与下翅根部的摩擦片互相摩擦发出声音，并经过下翅摩擦片旁边的发音膜将音量放大，从而发出洪亮的声音；而翼翅和腹部之间的气囊又能起到共鸣箱的作用。蟋蟀能利用这个装置和不同的摩擦速度，发出各具特色的声音。

雄蟋蟀是一种生性孤僻的昆虫，领域观念很强。如果一只雄蟋蟀先占领一个地方，那它就不允许第二只雄蟋蟀靠近，否则就会同入侵者一决胜负。因此，当人们先后将它们放进竹筒时，它们就会争斗起来。

蟋蟀
蟋蟀善鸣好斗。在斗蟋蟀时，如果以细软毛刺激雄蟋的口须，会鼓舞它冲向敌手，努力拼搏；如果触动它的尾毛，则会引起它的反感，它会用后足胫节向后猛踢，表示反抗。

■ 臭虫（Bedbug）——臭名远扬的嗜血者

臭虫在我国古时又称床虱、壁虱。虫体呈宽扁的卵圆形，红褐色，无翅，有明显的翅基。臭虫是以吸人血为生的寄生虫。生长在人类的居室、床榻等处。臭虫有一对臭腺，能分泌一种特殊的臭液，这种臭液有防御天敌和促进交配的作用，凡是臭虫爬过的地方，都会留下一股难闻的臭气，因此它可以说是臭名远扬。全世界已知的臭虫约有 74 种，但嗜吸人血的只有温带臭虫和热带臭虫两种。

臭虫是人类的"敌人"。别看它仅 4 毫米大小，人一旦被它缠上，就很难把它甩掉。

蝉——不知疲倦的歌手

知识拓展：最大的蝉是哪一种？
答疑解惑：黑蚱蝉是蝉科中体形最大的种类，体长 50
毫米，在 1 千米外便可听到它的鸣声。

无脊椎动物（二）

臭虫

臭虫是以吸人血为生的寄生虫，若虫的腹部背面和成虫的胸部腹面都有一对半月形的臭腺，能分泌一种有特殊臭味的物质。

臭虫白天不活动，喜欢栖息于家具的缝隙中，尤其是床的缝隙中，到了晚上，它就乘人进入甜美的梦乡之际，开始大肆活动，张开它那尖而锐利的嘴，猛刺人的皮肤吸血。不到 2 分钟，它的腹部便可鼓胀成球状，一次吸血可达 0.018 克左右。幼虫每次吸血需 3 分钟，成年臭虫要 8~15 分钟。雌臭虫比雄臭虫更贪婪，吸血量是雄臭虫的 4 倍。

臭虫的生命力很强。有人观察到，成熟的臭虫在寒冷的季节能饿 6~7 个月不死，小的臭虫也能饿两个多月。臭虫另一个本领就是不怕摔，它从天花板上摔到地上，一点儿不会摔伤，依然健步如飞。臭虫遇到敌害时，能喷射出毒液来自卫。它一遇到蚂蚁、蜘蛛时就会喷射出毒液，昆虫被喷到后会立即中毒死去。这种毒液还有一股奇臭的味道，据说连蝙蝠这样的食虫专家也吃不消，因此，蝙蝠遇到臭虫时只能"三十六计，逃为上策"。

■ 蝉（Cicada）——不知疲倦的歌手

蝉蜕

蝉蜕即蝉皮。蝉蜕富含甲壳素等物质，常用于治疗外感风热、咽喉肿痛、风疹瘙痒、目赤目翳、小儿惊痫、夜哭不止等症。

蝉属同翅目、蝉科，分布在温带及热带地区，但以热带地区为多。全世界的蝉大约有 1500 种，体长 2~5 厘米，有两对膜翅，3 个单眼，复眼突出，视觉极为敏锐。蝉的幼体称为若虫，蝉的若虫期相当长，而成虫期却非常短暂。它们的成虫都栖息在树上，以吸取大量的树木汁液为生。

十七年蝉是蝉类中最有名的一种，它能在地下休眠 17 年之久。它的若虫从丫枝上的卵中孵化出来之后，从丫枝上掉下来，钻进地里，贴附在小树根上，靠吸食树根的汁液才能长成成虫。

在地上生活的几周内，蝉常发出尖锐刺耳的歌声。雄蝉的腹部有发音器，发声器官是由在腹底部的小型鼓一样的板组成，声音就是由它那强有力的肌肉迅速振动而产生的。发音肌肉收缩时，会牵动薄膜，薄膜每秒钟可振动 7000 多次，故能发出嘹亮的鸣声。雌蝉没有发音器，所以不能鸣叫。因此古希腊人曾幽默地说："蝉的生活是快乐的，因为它们的妻子默不作声。"

成虫的寿命很短暂，只能活 2~4 周，它们唯一的任务就是交配以繁殖后代。这时，雄蝉会把

蝉

蝉俗称"知了"，有两对膜质的翅膀，但很少自由自在地飞翔，休息时翅膀总是覆盖在背上，只有采食或受到骚扰时，才从一棵树飞到另一棵树。

蝉翼

蝉有两对膜质的翅膀，翅脉很硬，也很薄，我国有个成语就叫"薄如蝉翼"。

【动物趣闻】

当蝉察觉四周有危险，必须赶紧逃避时，会立刻放出体内的水分以减轻体重，然后振翅飞走。

握住这短暂的几个星期，每天都会发出嘹亮的歌声，以博得雌蝉的青睐。而当它们在尽情欢唱与完成交配产卵之后，就会相继死亡。

■ 蛾（Moth）——种类繁多的夜行侠

蛾类属于昆虫纲鳞翅目，通常体色暗淡，但也有不少蛾外表鲜艳美丽。它们的触角呈羽毛状。静止时，蛾常将翅膀水平展开。蛾类的卵多为绿色、白色和黄色，形状有椭圆形、扁形、瓶形、球形、圆锥形或鼓形等。蛾的种类繁多，有上万种。蛾类都是在夜间出来活动的，它们有良好的嗅觉和听觉，能适应夜间飞行。

绿尾天蚕蛾
绿尾天蚕蛾蛾体为白色，带有绒毛；翅粉绿色，基部有较长的白色绒毛；前后翅中室端部均有一个眼状斑，后翅带有一个尾带。

豹灯蛾
豹灯蛾的头、胸为红褐色，触角基节为红色，触角干上方为白色，颈板前白后红。胸部背面有褐棕色长毛，腹部为黄色或橙黄色，背面有黑色横带，腹面黑褐色。

在欧洲，有一种天蛾，身上的斑纹图案极像骷髅，人们称它们为"骷髅天蛾"。它们在土豆之类的植物上产卵，常常要飞行漫长的距离寻找合适的繁殖地进行繁殖。骷髅天蛾每小时能飞40千米，在短时间内会飞得更快。骷髅天蛾的外表看起来十分恐怖，但它并不是利用这一"优势"去猎取食物，而是靠施展骗术去窃取别人的食物。

骷髅天蛾最喜欢吃蜂蜜，它们会观察蜜蜂的飞行路线，尾随蜜蜂来到蜂房。到了蜂房门口，它就用触须摩擦吻部，发出一种与众不同的声音，类似于蜂王"分娩"时发出的声音。

担任卫兵的工蜂听到后，以为是蜂王驾到，就恭敬地退到一旁，于是骷髅天蛾就大摇大摆地走进蜂房，在里面大吃一顿，然后再悄悄溜走。

■ 蝴蝶（Butterfly）——空中舞蹈家

蝴蝶与蛾一样也属鳞翅目，它是一种千娇百媚、人见人爱的小动物。全世界的蝴蝶共有约1.4万种，我国有1000多种。

蝴蝶的翅膀上覆盖着一层一触即落的鳞片，这些鳞片上有叶状物、脊状物与许多沟纹，可以反射太阳光，产生炫目的色彩，于是翅膀就显得艳丽动人。不同种类的蝴蝶，鳞片的结构不同，反射出来的颜色也不一样，所以就产生了各种各样颜色各异的蝴蝶。

猫头鹰蝶
猫头鹰蝶常会回避明亮日光而在下午和黄昏飞翔，喜食发酵果实。整个翅面酷似猫头鹰的面孔，名字也由此而来。

【动物趣闻】
蛾类都会飞，这仿佛是一个毋庸置疑的常识。但住在人类衣柜里的网衣雌蛾却是一个例外，它们只能爬行，这种蛾专在羊毛制品和皮衣上爬来爬去。不过，雄蛾还是会飞的。

蝴蝶的翅膀除了美观，还有自卫的功能。枯叶蝶的翅膀看起来像是一片枯干的树叶，以此来躲过猎食者的注意；蛇目蝶的翅膀上有许多明显的蛇眼点，当它们发现有敌人接近时，就会徐徐摇动双翅，借蛇眼使敌人产生错觉，从而吓退敌人；毒蝶用鲜艳的翅膀警戒鸟类不要捕食它们，不知情的鸟类若误食毒蝶，就会中毒而死。

蝴蝶体形小，翅膀也很单薄，可是有的

蚊子——嗜血的飞行高手
蜜蜂——忙碌的劳动者

知识拓展：世界上最大的蝴蝶有多大？
答疑解惑：最大的蝴蝶要数南美凤蝶，体长 9 厘米，
翅展 27 厘米。

无脊椎动物（二）

极乐凤蝶
凤蝶科蝴蝶属于大型的美丽蝶种，是一般蝴蝶爱好者最喜爱的一类，也是各种蝴蝶中最为著名和被广泛研究的一类。

【动物趣闻】
我国台湾是著名的蝴蝶产地，素有"蝴蝶王国"之称，约有蝴蝶 400 余种。

种类却能结群飞越海洋。每次参加飞行的蝴蝶数量少则千万，多则几十亿只。一般是同一种类蝴蝶结群迁飞，有时也有两三种蝴蝶混合编队迁飞。据记载，曾有大群斑蝶从墨西哥迁飞到加拿大和阿拉斯加，行程 4000 多千米。飞越大洋的蝴蝶群，主要借助高空气流滑翔前进。

在炎热的东南亚国家，生活着世界上唯一的吸血蝴蝶。几乎所有的蝴蝶都是软嘴，只有这种吸血蝴蝶例外，长着一个硬刺般的嘴，就像注射器上的针头。吸血时，吸血蝴蝶会把细若发丝的硬刺嘴插进猎物皮肤下 1 厘米深处。为了避免猎物的鲜血在吸食时凝结，吸血蝴蝶还会事先向猎物的体内注射能抗血凝的唾液。吸血蝴蝶一般在夜晚出来觅食，四处飞舞着在哺乳动物和人类中寻找猎物。

■ 蚊子（Mosquito）——嗜血的飞行高手

蚊子出现于古生代，在这个星球上至少已生存 3 亿多年了。全世界大约有 2500 种蚊子。它们跟苍蝇、蟑螂一样，都是惹人讨厌的昆虫，因为它不但叮吸人血，还会传播多种疾病。蚊子通常在静止或流动缓慢的水源产卵，比如水罐里、小水洼里、池塘里、小河边，尤其是那些污染了的河水中。

雄蚊子是不叮人的，只有雌蚊子才叮人。蚊子的主要食物是花蜜和植物汁液，但是很多种雌蚊只有在吸血后，体内的卵才会成熟。所以对雌蚊而言，人类与动物的血液就是不可缺少的"维生素"。雌蚊的口器像一根管子，管子前端有 6 根像针尖一样的尖状物，雌蚊利用这些尖状物刺进人的皮肤里，吸食血液。吸血的同时，它还把自己身体里的一种毒液排放到叮咬之处，使皮肤发痒肿胀。每叮咬人一次，蚊子可以吸走比自己正常体重重 3 倍的血液，这些血液可供它产下 500 多枚卵。

蚊子是飞行的顶尖高手，翅膀振动迅速，振频可达每秒 200~500 次。它可以任意回旋与翻滚，能够直飞、侧飞、倒退飞、倒转飞，甚至能于瞬间加速或减速，因此人们很难拍击到它们。有些蚊子在雨中飞行时，还能躲开雨点，全身干爽地飞到目的地，其飞行绝技实在令人惊叹！

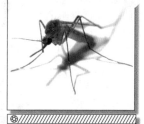

蚊子
蚊子有雌雄之分，雄蚊触角呈丝状，触角毛一般比雌蚊浓密，其食物是花蜜和植物汁液。雌蚊需要叮咬动物以吸食血液来促进体内卵的成熟。

蚊子吸血
蚊子的唾液中有一种具有舒张血管和抗凝血作用的物质，它使血液更容易汇流到被叮咬处。

■ 蜜蜂（Bee）——忙碌的劳动者

蜜蜂是昆虫世界里最勤劳的动物，它们从早到晚不停地穿梭在花丛中，采花酿蜜，供蜂群食用。蜜蜂的种类繁多，全世界已知的约有 1.5 万种。它们居住在一切有蜜源植物的地方，

主要以花粉和花蜜为食。蜜蜂长有约 500 万只复眼，感官非常发达，视觉几乎可以达到 360°。它们有窄而透明的翅膀，纤细的腰部，尾部通常生有螯针。

蜜蜂
蜜蜂是一种全变态昆虫，全世界约有 1.5 万种，有产蜜价值并被广泛饲养的主要是西方蜜蜂和中华蜜蜂。

蜜蜂是一种群居昆虫，一个蜂群会有成千上万只蜜蜂，团结得就像一家人。每群蜜蜂都有一只雌性蜂王和少数雄蜂，此外还有许多工蜂，大家都有明确的分工。蜂王和雄蜂负责生儿育女；工蜂是勤劳的"工人"，有的建筑蜂房，有的采蜜、酿蜜，有的服侍蜂王，有的侦察、守卫，有的饲养幼蜂，有的负责清洁蜂箱。它们一天到晚忙个不停，工作有条有理，生活得十分快乐。

蜜蜂的建筑才华在动物王国里可以说是首屈一指的。它们以自己独特的方式搭建出一个个整齐的六角形房间，可谓巧夺天工。组成蜂巢的一个个小巢室基本呈水平方向，它们大小一致，紧密排列在竖直墙架的两侧。巢室的门

蜜蜂采蜜
蜜蜂以植物的花粉和花蜜为食，足或腹部具由长毛组成的采集花粉器官，按食性可分为多食性、寡食性和单食性三类。

呈正六边形，三个菱形的蜡片对接形成巢室的底部，并略微向外突起，这样可以起到防止蜂蜜外流的作用。每个巢室都是大小相等的六棱柱体，底面由 3 个全等的菱形构成，它们的锐角都是 70°32′。每排巢室互相平行，精密无比，让人赞叹不已。从建筑学上来讲，按照这个角度建造是最节省材料的。

蜜蜂的交流方式也很奇特。蜂群中，负责寻找蜜源的工蜂为了采集花蜜，常常要飞到几千米远的地方。找到蜜源后，它们会迅速飞回蜂巢，以舞蹈的形式向其他工蜂传达蜜源的信息。它们会以蜂巢和太阳作为参照点，按"8"字形飞舞，其他蜜蜂就据此判断蜜源的方向。而蜜蜂腹部摆动的频率和速度则代表蜜源距离的远近，频率越高，距离越远。

蜂巢
蜜蜂的筑巢本领高超，筑巢地点、时间和巢的结构多样。营社会性生活的种类以自身分泌的蜡作巢，巢室为六角形。

【动物趣闻】
一只工蜂在它的一生中采集到的花蜜，可以酿造出 3 茶匙（45 克）蜂蜜。在一个夏季中，一窝蜂巢中的蜜蜂可以酿出 40 千克的蜂蜜。为此，它们必须飞行 300 万千米的距离，这相当于在地球与月球之间往返 4 个来回。

■ 黄蜂（Wasp）——毒针主人

黄蜂属胡蜂科，又称胡蜂、大黄蜂、虎头蜂。体长约 2 厘米，属大型昆虫，全身呈黄褐色或黑黄相间，头部较大，长满有光泽的短毛，大颚很像虎牙。翅膀短小透明，黄褐色，大约 1 厘米长。尾端有钩状的螯针，螯针中贮存着毒液，毒性很强，用来保护自己。黄蜂通常在树

捕食螽斯的黄蜂
黄蜂是一种杂食性动物，既采食花粉、花蜜和果实，也捕捉蝉、蝗虫、螽斯等昆虫。

枝上或屋檐下筑巢，蜂巢比普通蜜蜂巢要大1倍，工蜂常采集花蜜或捕捉其他虫类作为幼蜂的食料。

有一种佩普西斯黄蜂是诱捕毒蜘蛛的"行家"，它会模仿雄蜘蛛的求爱动作，轻轻拍打雌蜘蛛的洞口。当被骗的雌蜘蛛爬出来后，黄蜂就迅速用腹部的毒针刺中毒蜘蛛。接着它把自己的卵产在处于麻痹状态的毒蜘蛛身体里。这样，当小黄蜂出生后，就能以蜘蛛为食了。

有一种掘地黄蜂并不在树上筑巢，而是在地上挖一个洞，在洞中产卵、育儿。在将要产卵前，雌蜂会先挖好一个洞，然后飞出去寻找毛虫。雌蜂找到一条毛虫后，会先用毒针蜇它一下，但并不会把它毒死，而只是使它昏迷。

随后，雌蜂就把昏迷的毛虫拖回洞中，并在毛虫身上产下一个卵，然后用泥土把洞口封起来。不久，那个卵孵化出幼虫后，就可以靠半死的毛虫养活自己了。等幼虫把毛虫吃光时，也刚好长大成熟，于是就破洞飞出来。

■ 蚂蚁（Ant）——分工严密的种群

蚂蚁是一种大家很熟悉的群栖动物，种类繁多，数量难以计算。早在距今1亿至7000万年的化石中就发现了原始的蚂蚁。蚂蚁有明显的多型现象，包括蚁后、雄蚁和工蚁三种不同的型；有时还有工蚁变型的兵蚁。成虫多为红褐色或黑色，一般雌蚁与雄蚁有翅，工蚁与兵蚁无翅。大多数种类的蚂蚁挖土筑巢，也有的栖息在树枝孔穴中。蚂蚁食性较杂，较低等的种类为肉食性或杂食性，较高等的为植食性。有些种类能贮藏

蚂蚁
蚂蚁是地球上数量最多的昆虫种类。所有的蚂蚁都过社会性群体生活，一般在一个群体里有四种不同的蚁型，即蚁后、雄蚁、工蚁和兵蚁。

黄蜂的巢穴
黄蜂也是筑巢的专家，能将口器啃嚼后的朽木、纸张等糊状木质纤维拌着分泌物筑成纸状蜂巢。

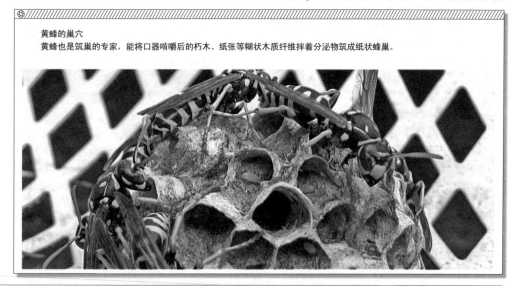

蚂蚁"搭桥"

蚂蚁是社会性、团队意识很强的昆虫，彼此通过身体发出的信息素来进行交流沟通。图为一群蚂蚁正在"搭桥"，以帮助同伴爬上树叶。

种子、培养真菌或收集蚜虫及介壳虫体上的蜜露为食。

蚂蚁巢内有成千上万只蚂蚁，它们按分工的不同可分为三种类型：繁殖蚁、工蚁和兵蚁。繁殖蚁指的是蚁后和雄蚁。蚁后比其他蚂蚁都大，但它并非蚂蚁王国的领导者，它的脑子比工蚁的脑子小，没有工蚁聪明，它的任务只是产卵。雄蚁的任务是在"结婚飞行"中和雌蚁交配，没有交配成功的雄蚁还可以回到蚁穴中来。但是雄蚁什么都不会干，只能由工蚁来照料喂养。每年一过秋天，蚁巢中的食物变得紧张时，工蚁就会把雄蚁赶出洞外，任凭它们饿死、冻死。

工蚁和兵蚁是不能生殖的雌蚁。蚁穴中所有的活儿都由工蚁来干，它们负责外出觅食，将采集到的各种食物拖回洞中；它们照顾幼虫、卵和蛹；它们照顾蚁后的生活，给蚁后

【动物趣闻】

蚂蚁很爱清洁，蚁巢里不允许有腐烂的东西存在。一旦蚁巢里有蚂蚁死亡，伙伴们就会把尸体拖出巢外，拖到蚂蚁的"公墓"去埋葬。

洗澡、喂食，还要把它产的卵搬走；它们负责建造巢穴，不断扩大蚂蚁王国的领域。兵蚁的个头比工蚁大，作为攻击武器的颚也大，因此它们主要负责保卫王国的大门。每进来一只蚂蚁，它们都要用触角碰一下，如果发现是侵略者，它们就会用大颚死死地咬住其要害。

在众多蚂蚁中，有的堪称"兽中之王"，被认为是世界上最厉害的动物之一，那就是生活在南美热带密林中的食肉游蚁和非洲的刺蚁。这两种蚂蚁都过着"游牧"式生活，无固定的家，同普通蚂蚁一样，也有蚁后、雄蚁、兵蚁和工蚁之分。一般雄蚁最大，身长可达5厘米，兵蚁身长2.5厘米左右。蚁群往往由200多万只组成，它们搬迁的时候，看上去像一条没有尽头的小路，整齐密布地向前行进，势不可当。遇到这样的"洪流"，不论是小的鼠、蛇，还是大的老虎、狮子、大象，如果不及时避开，都会被它们围攻致死。

蚂蚁与蚜虫

蚂蚁非常聪明，时常和蚜虫在一起，不时会用触角轻轻拍打蚜虫屁股，被拍打的蚜虫会排泄出一种"蜜露"，来让蚂蚁饱餐。

■ 白蚁（Termite）——建造高塔的能手

白蚁是群栖性昆虫，生活于隐蔽的巢穴中。由蚁后、雄蚁、工蚁和兵蚁组成，以木材、菌类、半腐性叶片为食，危害性较大。白蚁种类多达1800余种，体长0.3~2.5厘米，分布于热带和温带，北方寒冷地区很少见。白蚁的蚁巢建得十分巨大，高达数米，被称为"白蚁塔"。

白蚁建巢的本领比蚂蚁更胜一筹，它们能在地下几十厘米甚至数米深处营造豪华的地下宫殿：外层是一道厚而坚实的防护层，巢内是片状或蜂窝状的住室。巢穴又有主巢和副巢之分，主巢是片状的，巢内最安全、

白蚁

白蚁与蚂蚁虽统称为蚁，但在分类地位上，白蚁属于较低级的半变态昆虫，蚂蚁则属于较高级的全变态昆虫。

最舒适的地方建有蚁王和蚁后起居的扁形"皇宫"，作为宫廷卫队的兵蚁则住在"皇宫"周围坚实的巢片中，担任守卫"皇宫"的重任；副巢呈蜂窝状，是工蚁的住宅。主巢与副巢之间有宽敞的蚁路相通，用以传递信息、运输物资。

非洲和澳洲的白蚁能营造更高大的蚁塔，这些蚁塔往往由重达十几吨的泥土砌成，有圆锥形、圆柱形、金字塔形，比人还要高，最高的达7米多，占地100多平方米。远远望去，既似高塔，又像碉堡，成为当地特有的景观。

白蚁喜以木纤维为食，会蛀坏房屋、桥梁、家具、地板、树木等，因为它们具有强大的破坏力，所以广东人称之为"无牙老虎"。不过，在自然界中，白蚁又是腐木与朽材的分解者，它们是少数能分解纤维素的动物之一。它们将纤维素分解后变成养料回归土壤，在生态循环中占据重要的一环。

■ 蟑螂（Cockroach）——打不死杀不净的"小强"

蟑螂是我们生活中常见的令人讨厌的昆虫，属于蜚蠊科，所以也被称为蜚蠊。蟑螂体形扁平，呈椭圆形，柔软轻盈，行动迅速，神出鬼没。它全身红褐，油光闪亮，所以有的地方又叫它油虫。它的头很小，隐藏在前胸下面，但是有两根极细的触角，这是它的"雷达天线"，十分灵敏。

蟑螂

蟑螂的生命力特别顽强，如果有一场核战争，影响区内的所有生物都会消失殆尽，只有蟑螂能继续存活。

蟑螂是地球上最古老的昆虫之一，早在志留纪时期就出现了，比恐龙还早1.9亿年。恐龙早已绝迹，但蟑螂至今仍四处横行。它有极强的耐饥、耐渴、耐寒、耐压力，它们3个月不吃东西，不会饿死；1个月不喝水，不会渴死；在零下七八摄氏度的冰箱冷藏库里仍能悠闲自在地生活；它们能钻过极小的缝隙，除非遭遇重击，一般的压力压不死它们；繁殖力很强，一个卵鞘里就有18~42个卵，一个月便可孵出成群结队的小蟑螂。

蟑螂非常嘴馋，不管是厨房里还是餐桌上的食物，只要主人不在，它们都会溜出来品尝一下，留下细菌与独特的臭味。蟑螂也爱吃衣服与纸张，不但能把衣橱里的衣服咬出小洞，而且能把好好的一本书咬得残缺不全。它们还吃皮鞋、毛发，甚至自己蜕下的皮、自己的空卵鞘以及同类的尸体等，可以说"无所不吃"。

居住在白蚁巢穴里的獴

在非洲热带草原地区，白蚁建造的巢穴非常壮观，内部结构复杂，是整个白蚁王国臣民的居住地。许多废弃的白蚁巢穴被其他动物当作自己的居所。

■ 蜣螂（Dung beetle）——滚粪球的屎壳郎

蜣螂俗称屎壳郎，体长约 5 厘米，胸部和脚上有黑褐色的长毛，头部和肩部长有尖角，全身像披着黑色盔甲，并有一对开掘式的前足。它们多生活在农田、粪堆里，最爱吃人畜的粪便，有"大自然的清道夫"之称。全世界已知的蜣螂大约有 4500 余种。

蜣螂

蜣螂属昆虫纲鞘翅目，体黑色或黑褐色，体表有坚硬的外骨骼，复眼发达，咀嚼式口器，触角鳃叶状，有 3 对足，足适于开掘。

蜣螂最喜欢吃哺乳动物的粪便。在推粪球时，它们先用头部将粪便堆积在一起，然后用前足拍打成球形。这时，往往是"夫妻二人"通力合作，一个在前面拉，一个在后面推，使粪球朝前滚动。滚到预定地点时，雌蜣螂会用头和足在粪球上挖个洞，把卵产在里面，然后把球推到洞里，用土埋起来。孵出的幼虫，就以粪球为食，直到在土中化蛹。有资料显示，一堆大象粪便能够养活 7000 只蜣螂。

■ 瓢虫（Ladybug）——漂亮的花大姐

瓢虫也属于鞘翅目昆虫，身长 1 厘米左右，体形圆鼓鼓的，有黄豆粒大小，因为形状像葫芦瓢，所以叫瓢虫。瓢虫的背上有两层翅膀，上层是坚硬的

滚粪球的蜣螂

大多数蜣螂以动物粪便为食，它们常将粪便制成球状，滚动到可靠的地方藏起来，然后再慢慢吃掉。一只蜣螂可以滚动一个比它身体大得多的粪球。

鞘翅，下层是软翅，颜色鲜艳多彩，有形形色色的斑纹，因而又被称作"花大姐"、"红娘"等。世界上约有 5000 种瓢虫，主要分布在温带与热带地区，区域广泛。从食性来分，主要可分为植食性和肉食性两大类。

植食性瓢虫以植物为食，种类较少，约占瓢虫种类的 1/5。它们翅鞘上的斑点不太明显，全身灰暗无光，长满细毛，爱吃茄科植物的嫩芽、马铃薯、西红柿叶片、烟草等，被视为害虫。肉食性瓢虫占绝大多数，翅鞘上斑点鲜明，全身光滑艳丽，以捕食农业害虫为主，多以各种蚜虫、介壳虫、粉虱、叶螨以及其他节肢动物为食。

瓢虫

瓢虫是身体像半个圆球、生有漂亮色斑的昆虫。其种类很多，有吃植物的有害瓢虫，也有捕食小虫的有益瓢虫。

七星瓢虫是肉食性瓢虫的一种，它体长不足 7 毫米，呈卵圆形；背部拱起似半球，头黑色，顶端有两个淡黄色斑纹，前胸和足都为黑色，密生细毛。翅鞘呈红色或橙黄色，上面有 7 个黑斑，所以被人叫作七星瓢虫。它是捕食蚜虫的高手，特别喜欢吃棉蚜、麦蚜、菜蚜、桃蚜等。有人统计，一只七星瓢虫平均每天能吃掉 138 只蚜虫，所以农学家常用它们来治虫。

■ 萤火虫（Firefly）——打灯笼的小天使

萤火虫是能发光的萤类甲虫的总称，属鞘翅目，是一种小型昆虫。全世界共有 2100 余

萤火虫
萤火虫种类繁多，广泛分布于热带、亚热带和温带地区，中国约有 54 种。雄性萤火虫的眼睛常大于雌性，腹部末端下方有发光器，能发黄绿色光。

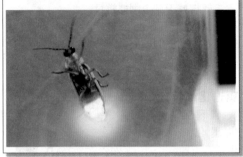

种，分布于热带、亚热带和温带地区。萤火虫体长一般几毫米至几十毫米不等，身体细长，鞘翅较柔软。雄虫通常长有翅膀，能够飞翔；而雌虫则缺少前后翅膀，不能飞翔，体形较雄虫大。萤火虫的腹部末端下方有发光器，可以发出黄绿色的光。它们以蜗牛和小昆虫为食，喜栖于潮湿温暖、草木繁盛的地方。

萤火虫通常在夜间活动，发出的光一闪一闪的，如同打着一个个小灯笼。腹部有一个由数千个发光细胞组成的发光层，还有一个由发光层构成的发光器官。细胞里含有荧光素和荧光素酶，只要有水和氧气就能产生荧光。

白天在缝隙间躲了一天的雌萤火虫，到了夜间就会爬出来。它们爬上枝叶顶端，低下头，翘起尾巴，发出光来吸引雄性。雄虫有大眼和翅膀，能看见并飞近雌虫，和雌虫进行交配。之后，雌虫将卵产在苔藓或草茎上，3 年以后，幼虫才能长成成虫。

萤火虫体形很小，可它却能制伏比它大很

【动物趣闻】

新西兰有一种特别大的萤火虫，在岩洞中可以照亮报纸上的字。泰国沿海红树林里的萤火虫特别多，每年夏夜，它们发出的亮光可以为船只导航。

多的动物。它头顶上有一对颚，弯起来像一把钩子，钩子里面有钩槽。钩子就像针头一样十分尖利，被称为口针。当它发现比它大许多的蜗牛时，先用口针轻轻地敲打蜗牛的外膜，重复五六次后，蜗牛就不动了。这是因为萤火虫用口针给蜗牛注射了一种毒汁，蜗牛被麻醉了。萤火虫将蜗牛麻醉后，它的口腔里会分泌一种消化液，把蜗牛肉变成流质，然后将其吞咽下去。萤火虫会将捕到的食物和家人分享，一只蜗牛可以供整个家族好好地美餐一顿。

■ 独角仙（Hercules beetle）——双叉犀金龟

独角仙属于昆虫目中的金龟子科，前胸和雄虫的头上有角状突，所以又称"双叉犀金龟"，体形大而威武。全世界目前具有大型犄角的独角仙约60 种，其他犄角较小或不明显的种类约1300 多种。独角仙体长不包括头上的犄角就达 35~60 毫米，体宽 18~38 毫米，呈长

独角仙
独角仙因雄虫头部有一只巨大的角而得名，它们属于金龟子科的兜虫亚科，又称"兜虫"。

椭圆形，脊面十分隆拱。独角仙身体呈栗褐到深棕褐色，头部较小；触角有 10 节，其中鳃片部由 3 节组成。雄虫头顶生一个末端双分叉的角突，前胸背板中央生一末端分叉的角突，背面比较滑亮；而雌虫体形略小，头胸上均无角突，但头面中央隆起，横列小突 3 个，前胸背板前部中央有一"丁"字形凹沟，背面较为粗暗。独角仙的三对长足强壮有力，末端均有一对利爪，是爬攀的有力工具。

独角仙一年繁殖 1 代，成虫通常在每年6 ～ 8 月出现，多为夜出昼伏，有一定趋光性，

知识拓展：蚜虫的繁殖速度究竟有多快？
答疑解惑：在平均气温 11.1~23.4 摄氏度的条件下，一只雌蚜虫在 17 天中
可以繁殖后代 542 只，最高可繁殖 691 只。

▶ 蚜虫——蚂蚁的"奶牛"
▶ 蜉蝣——朝生暮死的小虫

主要以树木伤口处的汁液或熟透的水果为食，对作物林木基本不造成危害。幼虫以朽木、腐烂物质为食，所以多栖居于树木的朽心、锯末木屑堆、肥料堆和垃圾堆，乃至草房的屋顶间。

■ 蚜虫（Aphid）——蚂蚁的"奶牛"

蚜虫，又称腻虫或蜜虫，属于同翅目蚜科。蚜虫一般体长 1.5~4.9 毫米，多数约 2 毫米。触角多为 6 节，少数 5 节，罕见 4 节。蚜虫分有翅、无翅两种类型，体色为黑色，以成蚜或若蚜群集于植物叶背面、嫩茎、生长点和花上，用针状吸口器吸食植株的汁液，使细胞受到破坏，生长失去平衡，叶片向背面卷曲皱缩，心叶生长受阴，严重时植株停止生长，甚至全株萎蔫枯死。蚜虫为害时排出大量水分和蜜露，滴落在下部叶片上，引起霉菌病发生，使叶片生理机能受到障碍，危害植物生长。

蚜虫的繁殖力很强，一年能繁殖 10~30 个世代，世代重叠现象突出。雌性蚜虫一生下来就能够生育，而且不需要雄性就可以怀孕。

蚜虫
蚜虫的繁殖力很强，1 年能繁殖 10 ～ 30 个世代。如果人类以蚜虫的速度繁殖后代，则一个女人一天生下的婴儿可以坐满一个网球场。

蚜虫与蚂蚁有着和谐的共生关系。蚜虫能够分泌含有糖分的蜜露，这对于蚂蚁来说是难得的美味。蚜虫给蚂蚁提供蜜露，蚂蚁也给蚜虫提供"帮助"。蚂蚁常保护蚜虫，帮蚜虫赶走天敌；当蚜虫缺乏食物时，蚂蚁还会把蚜虫搬到有食物的地方，就像我们养牛羊一样。难怪人们常说，蚜虫是蚂蚁的"奶牛"。

■ 蜉蝣（Mayfly）——朝生暮死的小虫

蜉蝣属于昆虫纲蜉蝣目。全世界已知有 2100 余种。蜉蝣的成虫体长 20~40 毫米，体形细长。成虫不取食，上颚退化或消失，下颚也退化，但常有下颚须。蜉蝣胸部以中胸最大。两对膜质翅多前翅大后翅小，少数类群缺后翅，翅脉极多。

蜉蝣的幼期（稚虫）为水生，生活在淡水湖或溪流中。春夏两季，从午后至傍晚，常有成群的雄虫进行"婚飞"，雌虫独自飞入群中与雄虫配对，而后产卵于水中。成熟稚虫两侧或背面有成对的气管鳃，这是适于水中生活的呼吸器官。它们吃高等水生植物和藻类，秋、冬两季有些种类以水底碎屑为食。稚虫充分成长后，或浮升到水面，或爬到水边石块或植物茎上，日落后羽化为亚成虫。亚成虫与成虫相似，一般经 24 小时左右再蜕皮，成为成虫。这种在个体发育中出现成虫体态后继续蜕皮的现象在有翅昆虫中为蜉蝣所仅有，此变态类型特称为原变态。蜉蝣的成虫不再进食，寿命很短，一般只活几小时至数天，所以有"朝生暮死"的说法。

蜉蝣的稚虫和成虫是许多淡水鱼类的重要食料。蜉蝣稚虫喜欢在含氧量高的水域中生活，因此，它们是测定水质污染程度的重要指示生物。

蜉蝣
蜉蝣是一类独特而美丽的昆虫。成虫期蜉蝣不饮不食，肠内贮有空气，身体比重较小，飞行姿态十分优雅。

Part 5

脊椎动物（一）

鱼类

■ 大白鲨（Great white shark）——白色的死神

大白鲨也称噬人鲨，属软骨鱼，是鲨鱼家族中最凶猛的掠食者。大白鲨体长可达 6 米，重达 1.8 吨，可谓庞然大物。大白鲨分布在所有温带和热带海域，常游弋于暖水性的大洋上层，偶尔也会钻入深海，以鱼类、海狮和海豹为主要食物。它们口中几排并列的呈锯齿状的牙齿异常锐利，且具有再生性，它们常用巨齿把猎物撕成碎片，然后进食。大白鲨也会攻击人，是人类航海中的危险动物。

大白鲨是鲨鱼家族中最凶狠残暴的一种。人们给它起了一个绰号叫"白色的死神"。它的老祖宗早在 1 亿年前就已经在海洋里称王称霸了。经过了漫长的岁月，它和鲨鱼家族的其他种类作为地球上的活化石一直生活至今。

大白鲨嘴巴很大，牙齿十分锋利，可以轻松地将一只体形巨大的海龟吞下。大白鲨十分贪婪，即使已经吃得饱饱的，也不会放过到嘴边的食物。它的肚子里有个专门储存食物的"袋子"，可将吃不完的食物暂时存放着。大白鲨的食谱也非常丰富，海洋里的鱼虾自不必说，就连船上丢弃的垃圾，它也不嫌弃。在它的胃里，人们经常可以找到玻璃瓶、空罐头盒、破胶鞋、鲸和海豹的残骸、煤块、人的骨头等东西。它在一定程度上也起到了净化海洋的作用。

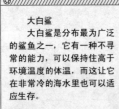

大白鲨
大白鲨是分布最为广泛的鲨鱼之一，它有一种不寻常的能力，可以保持住高于环境温度的体温，而这让它在非常冷的海水里也可以适应生存。

大白鲨的血盆大口
大白鲨的上腭排列着 26 枚尖牙利齿，牙齿背面有倒钩，猎物一旦被咬住就很难挣脱。

■ 鳐鱼（Ray）——海中的"魔鬼鱼"

鳐鱼也叫"魔鬼鱼"，身体扁平，胸鳍宽大，尾细长。体长约 1 米，属中小型软骨鱼类，多生活在海洋中。鳐鱼行动缓慢，常常潜伏在海底，把身体半埋在泥沙中。鳐鱼游动时，靠宽大的胸鳍上下波动使身体前进。全世界有 400 多种鳐鱼，有的还会放电。它们多以小鱼、小虾、贝类等海底生物为食。

【动物趣闻】

鳐鱼颇富智慧，在找到海底下的小动物以后，会先用蒲扇状的两翼胸鳍不停地扇动水流，将小动物体表的泥沙冲洗掉，促使一些底栖的小型甲壳类和贝类"原形毕露"，然后再从容地吞食。

鳐鱼的牙齿像石臼，能磨碎任何东西。由于它们总是把自己埋藏在沙土里，不易发现背后的偷袭，所以它们的背部演化出了一根剧毒的红色刺，作为它们自卫的武器。有些鳐鱼的尾鳍已经退化为一条长鞭状的尾巴，上边长有一个坚硬的带倒钩的刺，这根刺可用来刺死猎物和防御敌人。有的鳐鱼尾刺上有剧毒，它们可以通过尾刺将毒液注入猎物或敌人的身体。

知识拓展：最大的鳐鱼是哪种？
答疑解惑：太平洋蝠鲼，身体呈菱形，体宽可达6~7米，重2～3吨。

脊椎动物（一）

鳐鱼

鳐鱼是多种扁体软骨鱼的统称，身体周围长着一圈扇子一样的胸鳍，尾鳍退化，像一根又细又长的鞭子，靠胸鳍波浪般的运动前进。

● 锯鳐

锯鳐是几种像鲨的鳐类的总称，看上去像是鲨鱼和鳐鱼的"混血儿"，主要分布于地中海和大西洋的温暖水域里，栖息在海洋底部。其最显著的特征是它那不同寻常的锯子似的吻部，形状像扁平的刀刃，可长达 1 米以上，边缘上还长满了 50 多颗尖牙，这是锯鳐搜捕海底动物、袭击鱼类最好的工具。锯鳐身体可长达 3~6 米，最长的可及 7 米。虽然锯鳐看上去非常危险，但人们一般不把它当作危险鱼类，因为到目前为止还没有可信的记载表明它们曾经袭击过人类。

锯鳐

锯鳐吻部呈剑状突出，边缘具坚硬吻齿，潜伏在泥沙中，用吻锯掘土觅食，也用吻锯袭击成群的鱼类。

● 电鳐

电鳐是生活在热带和亚热带近海中的一种软骨鱼，如果人在海中游泳时不小心碰到它，就会被电麻木，严重者甚至会被电晕。科学家们研究发现，在它的头胸部两侧，各有一个肾形、蜂窝状的发电器。这两个发电器由许多盘形细胞排列组成。当电鳐受到外界刺激或达到兴奋状态时，盘形细胞就会释放出一种化学物质，转化为电能，放出电来。电鳐可以随意放电，并且放电的时间和强度都能自主把握。它放电时，发电器能形成七八十伏的电压，每秒钟能连续放电百余次。电鳐凭着这种特殊的电武器，在海洋中畅行无阻，也正因为如此，它变得异常懒散，常常潜伏在海底，等着猎物自己前来送死。

电鳐

电鳐的鱼鳃裂和口都在腹部，身体平扁，吻不突出，臀鳍消失，尾鳍很小，胸鳍宽大。在胸鳍和头之间的身体两侧各有一个发电器官，以电击敌人或猎物。

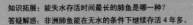
■ 肺鱼（Lungfish）——能失水生活的鱼

2亿年前，地球上广泛分布着一种能用肺呼吸的鱼，这就是鱼的老祖宗——肺鱼。这种鱼生着具有肺功能的鳔，在泥塘沼泽干涸时，能用鳔直接呼吸，继续在缺水的环境中生活。

肺鱼体形细长似鳗，鳞片很小且隐藏在皮下，胸鳍和腹鳍退化成鞭状，有左右两个鳔。它们除了能用鳃在水中进行呼吸之外，还能用口腔吸进空气中的氧气，经由肠子送到鳔内。鳔的构造很像肺，里面密布着分支繁多的血管网和类似于陆生动物肺部的气泡，可以与外界进行气体交换，所以有人称这种鳔为"原始肺"，肺鱼之名也由此而来。

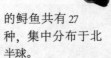

肺鱼

肺鱼有很发达的肺部，部分种类即使没有水也能呼吸空气而生存。旱季来临时，肺鱼就钻进泥里，只留小孔与外界通气。

肺鱼产于非洲、美洲和澳洲，能在失水的情况下继续存活。发生旱灾时，肺鱼就在河底挖一个坑，然后用泥和黏土做一个泥囊，并在上面开一个气孔，把自己封在里面。不多久，泥囊会变得又干又硬，可肺鱼却得到了保护。待到下雨时，泥囊溶解，肺鱼就又开始在水中游动。

■ 鲟鱼（Sturgeon）——远古时代的活化石

鲟鱼是一种古老、低等的鱼类，出现于古地质时期的白垩纪，至今仍保留着较多的古老结构，头部皮肤布有梅花状的感觉器——陷器。全世界

【动物趣闻】

2亿年前，地球上所有的陆地基本上都是连在一起的，被称为"联合大陆"。所有水域都可以通过不同的方式沟通，所以肺鱼才会广泛分布在地球上。

的鲟鱼共有27种，集中分布于北半球。

普通鲟鱼的重量可达275千克，最重的要数俄罗斯鲟鱼,体重能达到1.5吨。它们在海底或河底觅食。鲟鱼吻部非常发达，下面生有多对触须，能够帮助它们寻找食物。

我国最著名的鲟鱼要数中华鲟。中华鲟在鱼类起源进化与地理分布等方面具有重要的科学研究价值。

鲟鱼

鲟鱼是世界上现有鱼类中体形大、寿命长、最古老的一种鱼类。全世界鲟鱼种类有27种，中国有8种，中华鲟是其代表。

中华鲟

中华鲟是世界现存鱼类中最原始的种类之一，被誉为"水中的大熊猫"。它的身体结构既有古老软脊鱼的特征，又有现代诸多硬骨鱼的特征。

它是一种大型的溯河洄游鱼类，最大的个体重达680千克。中华鲟平时栖息于亚洲东部沿海的大陆架海域，在海中摄食、发育、生长。繁殖期，中华鲟从河口溯游至上游具有石质河床的江段产卵，受精卵发育成幼鱼后，幼鱼会顺江水而下，来年夏天渐次入海发育、生长。

■ 比目鱼（Flatfish）——会变色的鱼

比目鱼属鲽鱼目，是鲽、鳎、鲆等鱼的统称，平时喜欢平卧在海底，由于两只眼睛都长在头部的同一侧而被命名为比目鱼。它生活在世界各地的海洋中，有许多种类栖息在沿岸的海水中，终生生活在相对较浅的水域，但也有些种类生活在900多米的深处。以鱼、虾、乌贼、蚌类、海胆、海生蠕虫等为食。

比目鱼的眼睛并非天生长在同一边，而是在发育过程中逐步形成的。刚出生的小比目鱼

比目鱼

比目鱼又叫鲽鱼、板鱼、偏口鱼，是两只眼睛长在身体同一侧的奇鱼。

善于伪装的比目鱼

比目鱼是名贵的海产，会根据季节的更替做短距离的集群洄游。其肤色会随着环境的改变而改变，是著名的伪装大师。

跟普通鱼一样，两只眼睛长在头部的两侧。过20天左右，在长到1厘米时，由于身体各部分发育不平衡，身子开始倾斜，于是小比目鱼会侧着身子游泳，并侧卧到水底生活。这时候，它们的眼睛就开始在眼下软带的推动下逐渐向上移动，出现眼睛骨后就固定在身体的同一侧了。

比目鱼平时在海底会将身体的一半以上埋进沙子里，只露出两只眼睛观察周围的情况，当猎物靠近时就猛然跃出来，向猎物扑去。比目鱼的体色可以随周围的环境而改变，因为它的身体总是处于侧扁的状态，所以朝上一侧的颜色比较深，朝下一侧则是白色。当它来到一个新环境时，朝上一面的颜色会变得与周围沙石的颜色差不多；而过一段时间，朝下一面的颜色也会由白色变为深色，与周围环境的颜色差不多。

■ 鳗鲡（Eel）——像蛇一样的鱼

鳗鲡又叫鳗鱼，俗称鳝鱼。身体呈圆筒形，背侧为灰褐色，腹部呈白色。背鳍很长，与尾鳍相连，无腹鳍。鳗鱼和其他鱼的差别很大，身体特别长，体形像蛇一样。鳗鱼一般生活在河流和海洋中，它在生命的早期即幼鱼时就漂浮在海洋表面，呈透明叶状。有些鳗鱼种类要经过一次"历史性"的旅行到海里产卵，

例如欧洲鳗要横越大西洋到美洲的马尾藻海中产卵，行程长达6400千米。成年鳗鱼会死在马尾藻海里，但是它们的孩子会再次横越大西洋回到欧洲。

盲鳗是地球上出现最早的脊椎动物之一，它的外形与鳗鱼相似，嘴很像吸盘，口盖上长着锐利的像锉刀一样的牙齿，舌头也强劲有力，它就是靠这些利器来袭击比它身体大几倍乃至十几倍的大鱼的。盲鳗吃大鱼的方法十分巧妙，它会从大鱼的鳃部钻进大鱼的腹腔，先吃内脏，再吃肌肉，用不了多久，就能把大鱼的内脏和肌肉全部吃光，然后再钻出来，寻找新的猎物。由于这种鱼经常在大鱼的腹腔内活动，见不到阳光，两眼已经退化，所以人们称它为"盲鳗"。

■ 鲤鱼（Carp）——擅长"跃龙门"的鱼

鲤鱼通常是指鲤科的所有鱼类。鲤鱼的种类很多，约有2900种，几乎分布于北半球的所有淡水区域，特别是在我国、东南亚和非洲分布较多。北美洲也有约300多种鲤鱼分布，个体都较小，体长只有几厘米。而产于印度的一种鲤鱼体长可达2.7米，重量达45千克。

【动物趣闻】

成年欧洲鳗会穿越大西洋到马尾藻海去产卵，产完卵后死去。经过一段时间后，卵发育成幼鱼，幼鱼会自己返回欧洲。这样的一次旅行要花掉它们3年的时间。

鳗鲡

鳗鲡体形细长似蛇，无腹鳍，鳞片退化埋于皮下。背鳍、臀鳍和尾鳍相连，各鳍均无硬棘。世界各地均有分布，主要生长地为温、热带水域。

知识拓展：鲇鱼的体形差异有多大？
答疑解惑：最小的一种鲇鱼身长只有 45 厘米，而欧洲的一种大鲇鱼体长
可达 4.5 米，体重可达 300 千克。

▶ 鲇鱼——没有鳞片的鱼

鲤鱼

鲤鱼是亚洲原产的温带淡水鱼，喜欢生活在暖和的湖泊或水流缓慢的河川里。分布很广，除大洋洲和南美洲外，几乎世界各地均有。

锦鲤

锦鲤是鲤科鱼类的变异品种，由日本人在红色鲤鱼的基础上加以改良变异而来，是世界著名观赏鱼类。

鲤鱼背鳍的根部很长，没有脂鳍，通常口边有须，但也有没有须的。口腔的深处有咽喉齿，用来磨碎食物。它们属于底栖杂食性鱼类，其他鱼类、钉螺和一些水中植物等都可以成为它们的食物。

在众多种类的鱼当中，鲤鱼非常喜欢跳水，而且跳水的本领还不小，一般能跳 2 米左右。根据科学家的观察和研究，鲤鱼跳水有几种原因：一是为了躲避敌害——鲤鱼在水下游动时，如果突然遇到敌人袭击，为了及时避开，它们就会用跳水的方式来迷惑敌人；二是为了越过障碍——鲤鱼在前进途中，突然遇到障碍物时，会采用跳水的方式迅速越过去，继续前进；三是为了适应生理上的变化——一些鲤鱼快到产卵期时，身体里面可能会产生一些刺激神经的激素，使它们处于兴奋状态，因而跳水；四是为了适应水面上气候的变化——当要刮风或下雨时，水面气压较低，水中可能缺氧，这时鲤鱼就需要跃出水面来吸氧。

■ 鲇鱼（Catfish）——没有鳞片的鱼

鲇鱼身体表面黏糊糊的，没有鳞，大嘴边长着四根须，上面有许多触觉细胞和味觉细胞，用以帮助它们寻找食物。有的须还能感觉到其他鱼类放出的微弱电流。它们生活在河流、湖泊、池塘里，喜欢夜晚出来活动，吃小鱼、青蛙和贝类等。鲇鱼的种类很多，全世界大约有 2000 多种。

● 鳃袋鲇鱼

鳃袋鲇鱼的外部比别的鲇鱼多长了一个"口袋"，这是它的肺。鳃袋里布满了间隔的小室和细小的血管，如同哺乳动物身体里的肺一样，可以吸收空气中的氧气。

生活在热带地区的鳃袋鲇鱼因为有肺来进行呼吸，所以能离开水在岸上爬行。为了寻找潮湿的生活环境，它们经常从已干涸的池塘搬迁到有

鲇鱼

全世界的鲇鱼大约有 1500 多种，头部较宽大，口四周有几根敏感的长触须，有点儿像猫的胡须，须上有许多味蕾，用来在昏暗的水中觅食。

水的池塘去。鳃袋鲇鱼可以像蛇一样在地面上爬行，胸鳍就像小短腿似的帮助它们前进。此外，它们光溜溜的身上没有一片鳞，为了抵挡火辣辣的太阳照射，它们会分泌出一层厚厚的黏液，保护自己的皮肤。如果天气太热，邻近的池塘也干涸无水，它们就会在烂泥里钻一个洞，躲在里面睡大觉，直到有大雨降临时才重新出来活动。

● 吸血鲇鱼

吸血鲇鱼是生活在亚马孙河里的一种小鲇鱼，有 2 厘米长、2 毫米粗，只有拇指的指甲盖般大小，专门吸食其他鱼的血。这种类似于寄生虫的鲇鱼，会用嘴咬穿猎物的皮肤，然后

▶ 泥鳅——可用肠呼吸的鱼　　知识拓展：鲑鱼是什么时候开始出现的？
▶ 鲑鱼——甘为后代牺牲的鱼　　答疑解惑：鲑鱼在1亿多年前就经存在地球上了。

脊椎动物（一）

海鲇

生活在海水中的鲇鱼有一种叫作海鲇。它们身上有着美丽的条纹，常常成群地在海底游荡。海鲇的胸鳍上有尖锐的毒刺，蜇人后，人会感到全身疼痛，而且伤口很久才能痊愈。

吸食它们的鲜血。如果遇到比它们大很多的大鱼，小鲇鱼们就会直接游到大鱼的鳃边，紧紧地钩在这个血液流量最大的地方，尽情地吸食。有时，小鲇鱼们则干脆住在大鱼的鳃里，把这里当成一个乐园。而倒霉的大鱼却无法把这些侵略者从自己的身体里赶走，只能任凭它们作威作福。

■ 泥鳅（Loach）——可用肠呼吸的鱼

泥鳅

泥鳅喜欢栖息于静水的底层，常出没于湖泊、池塘、沟渠和水田底部富有植物碎屑的淤泥表层，对环境适应力强。

泥鳅属鳅科，是一种淡水小型鱼，与鲤科鱼类有亲缘关系，但外形和习性与鲇鱼相似。现在已知的鳅超过 200 种，大部分分布在亚洲中部和南部地区。典型的鳅长有非常小的鱼鳞，嘴边有 3~6 对触须，它们用触须在水底搜寻水生蠕虫、昆虫的幼虫等作为食物。

泥鳅喜欢栖息在静水的底层，常出没于湖泊、池塘、沟渠和水田底部富有植物碎屑的淤泥表层，环境适应力极强。泥鳅不仅能用鳃和皮肤呼吸，还具有特殊的肠呼吸功能。泥鳅的肠子又直又短，把食道和肛门连通在一起，形成一条直管，薄而透明，上面布满了毛细血管。这种构造既能消化食物，又能取代鳃进行呼吸，可谓一举两得。

在天气闷热或池底的淤泥、腐殖质等物质腐烂造成严重缺氧时，泥鳅也能跃出水面，或垂直上升到水面，用口直接吞吐空气，并由肠壁辅助呼吸。当它掉转头缓缓下潜时，又会从肛门处将废气排出。每逢此时，整个水体中的泥鳅都会上升至水面吸气，此起彼伏，景象甚为壮观，西欧人管它们叫"气候鱼"。到了寒冷的冬季，水体干涸，泥鳅便钻入泥土中，依靠少量水分来保持皮肤湿润，同时靠肠呼吸来维持生命，待来年水涨时再出来活动。

■ 鲑鱼（Salmon）——甘为后代牺牲的鱼

鲑鱼又名三文鱼，是鲑科鱼类的统称，又叫鲑鳟鱼。化石显示，鲑鱼在 1 亿多年前就已经出现在地球上了。鲑鱼平常生活在北太平洋和北大西洋的寒冷水域中，生殖季节则洄游至亚洲和美洲沿岸的

【动物趣闻】

泥鳅在失水时也能存活，泥鳅幼鱼在失水条件下能存活 1 小时，成鱼可存活 6 小时，将它们放回水中后仍能正常活动。

河流里去产卵。成年鲑鱼的体重可达 15 千克，体长近 1.2 米，属肉食动物，以其他鱼类和一些小动物为食。

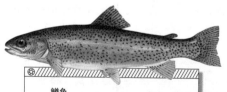

鳟鱼

鳟鱼属鲑目鲑科，是一类很有价值的垂钓鱼和食用鱼，全世界大约有 10 种。

鲑鱼

鲑鱼是所有三文鱼、鳟鱼和鲑鱼三大类的统称。此外，北极灰鳟、大西洋油鲑、北美青鱼和北极寒鳟等也都属于鲑鱼科。

鲑鱼是典型的溯河性洄游鱼类。在河流里，它们主要以昆虫和蠕虫为食。当长到约 15 厘米时，它们便会向河流的下游游去，经过长途迁徙来到大海，开始了在大海中的生活。成年鲑鱼会漫游到遥远的大西洋，但 2~4 年后，它们又会回到淡水里繁殖。它们主要通过嗅觉导引前行，回到那条哺育它们成长的河流中。

初入河时，鲑鱼的体形和颜色都处在正常状态，而随着溯游时体力的消耗，它们的体形会变得侧扁，体色也逐渐变得灰暗。到达产卵地后，鲑鱼几乎已经耗尽了体内全部脂肪和一半左右的蛋白质。一条雌鲑鱼身后常尾随数条雄鱼，到水深 40~120 厘米、多小卵石的河底后，雌鲑鱼会用身体击打水底做成一个长约 2.5 米、宽 1.5 米的卵形或箱形大坑，再在坑内做 3 个窝，将卵产于窝内。之后，几条雄鱼也会立即并肩痉挛着排出精液。雄鱼产精后便会昏死，被水流带走。雌鱼则找来一些小

【动物趣闻】

鲑鱼要回到出生地产卵，沿途逆流而上，要克服湍流、瀑布、岩石等重重障碍，还要躲避水獭、熊等的袭击。但无论何种困难、何种危险，都不能阻挡它们的返乡之旅。

石子将 3 个小窝盖住，并守护它们直到自己瘦死。窝内的卵经秋、冬发育，到次年 4 月长成仔鱼，之后仔鱼就顺流而下游入大海。

■ 大马哈鱼（Chum salmon）——海外游子

大马哈鱼也叫大麻哈鱼，属鲑鱼科，它跟鲑鱼一样，也有洄游习性。大马哈鱼一般栖息于太平洋北部，但每年 9~10 月份时，常会溯游到我国黑龙江、乌苏里江中产卵，所以又被称为"秋鲑"。

三文鱼寿司

大马哈鱼也叫三文鱼，素以肉质鲜美、营养丰富著称，可以生食，是制作日式寿司不可或缺的原料。

大马哈鱼体长而侧扁，略似纺锤形；头后至背鳍基部前渐次隆起，背鳍起点是身体的最高点，自此向尾部渐低弯；头侧扁，吻端突出，微弯；口裂大，形似鸟喙，生殖期雄鱼尤为显著，相向弯曲如钳状，使上下颌不相吻合；上下颌各有一列利齿，齿形尖锐向内弯斜，除下颌前端 4 对齿较大外，余齿皆细小；眼小，鳞也细小，作覆瓦状排列；胸鳍小，位置靠后；尾鳍呈叉形。大马哈鱼生活在海洋时体色银白，入河洄游不久色彩则变得非常鲜艳，背部和体侧先变为黄绿色，逐渐变暗，

【动物趣闻】

关于大马哈鱼名字的由来有一段趣事。相传清太祖努尔哈赤统治黑龙江时，驻守在江畔呼玛哨所的军队被敌人包围了。当时敌方人多势众，呼玛哨所的军队被敌方阻断了粮草，人、马都饥饿难忍。就在这时，从呼玛河里突然跳出许多又肥又大的鱼，士兵见状纷纷打捞上来吃，而且连军马也喜欢吃。正是这种鱼为努尔哈赤的士兵补充了体力，使他们最终胜利突围。从此，人们便把这种连马都爱吃的鱼叫作"大马哈鱼"。

呈青黑色，腹部银白色。大马哈鱼到了产卵地时，体色更加黑暗，体重则达到4千克左右。大马哈鱼肉质鲜美，营养丰富，是一种名贵的经济食用鱼。

大马哈鱼生在江里，长在海中，是敢于挑战艰难险阻的"斗士"。它们的跳跃本领很强，能跳出4米远，2米多高。它们在淡水中出生，1~5年后，便开始顺着水流方向朝大海游去，在大海中生活1~6年。成熟后，它们会再次逆流而上，洄游到它们的出生地繁殖下一代。在洄游途中，它们成群结队地穿急流、跃瀑布，即使高耸的水电站大堤也阻挡不了它们的决心。大马哈鱼的"感官"很发达，它们能辨别五六年前它们出生水域的气味、温度等，准确地洄游归来。

■ 鲈鱼（Perch）——属种最多的鱼

鲈鱼又名鲈板、鲈子、花鲈。口大倾斜，下颌稍长，侧线平直，栉鳞细小，背鳍棘发达并散布有若干黑斑点。体上部为灰绿色，下部为灰白色。体大者可长达1米，重六七千克。鲈鱼广泛分布于太平洋西岸，我国的黄海、渤海沿岸也盛产鲈鱼。全世界的鲈鱼大约有9000多个属种，如攀鲈鱼、弹涂鱼、射水鱼、斗鱼等，它们的背部都有一片骨质的背鳍。

● 攀鲈鱼

攀鲈鱼生活在热带和亚热带地区的河口、湖泊、池沼等地，在我国广东、海南、福建等地均有分布。攀鲈鱼对环

鲈鱼
鲈鱼分布于太平洋西部，我国沿海及通海的淡水水域均有生产，黄海、渤海较多。性凶猛，以鱼、虾为食。

境的适应性比较强，气候过于干燥时，它们会在夜间爬上陆地去寻找较为湿润的地方，在潮湿的陆地上一连待几天也不会死亡。池塘干涸时，它们又会在潮湿的淤泥中待上好几个月。因为攀鲈鱼的鳃腔上长有如蔷薇花般的鳃上器官，可以吸进氧气，使氧气通过毛细血管进入血液，从而维持呼吸。攀鲈鱼离开水后，用鳃盖上的钩刺顶着地面，依靠胸鳍和尾慢慢爬行，甚至能爬到树上。

弹涂鱼
弹涂鱼有离水觅食的习性，每当退潮时，它常依靠胸鳍肌柄爬行跳跃于泥滩上，或爬到红树丛中捕食昆虫，或爬到石头上晒太阳。

● 弹涂鱼

弹涂鱼，也叫"跳鱼"，体长不过10厘米，生活在热带或亚热带地区的海岸边。弹涂鱼为了寻找可食的甲壳类动物和昆虫类食物常会集结成群离水登陆，在红树林沼泽泥滩上爬行跳跃，活泼得像猴子，所以人们又索性称它为"泥猴"。弹涂鱼是靠胸鳍来运动的，它们的胸鳍很长，基部肌肉相当发达，就像人的两臂。它们爬到红树枝上，抓住树干，攀缘而上。和攀鲈鱼一样，它们的鳃腔里也有辅助呼吸的器官，而且不止一处。鳃前的喉部能保持相当多的水分，供呼吸之用。它的皮肤很薄，也有呼吸的作用。

【动物趣闻】
射水鱼可随心所欲地射出水流，有时"连发"，有时"点射"，就像自动冲锋枪一样。"射程"也比较远，最远可达四五米，有效射程一般在2米内。

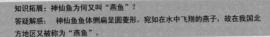

知识拓展：神仙鱼为何又叫"燕鱼"？
答疑解惑：　神仙鱼鱼体侧扁呈圆菱形，宛如在水中飞翔的燕子，故在我国北
方地区又被称为"燕鱼"。

▶ 神仙鱼——鱼中皇后

● 射水鱼

射水鱼
　　射水鱼的体形近似卵形，身体侧扁，头长而尖，眼大，体色呈淡黄，略带绿色，体侧有6条黑色垂直条纹，其中一条通过眼部。

　　射水鱼生活在太平洋沿岸的浅海或河川里，体长只有20厘米左右，因具有高超的射水本领而得名。它们常常会以极快的速度将掠过水面或栖息在水边草木上的苍蝇、蚊子、蜻蜓等昆虫击落，纳为口中之食，而且百发百中，因此有"活水枪"、"水中神枪手"的称号。射水鱼长着一对古怪的水泡眼，眼白上有一条不断转动的竖纹，在水里游动时，不仅能看到水面的东西，也能觉察到空中的物体。射水鱼嘴上的本领更是了得：上颌有两条很深的小沟，当舌头紧紧地贴住上颌时，这两条深沟便可形成两道直径约1.5毫米的"枪管"，射水时，只要鳃盖猛地一压，含在嘴里的水便可通过"枪管"喷射出去了。

● 斗鱼

　　斗鱼是一种体色绚丽的热带鱼，分布于东南亚各国，身躯细长，6厘米左右。斗鱼看上去身段修长，鳞片闪闪发光，样子美丽动人，但生性凶猛好斗，战斗力极强，因此人们管它叫斗鱼。斗鱼的领域观念很强，一旦发现其他鱼类或者同种斗鱼侵入自己的地盘，斗鱼就会同入侵者大打出手，进行一场殊死的搏斗。

■ 神仙鱼（Angelfish）——鱼中皇后

　　神仙鱼又名燕鱼、天使鱼。分布于南美洲的亚马孙河流域。神仙鱼体形侧扁，呈圆菱形，鱼体长约12厘米，高约15厘米。它的形态很奇特，鱼体略近圆形，呈银色光泽，间有四条黑色的粗条纹，前端的条纹经过眼部，后端的条纹接连尾鳍，中间的两条则分布在鱼体中部。神仙鱼的背鳍和臀鳍很长，均向后侧舒展，如飞燕迎春，长长的鳍又似轻飘飘的衣带，游动时那种悠然自在的姿态颇有神仙风韵，故称神仙鱼。神仙鱼是一种很珍贵的观赏鱼，它们以雍容华丽的外表、端庄稳重的游姿，赢得了"热带鱼之王"、"鱼中皇后"的美誉。

　　大神仙鱼是南美洲分布较广的一种观赏鱼，外形与神仙鱼相似，只是体形较大，身长可达15厘米，高约20厘米。亚马孙河及其支流、秘鲁和厄瓜多尔都是它们的故乡。在天然的水域中，大神仙鱼是成群活动的，常以一群15~20尾的规模出没于水草繁茂的沿岸浅水区域，以一些小动物的幼虫为食。

云石神仙鱼
　　这种鱼能在银白底色上呈现出黑色不规则的斑纹，所以被称为云石神仙。

金黄神仙鱼
　　金黄神仙鱼银白底色，头部、背部与鱼鳍有着明显金黄色。

■ 蝴蝶鱼（Butterflyfish）——海中鸳鸯

蝴蝶鱼也称珊瑚鱼，属鲈形目，是远古时代骨舌鱼的近亲。现在世界上约有110多种，我国有40余种。蝴蝶鱼生活在热带海域的珊瑚礁上，以小型甲壳动物和珊瑚虫为食。蝴蝶鱼的体形瘦扁，呈椭圆形，多数种类的背鳍前部具有强健突出的棘。体长大约20厘米，头小，嘴短且能伸缩，眼部有黑斑，体色鲜艳绚丽，体表长有数目不等的纵横条纹或花斑，并能随外界环境的变化而改变颜色。

蝴蝶鱼虽然有着华丽的外表，但它们却总是将自己隐藏在珊瑚丛中，倒不是不喜欢自我炫耀，只是因为它们的胆子特别小，警惕心强，稍微有点儿风吹草动就能吓到它们。一旦受了惊吓，它们就会急忙躲藏起来，要过很久才敢慢慢出来。也由于生性懦弱，它们常常很难抢到食物。

蝴蝶鱼的尾部有一个圆圆的黑色斑点，斑点周围镶有一些白色或黄色的环，这与头部藏有眼睛的黑斑相对称，看起来也像是眼睛，但它真正的眼睛却藏在穿过头部的黑色条纹里。平时，蝴蝶鱼总是倒退着游动，所以它的敌人常常误把它的鱼尾当成鱼头。当敌人猛扑蝴蝶鱼的鱼尾时，它就可以顺势向前飞速逃走。

蝴蝶鱼有一套很巧妙的"隐身术"，它们终日生活在五光十色的珊瑚礁礁盘中，逐渐练就出了一系列适应环境的独特本领。它们艳丽的体色可随周围环境的改变而改变，与周围五彩缤纷的珊瑚礁配得天衣无缝，既美丽又可迷惑敌人。蝴蝶鱼的体表皮肤富有大量色素细胞，在神经系统的控制下，可以自由展开或收缩，从而呈现出不同的色彩。通常情况下，蝴蝶鱼改变一

蝴蝶鱼

蝴蝶鱼是近海暖水性小型珊瑚礁鱼类，身体侧扁，可在珊瑚丛中来回穿梭。吻长口小，适宜伸进珊瑚洞穴去捕捉无脊椎动物。

【动物趣闻】

蝴蝶鱼的尾部与其他鱼类不同，几乎看不到分叉，呈完整的圆形。据说，在东非曾有人捕获到一条蝴蝶鱼，其尾部的图案类似一串阿拉伯文字。有人翻译出这些"文字"的意思是"世上真神唯有安拉"，结果这条鱼身价倍增。

忠贞的爱侣

蝴蝶鱼对爱情非常忠贞，总是成对出入，且同居一寓，这利于繁殖后代。

知识拓展：飞行最远的鱼是在哪里发现的？
答疑解惑：大西洋。大西洋飞鱼在飞行中，一次持续飞翔的时间可长
达90秒，飞翔高度10.97米，飞翔距离1109.5米。

▶ 飞鱼——滑翔飞行的鱼
▶ 海马——雄性繁衍后代的鱼

次体色要花上几分钟时间，但有的品种仅需几秒钟。

蝴蝶鱼对"爱情"忠贞专一，大部分成双成对，相偕而行。它们在珊瑚礁中游弋、戏耍，总是形影不离。一尾摄食时，另一尾就在其周围站岗警戒，时刻警惕着来犯之敌。

■ 飞鱼（Flying fish）——滑翔飞行的鱼

飞鱼是鳀目飞鱼科鱼类的统称，只见于温暖的水域或热带的海洋中，以海里的浮游生物为食。飞鱼体形短粗侧扁，呈流线型，胸鳍很长，可向后伸展至尾部；背部和身体呈深蓝色，腹部呈银白色。

飞鱼的体长不一，依种类而定，大多在5至46厘米之间。飞鱼的种类很多，最常见的是大西洋飞鱼，我国沿海地区分布的主要有翱翔飞鱼、燕鳀鱼等。

飞鱼
飞鱼是个大家族，系鳀目飞鱼科鱼类统称。长相很奇特，身体近乎圆筒形，两侧长着非常发达的胸鳍，看上去有点儿像鸟的翅膀，并向后伸展到尾部。

确切地说，飞鱼并不是在飞行，而只是离开水面滑翔，它没有翅膀，那一对像翅膀一样展开的是它的腹鳍。不过它的腹鳍比其他鱼的腹鳍要长一些，宽一些，可以折拢，也可以打开，当它打开腹鳍滑翔时，看起来就像是用翅膀在飞翔。

飞鱼并不是为玩乐才飞翔的，通常它们在躲避天敌追捕时才会从水中飞起。在大海里，飞鱼的主要天敌是鲨鱼、金枪鱼和各种海豚。遇到天敌追捕时，飞鱼会先快速游泳，

接近海面时，它们让胸鳍和腹鳍紧贴在身体两侧，然后通过强有力的尾部剧烈摆动，产生一股推力，使身体离开水面，然后迅速展开两个特别大的胸鳍，迎着气流在空中滑翔。如果顺风的话，飞鱼可以滑翔200米，下落时总是尾巴先着水。如果落水的瞬间能用尾巴打水，它们还能重新跃出水面。

■ 海马（Seahorse）——雄性繁衍后代的鱼

海马属海龙家族，约有30多种，因其头部酷似马头而得名。从外表看，海里最不像鱼的鱼要算海马了，没见过这种动物的人，一听它的名字，大概会以为它和陆地上奔驰的骏马相差无几。但实际上它是一种奇特而珍贵的近陆浅海小型鱼类，体长仅为10~15厘米，呈绿褐色，躯体侧扁，

怀孕的雄海马
海马的育儿袋里每次可装两三百只小海马，一次怀孕要经历二三十天，视海马种类不同而略有差异。

躯干弯曲，身体被骨板包围，上面着生一些刺状和带状突起，腹部隆起，形成一定的曲线，头部与身体略成直角，前端有一个吻管。

海马的游泳姿势很有意思，尾和鳍在游泳时起的作用很小，并且不像其他鱼类那样呈水平姿势游，而是扇动背鳍直立着游。前行时，头部稍稍向前倾斜，尾巴上端的背鳍作波浪式摆动，胸鳍也会大

勾在珊瑚枝上的海马

海马的尾部可以弯曲，能够缠绕在岩石、海草或珊瑚枝上固定身体。

力摆动，这是它前进的动力，但是它的游泳速度却慢得出奇。

海马常常将细长蜷曲的尾巴缠绕在海藻或漂浮物上，利用与周围环境一致的体色来逃避敌害或捕获食物。海马的口很小，位于长形管状脸的末端，只能吸食一些小生物。小生物朝海马的嘴漂过来时，海马会抓住时机将它一口吸进去。由于绿褐色的海马常藏身于热带水下植物丛中，不易辨别，因而总会有一些小生物毫无顾忌地游过来，所以，海马总是能轻而易举地捕到食物。

海马最为奇特的地方在于它的生殖方式，它几乎是动物界中唯一由父亲担任"怀胎产仔"工作的动物。雄海马尾巴下面生着一个前端开孔的育儿袋，进入繁殖期后，雄海马身上的育儿袋就变得肥厚且布满了血管。这时，雌海马通过产卵管将成熟的卵细胞排到雄海马的育儿袋中，与雄海马的精子结合成受精卵，接着，受精卵就在育儿袋中发育成胎儿。

■ 剑鱼(Swordfish)——水中的"活鱼雷"

剑鱼属鲈形目，又叫箭鱼，是一种大型鱼

类，体长 5~6 米，体重 600~700 千克，生活在热带和亚热带海洋里，常单独在远离海岸的海面上游动。剑鱼上颌很长，呈剑状突出，长 1 米以上，骨质坚硬。整个身体呈纺锤形，两个背鳍中一个长而尖，另一个却短而细，尾鳍呈新月形。这样的体形构造使得它游泳的速度极快，时速可达 130 多千米，冲击力也很大，如同射出的子弹。体表背部呈深蓝色，腹部呈纯蓝色，这样的体色在近海鱼类中非常少见。剑鱼有很强的攻击性，它不但攻击大小鱼类，就连海上航行的渔船和海轮，它也敢攻击。木船对它来说更是不在话下，它能用上颌在船体上凿一个窟窿，把小

剑鱼

剑鱼的吻由前颌骨及鼻骨组成，向前突出呈剑状，名字由此而来。游速极快，最高时速可达 130 多千米，是鱼类中的游泳能手。

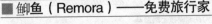
剑鱼捕鱼
剑鱼追逐鱼群时到处乱撞，长长的"利剑"会刺伤许多鱼类，不仅如此，剑鱼还敢攻击海中虎鲸和噬人鲨，甚至船只。

【动物趣闻】

第二次世界大战期间，一条长5.5米、重700多千克的剑鱼，用它长达1.5米的"利剑"，将在大西洋航行的英国油轮"巴尔巴拉"号的钢铁外壳给戳穿了。1961年，一条剑鱼把一艘英国军舰的钢甲船体连凿了好几个洞，人们只好发出求救信号，请飞机载来潜水员堵住船体的漏洞，军舰才幸免沉没。

船弄翻。攻击大海轮时，它会从远处急速冲过来，就像海战时候从鱼雷艇上发射出来的鱼雷一样，所以人们给了它一个诨名，叫"活鱼雷"。剑鱼生性暴躁凶猛，大部分时间都在大洋深处悠闲度日，但一旦有谁惹怒了它，它就会雷霆大发，不顾一切地向侵犯者发出攻击。

剑鱼在追逐鱼群的时候，到处乱撞，用它那长长的利剑把许多鱼刺伤，然后再一个一个地"收拾"。当它被激怒时，会疯狂地猛冲猛撞，水中其他生物无不退避三舍，就连虎鲸、噬人鲨这类水中之霸也不得不对它避让三分。

被捕获的剑鱼
剑鱼的肉很鲜美，所以渔民从不错过捕捉它的机会。但捕捉剑鱼时，唯一能用得上的工具就是鱼叉，渔网丝毫不起作用。

■鲫鱼（Remora）——免费旅行家

生活在海洋里的鲫鱼是典型的免费旅行家。它时常附在大鲨鱼、海龟、鲸的腹部或船底，甚至游泳者或潜水员的身上，周游四海。到了饵料丰富的地方，鲫鱼就会自动离开它"乘坐"的"免费船只"美餐一顿。然后再寻找一条新的"船"，继续免费旅行。鲫鱼这样在大海中乘"船"旅行，不仅省力，而且还能狐假虎威地免受敌害侵袭，真是一举两得的美事。为什么鲫鱼有这么大本领呢？原来，鲫鱼的第一背鳍已演变成一个吸盘，它就是利用这个吸盘牢牢地吸附在物体上的。

据说，有时鲫鱼也钻进旗鱼、剑鱼、翻车鱼等大型硬骨鱼的口腔或鳃孔内，这些大型鱼既摆脱不掉鲫鱼，又没有办法对付它，就只好忍耐一下了。鲫鱼这种行为不但可以避开敌害的攻击，而且还可在"主人"身体内找到一些食物碎片充饥。

鲫鱼
当鲫鱼贴在附着物上时，软质骨板就会竖起，挤出吸盘中的水，使吸盘形成许多真空小室，这样就可以牢牢地吸附在附着物上了。

鲫鱼这一特性早已被渔民发现了，渔民们巧妙地把鲫鱼作为一种捕获大海中珍贵动物的工具。据说，桑给巴尔岛和古巴渔民抓到鲫鱼后，先把它的尾部穿透，再用绳子穿过，为了保险，再缠上几圈系紧，拴在船后，一旦遇到海龟，他们就往海里抛出2~3条鲫鱼，不一会儿，这几条鲫鱼就吸附在大海龟的身上了，它们本想高高兴兴地周游一番，谁料到，这时渔民已在小心地拉紧绳子，一只大海龟连同鲫鱼就回到了船舱里。

▶ 带鱼——凶猛而贪吃的鱼　　　知识拓展：带鱼可以长多长？
▶ 鮟鱇——会钓鱼的鱼　　　　答疑解惑：1996 年 3 月中旬，我国浙江有一渔民曾捕到
▶ 食人鲳——水中杀手　　　　一条长 2.1 米、重 7.8 千克的特大带鱼，被称为"带鱼王"。

脊椎动物（一）

■ 带鱼（Hairtail）——凶猛而贪吃的鱼

带鱼又叫刀鱼、牙带鱼，是鱼纲鲈形目带鱼科动物，带鱼的体形正如其名，侧扁如带，呈银灰色。带鱼头尖口大，从头部到尾部逐渐变细，好像一根细鞭，头长为体高的 2 倍，全长 1 米左右。

带鱼是一种比较凶猛的肉食性鱼类，牙齿非常尖利，背鳍很长、胸鳍小，鳞片退化，游动时不用鳍划水，而是通过摆动身躯来向前运动，行动自如。既可前进，也可以上下蹿动，动作十分敏捷。带鱼经常捕食毛虾、乌贼及其他鱼类，食性很凶而且非常贪吃，有时还会同类相残。渔民钓带鱼时，经常钓上一条带鱼，这条鱼的尾巴被另一条带鱼咬住，一条咬一条，一提一大串。据说由于带鱼互相残杀和人类的捕捞，所以超过 4 岁的老带鱼就算是寿星了。

带鱼肉嫩体肥、味道鲜美，只有中间一条大骨，无其他细刺，食用方便，是人们比较喜欢食用的一种海洋鱼类，具有很高的营养价值。

■ 鮟鱇（Anglerfish）——会钓鱼的鱼

鮟鱇鱼为中型底栖鱼类，平时潜伏海底，不善游泳，有时借助于胸鳍在海滩上缓慢爬行。鮟鱇鱼的前端扁平呈圆盘状，身躯向后细尖呈柱形，两只眼睛生在头顶上，一张血盆大口长得像身体一样宽，嘴巴边缘长着一排尖端向内的利齿；腹鳍长在喉头，体侧的胸鳍呈臂状。它平时常栖伏水底，紫褐色的体上光滑无鳞但散杂着许多小白点，整个体色与海底颜色很相似。

鮟鱇鱼不大游动，捕食机会少，在长期的演化过程中，它拥有了一套自己的捕食武器：它的背鳍上长有 3 根骨质的弹

鮟鱇
鮟鱇的嘴巴非常宽大，长着许多尖牙，背上竖着一排针刺一样的鱼鳍，眼睛长在头顶上，相貌十分狰狞可怕，曾被评为最丑陋的动物之一。

性触须，前面一根的上端有一块小虫似的发光皮瓣，好像钓竿上的"诱饵"。当小鱼在闪光点附近游动时，鮟鱇鱼就摇动它的"钓具"，引鱼上钩，送入口内。

鮟鱇鱼生长在黑暗的大海深处，行动缓慢，又不合群生活，在辽阔的海洋中雄鱼很难找到雌鱼，一旦遇到雌鱼，那就终身相附至死，雄鱼一生的营养也由雌鱼供给。久而久之，鮟鱇鱼就形成了这种绝无仅有的配偶关系。

■ 食人鲳（Piranha）——水中杀手

食人鲳，又称食人鱼或水虎鱼，原产于南美洲亚马孙河流域，分布于阿根廷、巴西。食人鲳体呈卵圆形，侧扁，尾鳍呈叉形；体呈灰绿色，背部为墨绿色，腹部为鲜红色；牙齿锐利，下颚发达有刺，以凶猛闻名。食人鲳栖息于河面宽广处，以鱼类和落水动物为食，也有攻击人的记录。食人鲳的雌雄较难鉴别。一般雄鱼颜色较艳丽，个体较小；雌鱼个体较大，颜色较浅，性成熟时腹部较膨胀。成年的食人鲳一般在每天晨昏时活动。

食人鲳
食人鲳是一种凶悍的食肉鱼类，牙尖颚硬，攻击力强，因此得到一个响亮的外号——"水中狼族"。

食人鲳听觉高度发达，牙齿尖锐异常。咬住猎物后，它会以身体的扭动将肉撕下来，一口可咬下 16 立方厘米的肉。食人鲳常成群结队出没，每群会有一个领袖。旱季水域变小时，食人鲳会聚集成大群，攻击经过此水域的动物。

知识拓展：最大的蝾螈是在哪里发现的？
答疑解惑：在我国湖南省曾发现过一只大蝾螈，长 1.8 米，重达 64.86 千克。

▶ 蝾螈——满身毒腺的家伙

两栖动物

■ 蝾螈（Newt）——满身毒腺的家伙

蝾螈皮肤裸露，黏液腺丰富，四肢不发达，有尾。蝾螈成体生活在潮湿的环境中，有水栖、陆栖和半水栖等几类。水栖类在水中产卵，陆栖类只在繁殖时才回到水中产卵，也有少数陆栖类蝾螈会在潮湿的陆地上产卵。幼体一般在水中发育成长。蝾螈的视觉较差，主要依靠嗅觉进行捕食，以蝌蚪、蛙、小鱼等为食源。蝾螈皮肤多孔，可进行呼吸，颜色鲜艳，周身布满毒腺，它的毒液足以使一条狗丧命。

● 贵州疣螈

贵州疣螈又称苗婆蛇，分布于贵州、云南等地。其体长 15~20 厘米，宽而扁平，皮肤粗糙，密布瘰粒，但腹面光滑；头背、体腹均为黑褐色，背脊和体侧有 3 条粗大的橘黄色纵纹，身后拖着一条又粗又长的橘黄色尾巴。贵州疣螈常栖息于海拔 1500~2400 米的山溪缓流水塘处，白天常隐伏在阴暗的土穴、石洞或树根杂草下，夜晚出来活动，以昆虫和其他小型动物为食。

● 红瘰疣螈

红瘰疣螈为我国云南地区特产，喜欢栖息于海拔 1000~2000 米的山区，也常出没于森林茂盛、杂草丛生及稻田附近的地方。红瘰疣螈

蝾螈的头部
蝾螈头部扁平，皮肤较光滑有小疣，脊棱弱，舌小而厚，卵圆形，前后端与口腔底部黏膜相连。

常在水中游动，腹部紧贴水底，靠后肢推动身体前行，主要以昆虫、蜗牛及其他小动物为食。红瘰疣螈体长 13~17 厘米，雌螈一般大于雄螈。其头部扁平，躯干较圆，四肢发达，后肢略长于前肢，尾部侧扁；全身布满瘰粒与疣粒，身体两侧各有一排棕红色或棕黄色球状的瘰粒。

幼小的蝾螈
蝾螈或在陆地生活，或在水中生活，但均常在春季返回到池塘或溪流繁殖。受精卵在 3～5 周的时间内孵化，而水生幼体则在夏末或秋初变态成为成体。大多数幼小蝾螈完全在陆地生活，2～4 年后开始每年或永久返回池塘生活。

● 东方蝾螈

东方蝾螈也叫中国火龙，体长约 7 厘米，背部和体侧多为黑色，有蜡光，腹面朱红色，有不规则的黑斑。东方蝾螈主要分布在我国长江以南地区，栖息于水草繁茂的池沼或小河里，以捕食各种昆虫、幼鱼等为生。它们在水中非常活跃，常在水底和水草下面活动，每隔几分钟会浮出水面吸一次气。在防御鸟类、蛇类等捕食者时，它们会将身体向上弯曲，直立下颌，卷起尾巴，尽力显露出鲜艳的腹面，以迷惑敌人。

青蛙
蛙类约有 4800 种，绝大部分生活在水中，也有部分生活在雨林潮湿环境的树上。

知识拓展：最大的青蛙有多大？
答疑解惑：喀麦隆和几内亚的巨型青蛙，身长达 33.99 厘米，
足长有 81.48 厘米。

▶ 青蛙——两栖动物的代表
▶ 树蛙——林中变色蛙

脊椎动物（一）

■ 青蛙（Frog）——两栖动物的代表

青蛙属两栖类，无尾目。其身体短而宽，前肢短后肢长，没有尾巴，皮肤裸露，富有黏液腺，善于跳跃、游泳。它们有肉质舌，能迅速吐到口腔外，具有捕食功能。雄性有声囊，能发出鸣叫声。雌蛙常在水中产卵，卵孵化后成为蝌蚪。蝌蚪发育到一定时期，先后长出后肢、前肢，同时尾巴逐渐萎缩，直至消失，完成变态后就开始在陆地生活，以昆虫为食。

青蛙的肺部不像一般动物那么发达，但是它的皮肤却有辅助呼吸的功能。如果皮肤太过干燥，青蛙就会因缺氧而死亡。所以它们常常躲在荷叶下，躲避强光的照射，同时利用皮肤黏液腺分泌黏液来润湿皮肤。它们常常在炎热的夏天跃入水中，就是为了保持皮肤湿润。

青蛙没有牙齿，进食时只能囫囵吞枣似的往肚里吞咽。但是，青蛙吞食时会通过拼命眨动眼睛来帮助食物下咽。青蛙的眼眶底部没有骨头，眼球近似圆球，与口腔仅隔一层薄膜。因此，当青蛙眨眼时，眼肌收缩，眼球会对口腔产生一定的压力，从而帮助食物下咽。青蛙的眼睛由一种突出的透明水晶体构成，视觉神经只会对快速移动的猎物产生反应，因此即使它身边有大堆的死昆虫，它也不会吃，因为它看不到。

青蛙是冷血动物，身体的温度会随着周围温度的变化而变化。到了冬天，气候寒冷，温度降低，青蛙的体温会随之下降。如果气温降到 8 摄氏度左右，青蛙就难以适应周

毒箭蛙
毒箭蛙身长一般不超过 5 厘米，皮肤颜色十分鲜艳，这是为了警告敌人：不要碰我。毒箭蛙背部的皮肤里有许多毒腺，能分泌出极毒的黏液，只要十万分之一克毒液，就可以使人中毒而死。

围的环境，索性钻进泥洞或厚厚的枯叶下冬眠。在冬眠期间，青蛙不吃不喝，血液会暂时停止循环，呼吸变得非常缓慢。到第二年春天，气候变暖后，它们又会苏醒过来，重新出来活动。

冬眠的青蛙
当气温下降到一定程度时，一些动物就会被冻死。为了生存，像青蛙这类的冷血动物就钻进泥土里，处于假死状态，以此来躲避严寒，等到第二年春天气温升高后再出来活动。

从进化论的角度来说，青蛙是第一个真正用声带来鸣叫的动物。和人一样，青蛙的声带也长在喉室里，空气急速经过时，会引起声带振动，发出声音。除了声带外，雄蛙的咽喉两侧还有一对外声囊，鸣叫时会向外鼓，形成两个大气囊，起到扩音的作用，使声音更加洪亮。不同的蛙类鸣叫时声音和调子各有不同，因此有经验的人会凭着它们发出的声调判断出是哪一种蛙在叫。

蝌蚪变青蛙
青蛙在水边产卵后，经过一段时间，卵就会孵化成蝌蚪。约一个半月后，小蝌蚪先长出后腿，再长出前腿，尾部逐渐缩短。再过四五天，尾部慢慢消失，就变成了小青蛙。

■ 树蛙（Tree frog）——林中变色蛙

树蛙属蛙目树蛙科，是一种小型蛙类，长 5～6 厘米，指、趾末端具有明显膨大的足垫，

知识拓展：最大的树蛙是在哪里发现的？
答疑解惑：西印度群岛西斯帕尼奥拉岛上的大树蛙，平均身长约 8.99 厘米。

蟾蜍——丑陋的捕虫专家

吸附在树枝上的树蛙
树蛙体多细长而扁，后肢长，指、趾末端有吸盘，适于爬树。

指、趾能分泌黏液，便于在树枝和树叶上固着。树蛙身体较小，体重很轻，头部长着明显的大眼睛。它们的一生都在树上度过，在大树上嬉戏和繁殖。树蛙的后腿比前腿长，富有弹跳力，因为有着宽大的足垫，所以它们能把自己稳稳地固定在大树的任何部位。

树蛙体形小而细长，便于在树枝和叶子上保持平衡，足趾和趾间黏黏的肉垫给它们以很好的抓握力，腹部松松的皮肤使它们能紧紧贴在树干上，它们甚至可以吸附在玻璃上。有的种类，如黑蹼树蛙，可以在树间滑翔以逃避敌害，能从一棵树"飞"到另一棵树上。

树蛙身体表面多为鲜艳的绿色，皮肤光滑而有光泽，可迅速改变颜色，以免被敌害发现。在树枝上，树蛙皮肤呈青绿色；到水泥地上，颜色就会变成淡绿色；若在一般的陆地上，则又会变成黄色。树蛙体内有蓝、绿、黑等几种色素细胞，当树蛙看到外界环境的色彩后，眼睛产生视觉信号并传递到大脑，大脑紧接着发出指令，迅速调节内分泌及黑色素细胞的活动来改变皮肤的颜色。如果细胞变大，则皮肤颜色会加深，反之则变浅。

树蛙是体外受精的。雌树蛙从排泄孔里分泌出一些黏液，然后不停地用后足搅拌，使之产生丰富的泡沫，之后就在这些泡沫中产卵，等待雄蛙过来受精。卵块黏附在突出于水面的树枝上，因为有泡沫包围着，所以卵不会变干燥。雄蛙受精后随即离开，而雌蛙用后肢将卵泡用叶片包卷起来之后才离去。卵泡为乳白色，孵化成为小蝌蚪后，通过运动或被雨水冲刷，到达树下水池，蝌蚪就在那里生长发育。

红眼树蛙
红眼树蛙分布在以中美洲的哥斯达黎加和墨西哥为主的热带雨林中，属于完全夜行性的动物。任何能够塞进口中的动物它们都会吃，包括同类幼体在内。但动物必须都是活体，不移动的猎物它们是无法察觉的。

【动物趣闻】

澳大利亚有一种蟾蜍产卵的方式非常奇特：雌性蟾蜍会把卵吞到肚子里，让卵在肚子里孵化。8 周后，蟾蜍妈妈一咳嗽，小蟾蜍便从妈妈口中跳了出来。有一只雌蟾蜍，7 天内共吐出了 21 只小蟾蜍。

■ 蟾蜍（Toad）——丑陋的捕虫专家

蟾蜍俗称"癞蛤蟆"，属蛙类，是青蛙的近亲，但不善跳跃，善爬行。蟾蜍体长可达 10 厘米，背面多呈黑褐色，有较多大小不一的突起，腹部乳黄色，有棕色或黑色斑纹及小疣，无声囊。蟾蜍白天多藏在石下、草丛内或泥穴中，夜里出来捕食害虫，耳后腺和皮肤腺能分泌白色毒物，用来御敌。

蟾蜍背上的疣状物能起到自我保护的作用。这些疣状物能分泌黏液，保持皮肤的湿润，同时还能分泌乳白色的毒液，用以防身。

蟾蜍和青蛙在外形及生活习性上有些相似，但又有不同之处。蟾蜍的后腿较短，身体较粗，行动迟缓，不会鸣叫；青蛙后腿较长，善于跳跃和游泳，雄蛙有声囊，鸣叫时声音响亮。青蛙的蝌蚪颜色较浅、尾较长；蟾蜍的蝌蚪颜色较深、尾较短。

蟾蜍背部的疣状物使它们看上去容貌丑陋，因而不受人们喜爱，人们称之为癞蛤蟆。蟾蜍虽然模样难看，行动缓慢，但性情极为温

知识拓展：最大的蟾蜍是哪一种？
答疑解惑：南美热带地区的海蟾蜍是最大的个体，
长度达到 35 厘米，又被称为大蟾或巨蟾。

大鲵——会"啼哭"的娃娃鱼

脊椎动物（一）

驯，而且是杰出的捕虫专家，是人类的好朋友。它们最爱吃蝼蛄、金龟子、象鼻虫等植物害虫。薄而分叉的舌头是蟾蜍狩猎的利器，再加上和泥土相近的体色，它们可以神不知鬼不觉地接近"猎物"，猝然翻出舌头，将猎物粘住，即使是善于飞跃的昆虫也难以逃脱。据统计，一只蟾蜍一个黄昏可以消灭 150 余只害虫，远远胜过青蛙。

此外，蟾蜍的耳后腺分泌的浆液还可以

蟾蜍
蟾蜍是两栖动物，身体表面有许多疙瘩，内有毒腺，能分泌黏液，吃昆虫、蜗牛等小动物，对农作物有益。

入药，人们从中提炼出了著名的中药"蟾酥"，内含多种生物成分，有解毒、消肿、止痛、抗癌、麻醉等功效，可有效治疗心力衰竭、口腔炎、咽喉炎、皮肤癌等病症。可以说，蟾蜍具有极高的药用价值。

■ 大鲵（Giant salamander）——会"啼哭"的娃娃鱼

大鲵是我国一种珍贵的野生动物，因其夜间的叫声犹如婴儿啼哭，所以俗称为"娃娃鱼"。但它并非鱼类，而是体形最大的一种两栖动物。日本和北美也产大鲵，但都不及我国的大鲵体大。大鲵身体呈扁圆形，光滑无鳞，眼睛小如绿豆，嘴巴宽大，腿短而小，前肢有四趾，后肢有五趾，趾间有蹼膜，善于游泳。它们

大鲵
大鲵属于有尾目隐鳃鲵科，是两栖动物中体形最大的一种，最大体长可超过 1 米。

常生活在偏僻、幽静、湍急而清澈的山间溪流、深潭中。大鲵是 3 亿年前与恐龙同一时代生存并延续下来的珍稀物种，因此被称为"活化石"。

大鲵眼睛怕光，因此只能白天睡觉，晚上出来活动、觅食。它猎食时一般不主动出击，而是以逸待劳，静候在溪下石边或者河口浅滩处，等猎物接近时，才如下山猛虎，一口将其吞之。大鲵喜欢吃小鱼、蚯蚓、蛙类、蟹等小动物。它捕蟹的方法十分巧妙：找到蟹居住的缝隙或洞口后，就将自己又长又扁的尾巴伸入石缝或洞里，轻轻摆动。蟹以为这是送上门来的美味，便用大螯钳住，这时大鲵会猛地抽出尾巴，把蟹扯出石缝，一口将蟹吞入肚中。

每年的 12 月至来年 3 月是大鲵的产卵期，它们每次产卵 20~60 枚，卵外面有一层透明的、香蕉状的卵囊保护，卵囊附着于水草上。大鲵的幼体与蝌蚪有着大致相同的变态发育过程，唯一不同的是，大鲵幼体的尾部不会随着它的生长发育而消失。

有人做过试验，一条大鲵 3 年不给它喂食它也不会饿死；在清水中养上 100 天，不给它投放任何食物，它的体重也不会减轻。与此同时，它的生长速度也会变慢。同时它也能暴食，饱餐一顿可增加体重的 1/5。食物缺乏时，还会出现同类相残的现象，甚至以卵充饥。因为大鲵的新陈代谢缓慢，能量消耗极少，所以它的寿命也很长，可活 130 多年。

大鲵的生活环境
大鲵一般生活在清澈的山涧里，洞穴位于水面下。白天，它在自己舒适的家中酣睡；夜幕降临时，它才静静地隐蔽在滩口乱石中，一有猎物走过，便将其吞食。

爬行动物 ✤

■ 龟（Turtle）——动物界的寿星

龟是龟鳖目龟科动物的统称。龟、鳖类是地球上现存爬行动物中最古老的一类，是与恐龙同时代的爬行动物。龟的身体扁圆，四肢粗壮，背部隆起，有坚硬的龟壳保护体内各器官，头、尾和四肢都有鳞，可以缩进壳内。世界上的龟类共有数百种，可分为陆龟、海龟、淡水龟等几大种类。它们都以长寿而闻名于世，可活百年以上，有的可达 300 多年。这与它们行动迟缓、新陈代谢缓慢等特点有着密切的联系。

【动物趣闻】

龟的外壳部分含有大量的钙质，必须经常晒太阳，否则就会得佝偻病，因此它们很喜欢阳光——我们常可看到大乌龟背着小乌龟，叠成高高的龟塔，在岸边悠闲地晒太阳。

● 陆龟

陆龟也称乌龟，有着高耸的圆盖形龟壳，还有短而粗的腿。陆龟靠它那覆盖着角质的骨壳抵御敌人的进攻，使它们成为现存装甲最严密的动物。遇到危险时，它们会把头缩进壳里，把脚蜷曲在壳下。这样就可以抵御攻击者了。

象龟是陆生龟类中最大的一种，腿粗得似象腿，故名。象龟产于南太平洋及印度洋的热带岛屿上，以青草、野果和仙人掌为食。它壳长 1.5 米，爬行时体高可达 0.8 米，重达 200~300 千克，最重的可达 375 千克，能背负一两个人行走。由于象龟的壳很长，人们常把它当作婴儿睡觉的摇篮。

● 海龟

海龟是海洋龟类的统称。海龟早在 2 亿年前就已存在了，但关于它们的起源却不得而知，因为留下来的化石太少。它们的祖先可能是一种生活在沼泽地带的阔齿龙——一类古老的爬行动物。海龟的四肢粗壮扁平，像鳍一样，善于游泳。海龟主要分布在热带海域，以水中的软体

象龟

象龟又称山龟，分布于南太平洋和印度洋的热带岛屿，是陆生龟类中最大的一种。

海龟

与陆龟不同的是，海龟不能将它们的头部和四肢缩回到壳里。其前肢主要用来推动身体向前移动，而后肢则起方向舵的作用。

▶ 蜥蜴——种类最多的爬行动物

知识拓展：哪种蜥蜴的体形最小？
答疑解惑：雅拉瓜壁虎。其体长只有 1.6 厘米。

脊椎动物（一）

小海龟

每到繁殖季节，雌性海龟都会在海滩上产下大量的卵，并用沙子埋好，数周以后，小海龟破壳而出，它们要历经鸟类、蟹类、鱼类吞食的重重艰险，才能从沙滩爬回大海。最后只有万分之一的小海龟能长成大海龟。

动物、甲壳类动物为食。

全球目前共有 8 种海龟，我国群体数量最多的是绿海龟，分布在南方沿海地区。绿海龟因其脂肪为绿色而得名。其体长 80~100 厘米，体重 70~120 千克。它们的壳很平滑，呈流线型，前腿像翅膀一样摆动，把海水向后推，使身体前行。它们以海藻、甲壳类动物和一些小型鱼类为食。我国沿海的绿海龟曾有 4 万 ~5 万只之多，但近年来由于人们不断地猎食和环境污染日益严重，其数量不断下降。目前，绿海龟已被列为国家二级保护动物。

■ 蜥蜴（Lizard）——种类最多的爬行动物

蜥蜴属有鳞目，约有 3000 余种，是世界上现存最大的爬行动物类群，约占爬行动物的

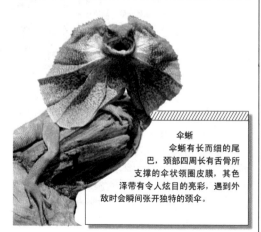

伞蜥

伞蜥有长而细的尾巴，颈部四周长有舌骨所支撑的伞状领圈皮膜，其色泽带有令人炫目的亮彩，遇到外敌时会瞬间张开独特的颈伞。

57％以上。蜥蜴有爪，有肺，皮肤坚韧，覆有上皮性角质鳞片。蜥蜴与其他爬行动物一样，不能调节自己的体温。它们必须在周围环境的温度和自己的体温一致的地方才能生存，温度太高或太低对它们而言都不合适。蜥蜴冬天会进行冬眠，但其他季节活动频繁，生活方式多样，可陆栖、树栖、半水栖

鬣蜥头部

鬣蜥分布于美洲、马达加斯加、斐济等地的热带至亚热带地区，有树栖、地栖等不同种类。

和穴居等。蜥蜴一般以昆虫、蠕虫、蜘蛛及软体动物为食，少数种类兼食植物。

● 鬣蜥

鬣蜥是一类大型蜥蜴，它们栖息在太平洋周围以及美洲地区。鬣蜥是蜥蜴中仅有的素食动物。它们热衷于吃植物的果实、花和叶子，对昆虫不感兴趣。鬣蜥也有很多种类，如普通鬣蜥、海鬣蜥、美洲鬣蜥等。大多数蜥蜴遇到生命危险时都有断尾逃生的本领，而鬣蜥却不肯牺牲自己的尾巴，它们的尾巴是一种强有力的自卫武器。在受到攻击时，它会出其不意地甩出它那占身体 2/3 的长尾巴，像钢鞭一样抽打敌人。

● 伞蜥

伞蜥生活在大洋洲的树林中，身长约为 70 厘米，在地面或树上居住。它的颈部有一块松弛的带鳞薄膜，撑开像伞一样。伞蜥常在树林

知识拓展：最大的变色龙产于哪里？
答疑解惑：最大的变色龙产于马达加斯加东部，被称为国王变色龙，是体形最大、体重最重的变色龙，身长可达63～70厘米。

▶ 变色龙——伪装大师

【动物趣闻】

雄性伞蜥在繁殖季节常会展开激烈的战斗，彼此都张开伞状皱褶，张开大嘴冲撞撕咬。这时雌伞蜥总在一旁观看。当胜利者走向雌伞蜥时，雌蜥却飞快地逃走，于是雄蜥不得不在后面紧紧追赶，一直到树丛的隐蔽处，雌蜥才肯停下来交配。

间活动跳跃，以昆虫类为食。在遇到更凶猛的对手，如蛇、鹰、小兽时，它们会突然张开平时折在颈部的"伞"，并发出"嘶嘶"或"汪汪"的叫声，这种突如其来的变化，往往把许多凶猛的动物吓一大跳，而伞蜥就会在此时赶紧趁机逃跑。

● 石龙子

石龙子
石龙子以昆虫和类似昆虫的小型无脊椎动物为食，大型种类则以植物为食。石龙子营卵生或卵胎生。

石龙子又叫小蜥蜴，主要分布在热带及北美温带地区，尤以东南亚及其附近岛屿为最多，以昆虫及蚯蚓等为食。其身体呈圆筒形，头呈锥形，全长约20厘米，尾长约为体长的2倍；通体覆盖着瓦状排列的圆鳞，体表光滑。石龙子栖息于草丛中或沙石地区，一般白天活动，稍受惊动就会迅速窜入石缝或洞穴中。它的尾能自断，断尾后能再生。

● 蛇蜥

蛇蜥
蛇蜥是一种外形像蛇的原始蜥蜴，没有四肢，与蛇不同的是它有外耳孔及可以开阖的眼睑，但蛇没有。

蛇蜥也称细蛇蜥，看上去像小蛇，体长约50厘米，背面呈褐色，有暗色侧带和绿色黑边的横带；腹面褐色或黄色。其头部与蜥蜴类似，四肢退化，仅在体内留存肢带的痕迹，体表鳞片下生有硬而坚实的骨板。受到攻击时，它们的尾巴也可自动脱落以逃生。它们常在雨后的黎明和黄昏时分活动，以昆虫、蜘蛛和蛞蝓等为食。

■ 变色龙（Chameleon）——伪装大师

变色龙学名避役，属于蜥蜴家族，世界上共有85种，大多数栖息在马达加斯加岛以及非洲大陆上。它们扁平的身体上覆盖着一层鳞片，眼睛凸出，四脚趾上有尖爪，可以对握，尾巴像是第五条腿，常呈螺旋状，有时可缠绕在树枝上。变色龙体长25~35厘米，大者可达50~60厘米。它们有极长的舌

豹纹变色龙
豹纹变色龙源自于温暖而潮湿的非洲马达加斯加岛。雄性豹纹变色龙的吻尖有一个较明显的"像铲一般"的角状突起物，一直延伸至眼部两侧，且身上均有一条白色横纹。

头，伸出来可超过体长，从与身体的比例来说，变色龙可以说是舌头最长的动物了。它们以活的甲虫、蚊蝇、蜘蛛等为食。

变色龙的眼睛很奇特：双眼大而凸出在眼眶外，眼睑上下结合为环状，中央有孔，光线可以从孔而入。两只眼睛能旋转180°，而且各自独立运动，互不牵制，左眼向前看时，右眼可以向后或向上看。它们能在一只眼睛观察

变色龙

变色龙又名避役，"役"在汉语中的意思是"需要出力的事"，所以，避役的意思就是"不出力就能吃到食物"。

飞虫的同时，用另一只眼睛目测距离。当变色龙发现自己爱吃的食物时，两只眼睛就会同时紧盯着食物，看上去就像斗鸡眼，十分可爱。但实际上，它们会通过这种方式扩大视野，有利于寻找较小的猎物。

变色龙爬行缓慢，没有御敌的利器，但在弱肉强食的自然界里，它们也逐渐演化出了一套极为高超的伪装术。它们能将身体模拟成树叶、树枝、花朵、岩石等各种事物的自然形态，人称"伪装之王"。变色龙能根据所处背景的色彩随心所欲地变幻表皮颜色，从而把自己淹没在背景中，不被天敌或猎物察觉。它的表皮上有一个变幻无穷的"色彩仓库"，里面贮藏着黄、绿、紫、黑等各种色素细胞。一旦周围的光线、温度和湿度发生了变化，这些色素细胞就能产生相应的组合反应，变换出不同的肤色来。

■巨蜥（Water monitor）——蜥蜴王国的巨人

巨蜥是蜥蜴中最大的一类，约有 30 多种。巨蜥的皮肤上覆盖着粗厚的鳞，吻部宽圆而扁，鼻孔距离吻部很近，牙齿锐利，颈部长，

四肢粗壮有力。巨蜥体重约 130 千克，成年巨蜥体长可达 3~4 米，尾巴几乎跟身躯一样长。它们生活在湿润的丛林地区，白天外出觅食，夜晚栖息在岩洞中。

● 科摩多巨蜥

生活在印度尼西亚群岛上的科摩多巨蜥是蜥蜴家族中最大的种类，长得很像鳄鱼，但比鳄鱼大得多，一般身长 3~4 米，尾巴约占体长的一半，体重 150 千克左右。它们的头人而扁长，牙齿像锯子，尖锐有剧毒；巨大的头颅上没有耳壳，耳孔却很大；双眼深陷，射出令人惊栗的目光；舌头像剑一般，细长分叉；脖颈粗大，四周堆积着橙黄色的厚皮，有褶皱下垂；全身披满鳞甲，四肢短粗而健壮，趾端有锐利的长爪，身后拖着一条粗大有力的长尾巴。

科摩多巨蜥生活在岩石或树根之间的洞中，以岛上的各种动物为食。它们听觉极差，几乎是个聋子，但嗅觉和视觉却非常灵敏。它们的舌头有分叉，能辨别气味。科摩多巨蜥常依靠嗅觉，在路旁伏击猎物。巨蜥捕食猎物时诡计多端，它常常一动不动地趴在猎物附近，让对方误以为自己是一块巨石，趁猎物不注意时出其不意地猛扑上去将其咬死。这可以说是得益于它那足以迷惑猎物的肤色。当扑到猎物后，它们常常腿脚并用，迅速将猎物吞进肚子里。它们可以将一只山羊撕成一块一块的，

科摩多巨蜥

科摩多巨蜥又称为"科莫多龙"，是一种非常古老的生物，曾和恐龙生活在同一时代，它们口内有大量细菌，被咬的猎物很难不被感染致死。

然后不加咀嚼地整块吞下。如果没有足够的食物，它们甚至会将体形较小的同类巨蜥吃掉，也吃同类的尸体，所以在科摩多岛上从来都见不到巨蜥的遗骸。

● 四脚蛇

中国巨蜥

中国巨蜥的颈部较长，头部运动自如，生性好斗，常以侧扁的尾巴为武器。

分布于我国云南、海南、广东、广西等省区的巨蜥，又称四脚蛇、五爪金龙，是我国蜥蜴中最大的一种。其身长2.5米左右，体重约15千克；头似蛇头，颈部较细，能转动自如；舌头为紫红色，细长分叉；浑身有灰、黑、黄、绿掺杂花斑的鳞甲，尾巴长有黄黑相间的花纹，尾长约占体长的一半，四肢粗壮。

四脚蛇喜欢栖息于山区的溪流附近或沿海的河口一带，擅长游泳，常下水捕食鱼类，也可以攀缘上树，捕食昆虫鸟类。它们昼夜均外出活动，但以清晨和傍晚时最为频繁。四脚蛇外表虽凶，性情却不粗暴，多以蛙、鼠、昆虫、小鸟等为食。一旦遇上狐狸、黄鼠狼等肉食动物的袭击，它们只会被动防御，有的立刻爬上树，用爪子抓树，发出响声来威吓对方；有的一边鼓起脖子，使身体变粗，一边发出嘶嘶的叫声，吐出长舌头，恐吓对方；有的干脆把吞吃不久的食物喷射出来引诱对方，自己则趁机逃走。

■ 蛇（Snake）——无脚的爬行者

蛇也是爬行类中数目较大的一支，一般认为蛇类曾是蜥蜴类的一个分支。最早的蛇类化石发现于白垩纪初期的地层里，离现在大约有1.3亿年的时间。实际上，据推测，在距今1.5亿年前的侏罗纪，可能就已经有蛇存在了。蛇的种类很多，遍布于全世界，以热带地区为最多。蛇类大部分是陆栖，也有半树栖、半水栖和水栖的，多以鼠、蛙、昆虫等为食。

蛇类没有脚，依靠活动的肋骨和鳞片与地面摩擦而弯曲着向前移动。其身体呈长圆筒形，没有眼睑和外耳，但有发达的内耳。全身布满鳞片，体内长有许多肋骨，每年都会蜕皮。舌头上生有许多感觉细胞，用以探知周围的环境。

● 游蛇

游蛇亦称"水蛇"，无毒，是蛇类中最大的一科，分布于我国新疆西部，也产于西亚、非洲西北部及欧洲。游蛇腹鳞宽大，头背对称地覆盖着较大的鳞片；身体背面呈橄榄绿色，枕部两侧有1对鲜明的橘黄色或橘红色斑点；唇部黄白色；鳞沟黑色，有的躯干背面隐约可见一些暗褐色粗点；腹面灰白色，有的散以黑点。游蛇常生活于林区溪流或其他水域附近，以鱼类、蛙、蟾蜍、鼠类、小鸟、昆虫等为食。游蛇每年七八月产卵，一次可产8~53枚。

游蛇

游蛇是一种无毒蛇，捕食鱼、蛙、蟾蜍、蝾螈和蜥蜴，也吃鼠类、小鸟和昆虫。

知识拓展：最大的蟒蛇有多大？
答疑解惑：2003 年 12 月 28 日，在印度捕获了一条网纹水蟒蛇，
长近 15 米，重达 450 千克。

脊椎动物（一）

▶ 蟒蛇——蛇中之王

● 蝮蛇

蝮蛇又称"草上飞"、"土公蛇"，是一种小型毒蛇，体长 60~70 厘米，大者可达 94 厘米。头部呈三角形，颈细；背灰褐色，两侧各有一行黑褐色圆斑；腹部灰褐色，有黑白斑点。蝮蛇多生活于平原及较低的山区，以鼠、鸟、蛙、蜥蜴等动物为食。辽宁旅顺西北部距离大陆 13 千米的渤海湾海面上，有一个面积约 1 平方千米的岛屿，岛上地势陡峻，多洞穴和灌木。这个由石英岩和石英砂岩组成的小岛上盘踞着成千上万条蝮蛇，人们因此称它为蛇岛。据生物学家考证，目前蛇岛上约有蝮蛇 15000 多条。

● 蝰蛇

蝰蛇是毒蛇中的一种，其毒性与眼镜蛇不相上下。它们的头呈宽阔的三角形，

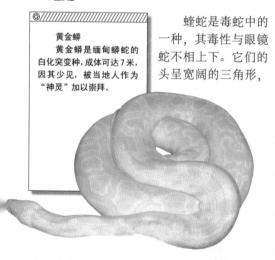

黄金蟒
黄金蟒是缅甸蟒蛇的白化突变种，成体可达 7 米，因其少见，被当地人作为"神灵"加以崇拜。

有巨大的毒腺，与颈区分明显，吻短宽圆，鼻孔大；体背呈棕灰色，外周为黑色，腹部为灰白色；体长 100 厘米，重达 1.5 千克。蝰蛇分布于印度、巴基斯坦、缅甸、泰国以及我国的福建、广东、广西等地，常栖息于平原、丘陵或山区开阔的田野中，以鼠、鸟、蜥蜴等为食。每年 7~8 月产卵，一次可产卵 10 余枚。

■ 蟒蛇（Python）——蛇中之王

蟒蛇，又叫蚺蛇、黑尾蟒、印度锦蛇等，

捕猎的非洲蟒
非洲蟒将羚羊缠绕窒息后，把嘴巴张得大大的，先咬羚羊的头部，然后开始进食。

是世界蛇类中最大的一种，长可达 10 米，重可达 100 千克，主要生活在热带、亚热带山区的森林中。它们一般独居，大部分时间都在溪流或林中盘成一团休息，行动较迟缓。蟒蛇没有毒，它们常用有力的躯体把猎物紧紧缠住，一直到对方窒息而死。它们的上下颌弹性惊人，口可以张得很大，能吞下比自己身体还大的动物。蟒蛇多以一些小型哺乳动物、鸟类和爬行动物为食，有的也吃蛙类、蜗牛和其他动物下的蛋等。

● 蟒

蟒属热带蛇类，栖息在亚洲和非洲潮湿的森林里。它们是世界上最大的蛇之一，只有巨大的水蟒可以与之匹敌。蟒的肌肉结构使它能够把很大的猎物紧紧缠绕挤压致死，但它通常只吞食只有家猫般大小的猎物，偶尔也会吞下诸如野猪和鹿这样体形较大的动物。蟒一般藏身在树下，总是一动不动地躺着等待猎物，或是缓慢地爬行接近猎物。在攻击猎物时，蟒伸展开身体，一圈一圈地将猎物缠紧，

【动物趣闻】

在缅甸曾经流传着这样一个故事，有个珠宝商坐在树下休息，突然神秘地失踪了。过了几天，前来寻找珠宝商的人杀死了一条巨蟒，剖开它的肚子后发现，珠宝商的尸体完整地躺在蛇腹中。

知识拓展：最大的眼镜蛇有多大？
答疑解惑：生活于南亚的眼镜王蛇，成年蛇一般体长可达 3 至 4 米，最长的
有 6 米左右，重达 25 千克。

▶ 眼镜蛇——毒蛇之王

这样，猎物每呼吸一次就会被缠得更紧，直至窒息而死。但蟒并不是经常捕食，它们常常是一顿饱餐后可以好几个星期不再进食，大部分时间都在养精蓄锐。

● 水蟒

水蟒又叫水蚺，是一种生活在水中的巨型蛇类，一般体长 8~9 米，被称为"蟒蛇之王"。它可以在水中长时间潜伏，只把身体的一小部分露出水面，有时也爬上树上。它多在夜间捕食，主要吞食陆生动物，如哺乳动物和鸟类等，在有些地方也捕食短吻鳄。水蟒属卵胎生，初生的水蟒有 70~80 厘米长。雌性水蟒一般长到 5.5 米左右就可达到性成熟。水蟒还有夏眠现象，夏眠时它们会将身体埋入淤泥之中，以减少身体水分的蒸发。

森蚺
亚马孙森蚺是当今世界上最大的蛇，最长可达 10 米，生性喜水，通常栖息在泥岸或者浅水中，捕食水鸟、龟、水豚、貘等，有时甚至吞吃凶猛的凯门鳄。

● 蚺蛇

蚺蛇生活于中南美洲温暖的热带地区，一般体长 6 米左右。这类蟒蛇能适应各种生活环境，大多在树上度过终生，也有一些蚺蛇生活在地面，或打洞穴居。森蚺通常在岸边捕猎食物，常捕捉一些前来饮水的鸟、兽等动物。森蚺的嗅觉很发达，可以准确地感知到远处的热源，还能毫不费力地找到隐蔽得很好的鸟兽。蚺的泄殖腔两侧长有细小的爪子，称为刺，这是它们的祖先蜥蜴原来长着的后腿残

■ 眼镜蛇（Cobra）——毒蛇之王

眼镜蛇又名吹风蛇、黑乌梢、蚂蚁堆蛇，是一种剧毒蛇。身长一般在 1 米以上，雄性最长可达 1.5 米。头部扁平呈三角形，长着两个白色圆环，看上去如同戴了一副眼镜，故名。眼镜蛇颈部很粗，在进行攻击时，它们颈部的肋骨会扩张形成兜帽形状，而"眼镜"尤其明显。眼镜蛇分布在除欧洲、南极洲以外的各个温暖地区，常栖息于平原、丘陵、山区的灌木丛、森林、稻田、鱼塘、水溪边、岩石洞隙等地，多在白天活动，以鼠、蛙、蜥蜴、鱼类、鸟、鸟蛋等为食。

眼镜蛇
眼镜蛇的种类较多，为大中型毒蛇，体色为黄褐色至深灰黑色，头部为三角形，当其兴奋或发怒时，头会昂起且颈部扩张呈扁平状，形似饭匙。

眼镜蛇虽然"戴"了一副眼镜，但性情却不温驯，它的毒牙能喷射出置人死地的毒液。它们在捕猎时，会躲在草丛中，故意把尾巴翘起来轻轻摇动，使得老鼠、蛙、小鸟误以为是小虫在爬动，于是就兴奋地前来捕食。这时，眼镜蛇就会冲出来偷袭它们，一眨眼的工夫，这些小动物就成了它的腹中之物。

眼镜蛇被激怒时，身体前段

埃及眼镜蛇
埃及眼镜蛇是体形粗壮且毒性强烈的大型蛇，有圆形的头部及光滑的鳞片，最长可达 2.5 米。

知识拓展：最大的鳄鱼有多大？

答疑解惑：澳大利亚的湾鳄，一般体长 4.5 ～ 6.3 米，最长的达 10 米。体重可达 1 吨。

▶ 鳄鱼——"流泪"的杀手

脊椎动物（一）

会竖起，颈部两侧膨胀，同时嘴里发出"嘶嘶"的叫声，以恐吓敌人。也有些眼镜蛇会用喷射毒液的方式来进行防御，在受到攻击时，它们往往昂起头向前倾，瞄准入侵者的眼部，以高压使毒液通过毒齿中的细小通道喷射出来，造成对方失明。它们喷射毒液时往往又快又准，能准确射中 2 米开外的目标。但眼镜蛇只有在受到威胁时才会使用这一绝招，在捕猎时不会喷射毒液。

印度一些专门驯养眼镜蛇的人，经常会用眼镜蛇做表演。他们会对着眼镜蛇吹笛子，当悠扬的笛声响起时，眼镜蛇就会随着笛声翩翩起舞。这当然只是个小把戏，因为蛇既听不见笛声，也不会跳舞，而只是被笛子的运动所迷惑，做出时刻准备反击的动作来。不过，为了安全起见，用来表演的眼镜蛇的毒牙事先都已被拔掉了。

■ 鳄鱼（Crocodile）——"流泪"的杀手

鳄鱼是鳄目动物的统称，是恐龙时代遗留至今的最古老的脊椎动物。它的始祖出现的年代可追溯至 2.65 亿年前的中生代时期，它们与恐龙、翼龙同属初龙类。虽然恐龙早已绝迹，但鳄鱼却将它祖先的基本特征一直保持到现代，是名副其实的活化石。全世界现有 22 种鳄鱼，多生活在热带与亚热带地区的沼泽或河流

鳄鱼捕食

鳄鱼属肉食性动物，主要以鱼类、水禽、野兔、蛙等为食，但有时也会攻击在岸边饮水的羊、牛、马等大型动物。

的两岸。它们身披一层灰褐色的鳞甲，嘴巴宽阔，布满利齿，四肢短小，尾巴长而有力，可以用来进攻、防御。鳄鱼善于游泳，常神出鬼没，水中的鱼、蛙，岸上的鸟、牲畜以至人类等都是它喜爱的美味。

鳄鱼

世界上现存的鳄鱼共有 20 余种，大多生活在热带、亚热带地区的河流、湖泊和多水的沼泽中，也有的生活在靠近海岸的浅滩中。

鳄鱼捕猎时常会在水里一动不动地潜伏着，可长达几个小时，只露两只眼睛在水面上。它们的眼睛长在头上较高的位置，双眼间距很近，目视前方时，可以看到三维的物体，还可精确判断出猎物离它的距离。如果猎物不在伏击范围内，它会继续待着一动不动；一旦猎物靠近，它会迅速跃起，张开大嘴，咬住猎物，死不松口。它的上下颌具有强大的咬合力，再加上一口锋利的牙齿，猎物一旦被咬住，几乎没有逃脱的任何可能。鳄鱼的牙齿是锥形的，不能咀嚼食物，所以每次进食它都会把石子也吃进胃里，利用石子磨碎食物。

鳄鱼在进食时通常会"流泪"，但这并不表示嗜血成性的鳄鱼对它口中的猎物突然起了同情心。实质上，从鳄鱼眼睛里流出来的不是泪水，而是一种盐分。由于鳄鱼肾脏的排泄功能不够完善，不能排出体内多余的盐分，于是它们便演化出了一种特殊的盐腺来排泄盐分——它们的眼睛附近有个特殊的腺体，中间有根导管，由此向四周辐射出了几千根细管和血管。这些细管和血管能把血液中多余的盐分分离出来，然后通过中央导管排出体外。所以，鳄鱼眼睛里流出来的不是眼泪，而是盐水。

在大热天时，人们常会看到鳄鱼不时地张开

知识拓展：鳄鱼的寿命有多长？
答疑解惑：鳄鱼以肺呼吸，供氧储氧能力较强，因而具有长寿的特征。
　　　　一般鳄鱼平均寿命高达150岁，是爬行动物中的长寿者。

▶ 扬子鳄——中国特有的鳄
▶ 食鱼鳄——口鼻细长的鳄

大嘴，打着哈欠。这并不是它们在用可怕的牙齿吓唬猎物，而是在散热。鳄鱼那像盔甲一样的皮肤上没有毛孔，不会出汗，只能靠打哈欠，使空气流到口中，通过口中的黏膜来蒸发水分。

■ 扬子鳄（Chinese Alligator）——中国特有的鳄

扬子鳄是我国特有的鳄类，也是世界上濒临绝灭的爬行动物之一。它的身体长约1.5至2米，不如非洲鳄和泰国鳄的体形那么巨大。扬子鳄的吻短钝，属短吻鳄的一种。因为扬子鳄的外貌非常像"龙"，所以俗称"土龙"或"猪婆龙"。

扬子鳄喜欢栖息在湖泊、沼泽的滩地或丘陵山洞长满乱草蓬蒿的潮湿地带。它具有高超的挖洞打穴的本领，头、尾和锐利的趾爪都是它打洞打穴的工具。它的洞穴常有几个洞口，地面上有出入口、通气口，而且还有适应各种水位高度的侧洞口。洞穴内曲径通幽，纵横交错，恰似一座地下迷宫。扬子鳄喜静，白天常隐居在洞穴中，夜间外出觅食。不过它也在白天出来活动，尤其是喜欢在洞穴附近的岸边、沙滩上晒太阳。扬子鳄最爱吃的食物是田螺、河蚌、小鱼、小虾、水鸟、野兔、水蛇等动物。它们的食量很大，能把吸收的营养物质大量地贮存在体内，因而有很强的耐饥能力，可以度过漫长的冬眠期。

爬行动物曾称霸于中生代，后来因为环境

变化，恐龙等许多爬行动物不能适应而绝灭了；而扬子鳄等爬行动物却一直延续到今天。在扬子鳄身上，至今还可以找到早先恐龙类爬行动物的许多特征。所以，人们称扬子鳄为"活化石"。现在，人们研究恐龙时，除了根据恐龙化石以外，也常常以扬子鳄等爬行动物去推断恐龙的生活习性。因此，扬子鳄对于人们研究古代爬行动物的兴衰、古地质学和生物的进化，都有重要意义。

食鱼鳄头部
在所有鳄鱼中，食鱼鳄能待在水中的时间最长，达1个小时以上，但爬上陆地后，它却无法像其他鳄鱼那样用四肢平稳爬行。

■ 食鱼鳄（Gharial）——口鼻细长的鳄

食鱼鳄又叫长吻鳄，是口鼻部最细长的一种鳄。它们的口中有约100枚尖细的牙齿，牙齿大小不一，雄性嘴尖有个突起。食鱼鳄属于大型鳄鱼，体长可达6.54米，1908年曾经捕到过一只超过9米长的食鱼鳄。食鱼鳄分布限于印度、巴基斯坦、孟加拉、缅甸和尼泊尔的宽阔河流中，很少离开水，以鱼为食。它们在沙地挖深洞产卵，卵铺成两层，共30~40枚，幼鳄孵出后体长就有36厘米，全身布满灰褐色条纹。

食鱼鳄虽然受到法律保护，但是野外种群仍然受到各种威胁，处于灭绝的边缘。食鱼鳄在印度的养殖场中还有一定数量，在动物园中繁殖记录很少。

扬子鳄
扬子鳄的吻很短，吻的前端生有一对鼻孔。有意思的是，它的鼻孔有瓣膜，可开可闭。

Part 6

脊椎动物（二）

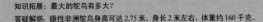
鸟类

■ 鸵鸟（Ostrich）——鸟类中的巨人

鸵鸟是一种大型走禽，身高可达 2.5 米，体重 150 千克左右，颈长约占身高的一半，是现存鸟类中体形最大的一种。鸵鸟主要分布于非洲和阿拉伯半岛的草原和沙漠里，因此被称为"非洲鸵鸟"。鸵鸟的体羽多为黑色，翼和尾羽都很小，嘴由数片角鞘构成，腿长有力，善于奔跑、跳跃。鸵鸟喜欢群居，以植物的茎、叶、种子、果实及昆虫、蠕虫、小型鸟类和爬行动物等为食。

鸵鸟虽长有一对翅膀，却不能飞翔，但能以极快的速度奔跑，以躲避敌人的追击。鸵鸟的两腿粗壮有力，脚掌仅有两趾，一大一小，大趾发达，脚底还生有肉垫，极适宜奔跑。鸵鸟奔跑时一步可跨 3 米，一跃可达 3.5 米，最快时速可达 70 千米左右，在沙漠上可健步如飞。其奔跑耐力也相当惊人，可连续奔跑半小时以上。在全速奔跑时，它们会利用短小的羽翼把握平衡。此外，它们

鸵鸟

鸵鸟是世界上现存体形最大的鸟类，不能飞行，但奔跑迅速。它们主要生活在非洲草原，以植物的茎、叶、种子、果实及昆虫、蠕虫、小型鸟类和爬行动物等为食。

还可以高速跃起，可跃过高达 3 米的障碍物。

鸵鸟性情温驯，常常被人类驯养做各种工作，如耕田、驮东西、送信等，还可以当马骑。在南非的一所监狱农场里，有一只身高约 2.4 米、重 135 千克的大鸵鸟。这只鸵鸟作为一名牧羊者，看守着数百头羊，时间长达 3 年之久，其间连一只羊也没有丢失过。没有一个偷羊贼敢去激怒它，因为一只被激怒的鸵鸟一脚便可将人的肋骨踢断，而它那锋利的脚爪则能轻易地将人的腹腔抓开。

鸵鸟习惯于群居，常 40~50 只一起生活。睡觉时，它们将脖子伸直搁在地上，两腿后伸。这时候，通常会有一只鸵鸟站岗值班，只要一有情况，值班鸵鸟就立即发出信号，而其余正在睡觉的鸵鸟就会一跃而起，迅速逃走。每到繁殖季节，雄鸵鸟会和 3～5 只雌鸵鸟同窝而住，如果有外来者入侵，雄鸵鸟会发出愤怒的吼声或嘶嘶声驱赶来犯者。它们常在地面上掘浅坑为窝，一窝可产 15~60 枚白色的、亮晶晶的蛋。鸵鸟蛋晚上由雄鸟坐着看守，白天再轮到雌鸟。小鸵鸟在 40 天后孵化出壳，过一个月，它们就可以和成鸟一起奔跑了。

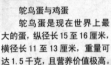

鸵鸟蛋与鸡蛋

鸵鸟蛋是现在世界上最大的蛋，纵径长 15 至 16 厘米，横径长 11 至 13 厘米，重量可达 1.5 千克，且营养价值极高。

【动物趣闻】

传说鸵鸟在遇到危险时，会把头埋进沙里，而把身体暴露在外面，以为看不见危险就可以化险为夷了。人们把鸵鸟的这种行为称为"鸵鸟政策"。其实，鸵鸟遇险时，不是迅速逃跑避开敌害，就是迎难而上和敌害打斗，绝不会把头扎进沙里。

▶ 企鹅——南极绅士
▶ 鹤——吉祥贵鸟

知识拓展：最大的企鹅是哪种？
答疑解惑：南极洲的帝企鹅是最大的品种，成年企鹅身长可
达 100～130 厘米，体重 30～40 千克。

脊椎动物（二）

■ 企鹅（Penguin）——南极绅士

企鹅也是一类不会飞的鸟，是南极动物的代表。全世界大约有 20 余种企鹅，多数分布在南极大陆及其附近岛屿上。南极岛上企鹅的数量巨大，总数约 1.2 亿只，占全世界企鹅总数的 87%，占南极地区海鸟总数的 90%，所以南极洲又被称为"企鹅的王国"。企鹅身体呈流线型，翅膀退化成鳍状，不能用来飞行，主要用来划水。大多数企鹅前胸呈白色，背部为黑色或深蓝色，就像一个身穿燕尾服的绅士。它们以甲壳类、乌贼、虾和鱼类等为食。

企鹅一生都生活在冰雪和寒水中，它们不畏严寒，即使在零下 88.3 摄氏度的低温环境下，它们依然能正常生活。这是由于它们遍身长有又厚又密似鳞片的羽毛，能防止体内热量的散失，保持体温，还可以防水。羽毛里面又长有一层能保暖的绒毛，皮下还蓄积着一层肥厚的脂肪，能提供热量，抗拒严寒。此外，黑色的体表还能吸收太阳热量。

企鹅喜欢群居生活，经常成千上万地栖息在一起，彼此还会互助合作。当一只企鹅用嘴去梳理另一只企鹅身上的羽毛时，被梳理的企鹅也会用相同的方式去回报对方。有了幼企鹅之后，企鹅父母要去海里觅食，它们会把小企鹅寄放在一个类似于"托儿所"的地方，由一些没有孩子的企鹅照看。企鹅父母觅食回来后，会通过声音辨认自己的孩子，然后把它从"托儿所"里接走。

科学家经过长期调查发现，在所有鸟类中，最负责、最有耐心、最忠诚、最坚韧不拔的要

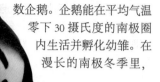

企鹅爸爸和企鹅宝宝
初生企鹅的幼儿阶段，是在雄企鹅的脚背上和身边度过的，雄企鹅既是父亲又是保育员，对它的小宝宝照顾得十分细致周到。

小小帝企鹅
小企鹅在家庭和集体的精心抚养照料下不断成长，然而，由于南极恶劣环境的压力和天敌的侵害，小企鹅的存活率很低，仅为 20%～30%。

数企鹅。企鹅能在平均气温零下 30 摄氏度的南极圈内生活并孵化幼雏。在漫长的南极冬季里，它们终日见不到阳光。除了对抗寒冷外，它们还要随时准备对付时速高达 145 千米的暴风雪的袭击。但无论怎样，它们都会尽心尽力地照顾下一代，不会让自己的孩子受到一丝一毫的伤害。可以说，企鹅为抚育下一代所做出的自我牺牲在动物界是首屈一指的。

■ 鹤（Crane）——吉祥贵鸟

鹤是涉禽的一种，由栖息在陆地上的水鸟进化而来。鹤适应沼泽和水边生活，喜欢涉水行走和游泳，休息时常一脚站立，腿、颈、嘴都很长。鹤主要生活在湿地、沙

滑翔中的企鹅
企鹅在陆地上的行动很笨拙，但在冰雪中却能快速地匍匐前进，在水中每小时能游出 30 千米。

漠、草原和森林等地，足迹遍布全世界。鹤类大小不等，飞行时，头、颈、腿前后直伸，脚趾间没有或仅有一点蹼，后趾的位置比前面三趾要高。

● 白鹤

白鹤又名黑袖鹤、西伯利亚鹤、修女鹤等，是世界著名珍禽。白鹤体长130~140 厘米，头顶有羽毛，但从额到鼻孔的面部裸露无羽，呈鲜红色；嘴暗红色，长而有力；体羽为白色，初级飞羽为黑色，次级飞羽和三级飞羽均为白色，三级飞羽延长成镰刀状，覆盖于尾羽之上，盖住

白鹤

白鹤又名西伯利亚白鹤，栖息于温带开阔平原的河、湖、池、沼等浅水地带。

黑色的初级飞羽。站立时，白鹤通体看不到一根杂羽，像一个白衣少女，亭亭玉立。只有在飞翔时，两翅上黑色的翅端才能露出来，所以它又有黑袖鹤之称。

白鹤分布于俄罗斯东部、印度、伊朗、阿富汗、日本和我国江西鄱阳湖、湖南洞庭湖、安徽升金湖等长江中下游地区，栖息于开阔平原的沼泽草地、苔原沼泽、湖泊岸边等浅水地带，常单独、成对或呈家族群活动。白鹤性情胆怯机警，以植物的茎和块根为食，也吃水生植物的叶、嫩芽和蚌、螺、昆虫、甲壳动物等。

● 丹顶鹤

丹顶鹤又称仙鹤，也是世界珍贵鸟类。体长一般在 1.2 米以上，是一种大型涉禽。其体羽主要为白色，颈部羽毛和一双长脚呈黑色，黑白分明。头顶皮肤裸露，呈朱红色，十分显眼。

黑颈鹤

黑颈鹤的颈部和脚都很长，体态婀娜多姿，黑色的颈羽像在长长的颈部围了一条黑丝绒的围脖，红色裸露的头顶在黑色头部的衬托下更加鲜艳夺目，好像戴了一顶小红帽。

黑色的颈围，鲜红的凤冠，黑亮的尾羽，加上修长的双腿，使它看上去十分高贵，因此它常被人们看作吉祥、高雅的象征。

丹顶鹤分布于俄罗斯东部、日本、朝鲜和我国东部以及长江中下游地区，栖息于开阔的平原、沼泽、湖泊、草地、海边滩涂、芦苇丛、河岸等地带，以鱼、虾、水边昆虫、软体动物以及水生植物的茎、叶、块根、果实等为食。

丹顶鹤天生爱跳舞，它的舞姿很优美，可以连续变幻几十个甚至几百个动作，令人叹为观止，人们称之为"鹤舞"。在跳舞的同时，丹顶鹤还会引颈鸣叫，鸣声传得很远。但据专家观察，它的舞蹈与求偶没有关系，似乎只是一种游戏。丹顶鹤求偶时，雄鸟为了赢得雌鸟的青睐，往往嘴尖朝上，昂起颈项，伸向天空，双翅耸立，引吭高歌，发出"呵——呵——呵"的嘹亮声音，雌鸟则高声应和，然后彼此对鸣、跳跃和舞蹈。

■ 白鹭（Egret）——洁白无瑕的"雪客"

白鹭属鹭形目，全世界只有几种，体长52~68 厘米，体重 330~540 克。白鹭在亚洲、非洲、欧洲、大洋洲都有分布，在我国主要分布于长江流域以南地区。白鹭羽毛大多为白色，但到了繁殖季节，还会长出很多很长的漂亮羽毛。其身体纤瘦修长，外披一层乳白色羽毛，一尘不染，体态高傲文雅，又被称为"雪客"或"雪不敌"。

白鹭常栖息于平原、丘陵的湖泊、溪流、水田、江河与沼泽地带，喜爱集群，以鱼、蛙、虾、昆虫等为食，有时也吃少量植

展翅高飞
白鹭飞行时颈缩成"S"形，两脚直伸向后，超出尾外，两翅鼓动缓慢，飞行从容不迫，且呈直线。

物。它们捕食河蚌的方法很独特：当白鹭发现大河蚌时，它们会十分巧妙地将它叼起来，向岸边的石头上猛甩，甩上一次又一次，直到河蚌被震得无法承受而张开双壳，这时白鹭便迅速啄住河蚌新鲜的嫩肉，敞开肚皮美美地饱餐一顿。

白鹭胆子较大，不避人，通常每天天亮以后就立即三五成群地从栖息地飞往取食地涉水觅食，两地之间的距离有时竟达几十千米。晚上则大多结成数十、数百甚至上千只的大群栖息，还常常会与亲缘关系较近的种类在一定的区域内共同栖息、觅食和繁殖。

白鹭的求偶方式很奇特。春天，雄鹭头上会长出两条白色的辫子，使它看上去格外漂亮。它们还会伸长像蛇一样的脖子，踏着脚步以怪叫声来引起雌鹭的注意。此外，这时候雄鹭身上还会长出美丽的蓑羽，它会用蓑羽来采集树枝献给情侣，以表达爱慕之意。

火烈鸟的天堂
非洲的纳古鲁湖被称为"火烈鸟的天堂"，每天湖面上都聚集着无数火烈鸟，远远望去，就像一片红云。

■ 火烈鸟（Flamingo）——烈火涉禽

火烈鸟又称焰鹳、红鹳、火鹤，世界上共有 6 种，约 500 万只，是世界著名的大型涉禽，主要分布在非洲、亚洲、欧洲和南北美洲地区。

火烈鸟外貌端庄、稳重而古怪，细长的脖子上长着个小脑袋，站立时头颈常弯曲成"S"形。嘴巴形状特殊，基部很高，中部急剧向下弯曲，上嘴较小，下嘴较高，呈红色或黄色，端部漆黑。黄色的小眼睛炯炯有神。它们的双足很长，也是鲜明的红色或黄色，趾间有蹼。它们体高 90~190 厘米，体长 130~142 厘米，大部分羽毛为粉红至深红，仅飞羽呈黑色。成鸟在繁殖季节，全身羽毛呈朱红色或鲜艳的火红色，所以得名火烈鸟。

东非是火烈鸟最集中的地方，约有 400 万只，常出没在东非大裂谷的湖泊中。肯尼亚首都内罗毕附近纳库鲁国家公园里的纳库鲁湖，是世界著名的"火烈鸟之乡"，这里常聚集着成千上万只火烈鸟，成了一道独特的风景，游人纷纷驻足观看。

火烈鸟
火烈鸟羽毛的颜色和食物有关：它们一般以一种暗绿色水藻为食，水藻中含有大量叶红素等色素，这些色素沉积在羽毛上，形成鲜艳的红色。

火烈鸟刚出生时，羽毛并不艳丽，呈灰白色，羽毛是在成长过程中慢慢变红的。科学家研究表明，火烈鸟的红色羽毛并不是生来就有的，而是在它们吃了一种暗绿色的小水藻后，小水藻经过消化系统的作用，产生了一种会使羽毛变红的物质，才使得火烈鸟的羽毛呈现出红色来。

火烈鸟是著名的观赏鸟，用它那漂亮的羽毛制成的工艺品深受人们喜爱。它们的寿命可达二三十年，在鸟类中算是长寿的了。但近年来随着生态环境的恶化，火烈鸟的数目急剧减少，上百万只火烈鸟聚集的盛景已难再现。

■ 朱鹮（Crested Ibis）——"东方明珠"

朱鹮也称朱鹭，曾是东亚地区特产的鸟类之一，是世界上一种极为珍稀的鸟，素有"东方明珠"之称。朱鹮长喙、凤冠、赤颊、浑身羽毛白中带红，颈部披有下垂的叶形羽毛，体长一般为80厘米左右，是一种中型涉禽。它平时栖息在高大的乔木上，觅食时则飞到水田、沼泽地区和山区　溪流处，以蝗虫、青蛙、小鱼、田螺及其他软体动物为食。

朱鹮远看全身雪白，近看两翅下端和尾巴呈粉红色，就像桃花的颜色，所以，它又有红鹤、桃花鸟、美人鸟等雅称，是鸟类中的"美人"。朱鹮在我国被当作吉祥的象征，在日本也很受欢迎，日本人称它为"仙女鸟"。

朱鹮
朱鹮是稀世珍禽，素有"东方明珠"之称，过去在中国东部、日本、俄罗斯、朝鲜等地曾广泛分布。

早在几百年前，朱鹮就曾广泛分布在中国、朝鲜、日本和俄罗斯等地。19世纪后，由于环境的污染，鸟中"美人"到了濒临绝迹的地步。朝鲜、俄罗斯的朱鹮早已绝迹，日本也仅剩下笼中饲养的几只，且已失去繁殖能力，我国的朱鹮也失踪了20多年。但到20世纪80年代初，人们在秦岭地区的金家河、姚家沟发现了7只野生的朱鹮，当时曾轰动世界。现在，全世界已知的野生朱鹮总数不超过200只，成为最珍稀的鸟类。

朱鹮的种类中既有候鸟，也有留鸟。有一种朱鹮春季在我国黑龙江下游及朝鲜和俄罗斯等地生活，到了冬天就飞往南方温暖地带，一部分会到我国长江中下游地区过冬。而我国秦岭地区的朱鹮则是留鸟，从不迁徙。

■ 鸭（Duck）——走路笨拙的鸟

鸭是雁形目家鸭科与野鸭科水禽的统称，或称真鸭。鸭是一种游禽，躯体略呈扁形，跗节前面覆有小盾片，雌雄各有不同羽衣，趾间有蹼，善游泳。它们的脖子短而嘴巴大，嘴喙扁平宽阔，喙边呈锯齿状，便于觅食；舌头长有小刺，可防止到口的鱼虾与蚯蚓溜走。鸭的脚位于身体的后方，使得它们的身体重心后移，因此走起路来总是摇摇晃晃、步履蹒跚。

● 家鸭

家鸭就是我们生活中常见的鸭子。其实家鸭是由野鸭经长期人工驯化而成的，它的远祖是绿头鸭。从雄性家鸭头部和颈部的羽毛仍能看出其祖先的影子，但是在人工饲养条件下，

绿头鸭
绿头鸭几乎遍布全国，栖于江河、湖泊的芦苇丛中，主要特征为雄鸭的头和颈呈绿色而带金属光泽，尾部中央有4枚尾羽向上卷曲如钩。

家鸭的身体比它祖先的身体更为肥大，体重也相应地有所增加，并且双翅已丧失了飞翔能力。家鸭一般是人工孵化繁殖，或由"抱窝"的母鸡代为孵卵。天长日久，家鸭逐渐丧失了自己营巢孵卵的习性，虽然偶尔会见到家鸭将一个个蛋埋入鸭棚的土灰中，但也仅此而已，它是不会"抱窝"孵卵的。

● 野鸭

野鸭与家鸭体形相似，分布较广，遍及除南极洲以外的所有水域。其体形大小不一，但都较为肥胖，羽毛光滑而稠密，富有绒

雪雁

雪雁是为数很少的食草鸟类，它们终生不肯杀生，过着与世无争的生活，却要时时提防强敌，以免惨遭袭击。

羽。头部较大，有的头上具有冠羽；嘴大多上下扁平，尖端具有角质的嘴甲；颈部细长；翅膀狭长而尖，大多呈白色，也有其他颜色，且富金属光泽，被称为翼镜。

绿头鸭是最常见的一种野鸭，被公认为是家鸭的祖先。绿头鸭在野外数量最多，分布也很广，从北极的边缘地区到各大洲的湖泊，几乎所有淡水水域都有它们栖息的身影。雄绿头鸭的头和脖子是绿色的，脖子下有一圈白环。雌绿头鸭身体呈黄褐色，并缀有暗褐色斑点。它们常集群生活，栖息于湖泊、河流、池塘、沼泽等地，以植物的叶、茎和种子等为食，也吃软体动物、甲壳类和水生昆虫等。此外，绿头鸭生性好动，飞行、游泳、潜水都不在话下。

大雁

大雁又称野鹅，是雁亚科各种类的统称，形态略似家鹅，雌雄羽色相似，多数呈淡灰褐色，有斑纹。

■ 大雁（Wide goose）——最有纪律的鸟

大雁又称野鹅，属鸭科，是雁属鸟类的统称，全世界共有 9 种雁。它们体形较大，嘴的基部较高，长度几乎和头部相等，上嘴的边缘有强大的齿突，嘴甲很大；颈部粗短，翅膀长而尖，尾羽 16~18 枚；体羽大多为褐色、灰色或白色。大雁喜欢栖居在湖泊、沼泽等地。它们既能在空中飞翔，又能在水中漂游，喜欢吃藻类，也喜食鱼虾、蛙类及昆虫等。

大雁是出色的空中旅行家。每当秋冬季节，北方天气变冷，河流结冰，不利于觅食的时候，它们就会从老家西伯利亚出发，成群结队、浩浩荡荡地飞到我国南方地区过冬。到第二年春天，它们又飞回西伯利亚产卵繁殖。

大雁每年都要迁徙。迁徙时，总是几十只、上百只甚至上千只聚集在一起，列队飞行。它们的集体意识很强，飞行时总有一只有经验的

南归的雁

群雁飞行，排成"一"字或"人"字形，人们称之为"雁字"；因为行列整齐，人们又称之为"雁阵"。

知识拓展：最早的天鹅出现于什么时候？
答疑解惑：最早出现的是赫伦氏天鹅，化石发现于比利时的中新世地层中，
其演化历史距今有 2500 万～1200 万年。

▶ 鸳鸯——爱情的象征

老雁在雁群最前面带队，幼雁排在中间，队伍末尾还会有一只老雁压阵。在长途旅行中，雁群的队伍组织得十分严密，常常会排成"人"字形或"一"字形，秩序井然。它们一边飞一边不断地发出"嘎——嘎——嘎"的叫声，这种叫声是呼唤同伴、互相照顾、起飞和停歇等的信号。每当夜晚在地面休息时，总要派出一只老雁站岗放哨。一有动静，放哨的老雁就会发出叫声，呼唤同伴立即起飞远离危险。而每天清晨起飞前，大雁又会群集在一起，先开个"预备会议"，然后才起飞，开始新一天的旅程。

■ 鸳鸯（Mandarin duck）——爱情的象征

鸳鸯又叫匹鸟、官鸭，属于野鸭科，是一种中型水鸟，体长 38~45 厘米，体重 430~590 克。其中鸳指雄鸟，鸯指雌鸟。鸳鸯主要分布于俄罗斯东部、日本、朝鲜、缅甸、印度以及我国大部分地区，常栖息在针叶和阔叶混交林及附近的溪流、沼泽、芦苇塘和湖泊等处，以植物类食物为主，也吃昆虫、鱼虾等小动物。鸳鸯生性机警，极善隐蔽，飞行的本领也很强。

鸳鸯
鸳鸯最有趣的特性是"止则相耦，飞则成双"。千百年来，鸳鸯一直是夫妻和睦相处、相亲相爱的美好象征，也是中国文艺作品中坚贞不移的纯洁爱情的化身，备受人们的赞颂。

鸳鸯素以"世界上最美丽的水禽"而著称。在所有水鸟中，色彩鲜艳绚丽如鸳鸯者，绝无仅有。鸳鸯的雄鸟羽色鲜艳华丽，额和头顶的中央呈闪光的绿色，头后长着由棕红色、绿色、白色所构成的羽冠，眼后有白色眉纹，上胸和胸侧是富有光泽的紫褐色，腹部白色，肩部有白色黑边的羽毛，翅膀上有一对栗黄色的扇子状直立羽屏，前半部镶以棕色，后半部镶以黑色，如同一对精制的船帆，被人们称为"剑羽"或"相思羽"。雌鸟比雄鸟略小，没有羽冠和扇状直立羽，头部为灰色，背部羽毛都呈灰褐色，腹面白色，看上去清秀素净。

羽毛华丽的雄鸳鸯
雄鸳鸯是羽色最鲜艳华丽的野鸭，素有"世界上最美丽的水禽"之称。

鸳鸯在树上栖息，在陆地上觅食，常成双入对地在水中游弋、嬉戏，从不分离，因此人们自古以来都把它们看作爱情的象征。据说一对鸳鸯一生都会生活在一起，如果有一只不幸死亡，另一只将终生"守节"，甚至抑郁而死。于是人们常常用鸳鸯鸟的双栖双飞来形容人间夫妻的形影不离、忠贞厮守。但科学家们发现，事实并不是如此，平时鸳鸯也不都是两两在一起，只是在繁殖时期才表现出那种形影不离的亲密样子。在繁殖后期的产卵孵化工作中，雄鸟更是什么都不过问，抚养幼鸟的任务完全由雌鸟承担。在平时，即使有一方死亡，另一方也不会"守节"，而会另觅配偶，重组"家庭"，"夫妻"并不恩爱。

鸳鸯基本上属候鸟，以中国的鸳鸯为例，它们每年 3 月底到 4 月初北上，到内蒙古和东北的一些地方进行繁殖，9 月底到 10 月初又南下，到华东、华南一些地方过冬。在云南和贵州等省，也有少数鸳鸯是留鸟，它们终年在那里生殖繁衍。鸳鸯的孵化期约为 1 个月，小鸳鸯的成长速度也很快，深秋季节便能跟随父母一起飞行了。

天鹅——善于高飞的鸟
军舰鸟——海空"强盗"

知识拓展：最小的军舰鸟是哪一种？
答疑解惑：白斑军舰鸟是体形较小的一种，体长70至
79厘米，翅长513厘米。

脊椎动物（二）

■ 天鹅（Swan）——善于高飞的鸟

天鹅亦称鸿鹄，属雁形目鸭科，是一种十分古老的类群，在历史演化进程中大多数种类都已经灭绝。天鹅属原有5种，即北半球的大天鹅、小天鹅(短嘴天鹅)、疣鼻天鹅(哑天鹅)，南半球的黑天鹅和黑颈天鹅。后来从大天鹅中分出了号声天鹅，从小天鹅中分出了啸声天鹅，均产于北美洲。啸声天鹅是美国最著名的天鹅，也是北美洲体形最大的鸟类。

天鹅主要栖息丁温带、寒温带和寒带地区，大多生活在有芦苇的湖泊和池塘中，以水生植物的根茎为主要食物，常把头钻入浅水中觅食。天鹅的嘴宽而扁，上喙长有质地坚硬的硬瘤，喙的边缘有一排牙齿状的突起，舌头被细小的角质刺所覆盖，利于捕食。也有一些天鹅嘴的形状比较特殊，这跟它们所吃的食物不同有关。天鹅属于候鸟，一般情况下，夏季在北方繁殖，秋季迁移到南方各地过冬，迁徙时集体呈"人"字形队列前进。天鹅是一种善于高飞的鸟，具有惊人的飞翔能力，飞行高度可达9千米，是世界上唯一能毫不费力地飞越珠穆朗玛峰的鸟类。

● 大天鹅

vvv1.2~1.5米，体重6.5~10千克，全身羽毛除头部略显浅黄色外，其余均为纯白色；颈修长，嘴基两侧的黄斑沿着嘴的边缘延伸到鼻孔下方。大天鹅多分布于俄罗斯东部及我国大部分地区，善于飞翔，以水菊、莎草等水生植物为食，有时也捕捉昆虫和蚯蚓等。大天鹅常把巢筑在孤洲边的浅水中，或是筑在距离岸边较远处水流平缓的浅水中。

疣鼻天鹅
疣鼻天鹅因叫声沙哑，又被称为哑声天鹅，它们游泳的姿势特别优雅，长长的脖子弯成优美的"S"形。

● 疣鼻天鹅

疣鼻天鹅是天鹅种类中最大最美的一种。体长1.3～1.6米，体重7～12千克，羽毛洁白，前额有明显的黑色疣突。它是野生天鹅中数量最多的种类，全世界总数达50多万只，主要分布于欧洲、西亚及非洲北部等地，在俄罗斯、中国、日本均有分布。它们常栖息在水草丰茂的湖泊、河湾、水塘、海湾、沼泽地和水流缓慢的河流及其岸边等地。疣鼻天鹅性情机警，不善鸣叫，因此也被称为哑声天鹅。它们常成对或呈家族群活动，以水生植物的根、叶、芽和果实为食，也吃一些鱼虾、贝类、昆虫等小动物。

军舰鸟
军舰鸟是一种大型热带海鸟，主要生活在太平洋、印度洋的热带地区。它们全身羽毛呈黑色，夹有蓝色和绿色光泽，雄鸟喉部还有红色喉囊。

■ 军舰鸟（Frigate bird）——海空"强盗"

军舰鸟属鹈形目鸟类，是一种大型热带海鸟，目前全世界已知的有5种，主要生活在太平洋、印度洋的热带地区，我国的广东、福建沿海及西沙、南沙群岛等也有分布。

军舰鸟身体大小如鸡，嘴长而尖，嘴尖端像鱼钩，翅膀极其细长，长尾呈叉形；成年雄军舰鸟全身呈黑色，雌鸟的腹部则有白色标记。军舰鸟多栖息在海岸边和树

庞大的喉囊

雄性军舰鸟的喉部有一个可充气的鲜红色的气囊, 每到繁殖季节, 雄鸟会用喉囊充满气, 向雌鸟显示自己的强壮与魅力, 以便与其交配。

林中, 主要以鱼虾、软体动物和水母为食。

军舰鸟胸肌发达, 善于飞翔, 素有"飞行冠军"之称。它的两翅展开有 2~5 米长, 捕食时飞行时速可达 400 千米左右, 是目前世界上已知的飞行最快的鸟类之一。

它不但能飞到高达 1200 米左右的高空, 还可一次性飞翔长达 4000 千米的距离。即使遇上 12 级台风, 它也能从容地飞行、降落。可以说, 军舰鸟的飞行速度之快, 技巧之高, 已经到了令人难以置信的程度。

由于羽毛没有足够的油脂来防水, 军舰鸟从不轻易降落在水面上。除非是睡觉和筑窝, 否则它们是不会在地面上停留的。它们总是毫不费力地在高空巡飞遨游, 经常会像闪电一样俯冲下来, 捕捉那些惊惶失措的海鸟丢下的鱼。如果看到邻居红脚鲣鸟捕鱼归来, 军舰鸟便会毫不客气地向它们发起突然袭击, 迫使红脚鲣鸟放弃口中的鱼虾。这时军舰鸟就会急速俯冲下来, 攫取那些正往下坠的鱼虾, 把它们占为己有。也正是由于它们这种"抢劫"行为, 人们称它们为"强盗鸟"。

■ 鸡 (Chicken) ——最常见的禽类

人们常说的鸡, 一般是指人工饲养的家鸡, 它是最常见的家禽之一, 它的祖先是野生的原鸡。野生原鸡经过人们的长期驯养后变成了家禽, 其驯化历史至少已有 4000 多年了。现在的家鸡翅膀功能已经退化, 失去飞翔能力了。在遭到敌人袭击时, 它们只会拼命扑腾几下翅膀, 最多飞到矮树上, 飞不高, 也飞不远。

● 原鸡

原鸡又名茶花鸡、红原鸡, 生活于我国海南岛、广西、云南南部以及缅甸和印度的森林里, 多用干草及落叶筑巢, 形态和生活方式都很像家鸡, 能引颈长啼, 头上长有肉冠及肉垂, 后肢强健, 趾端有钝爪, 用以搔土觅食。雄原鸡肉冠高大, 羽色鲜艳, 体羽多为黑色, 有金属光泽, 尾羽颇长。雌原鸡体形较小, 尾短, 上体多呈暗褐色, 每年产卵 8~12 枚。

原鸡是家鸡的祖先。在远古时代, 原鸡长有宽大的双翅, 尾巴也很长。它们白天在地上觅食, 夜里飞到树上栖息。约在 4000 年前, 人类开始驯化原鸡, 将它们从野外捉回来养在鸡栏里, 时间一长, 它们的胸肌渐渐退化, 翅膀也渐渐消失, 失去了飞翔能力。天长日久, 原鸡慢慢习惯了与人类相处, 一直保留着报晓、下蛋等特点。

原鸡

原鸡属是雉科鸟类的一属, 雄鸟羽毛颜色丰富多彩, 包括原鸡、灰原鸡、绿原鸡和黑尾原鸡四种, 其中的原鸡被认为是现代鸡的祖先。

家鸡

家鸡是由原鸡长期驯化而来的, 品种很多, 世界各地均有分布。在驯化过程中, 虽然它们失去了飞翔的能力, 但仍保持鸟类某些生物学特性。

知识拓展：世界上换羽次数最多的鸟是什么鸟？
答疑解惑：一般鸟儿在一年之中换 2 次羽毛，而雷鸟却
要换 4 次羽毛，被称为"雷鸟姑娘"。

雷鸟——爱穿时装的鸟

脊椎动物（二）

● 家鸡

家鸡的祖先原鸡原来是能飞的，后来人们把原鸡驯养了起来。驯养后，由于环境优越，原鸡不用四处觅食，很少飞行，翅膀逐渐退化，身体却越来越重，后来便飞不起来了。

由于家鸡没有牙齿，不能磨碎食物，因此在进食时，它们会吃下一些沙子或小石子，贮存在砂囊中，用以磨碎食物，帮助消化。

● 雉鸡

雉鸡又称野鸡、山鸡，体长 46~100 厘米。在我国，除青藏高原以外，其他地方都有分布。它们常栖息于丘陵地带的灌木丛、竹丛或草丛中，以植物的叶、芽、果实等为食，也吃昆虫和小型软体动物。它们翅膀短小，不能高飞、久飞，但是腿脚强健，善于奔跑。雄雉鸡羽毛鲜艳华丽，十分漂亮，雌雉鸡羽毛却没有什么特色，看上去平淡一般。

雉鸡
雄雉鸡非常美丽，身体披金挂彩，满身点缀着发光羽毛，有墨绿色、铜色和金色，两翼为灰色，尾长而尖，多为褐色并带黑色横纹。

● 火鸡

火鸡又称吐绶鸡、七面鸡，本为野生，现已被驯化为一种肉用家禽，遍布世界各地，以欧美最多，亚洲较少。火鸡全身长着黑、白、深黄等颜色的羽毛，头、颈上部裸露，有红珊瑚状皮瘤，喉下有肉垂，颜色由红到紫，可以随情绪的变化而改变颜色。雄火鸡尾羽可展开呈扇形，胸前长有一束毛球。

火鸡体形比家鸡大 3~4 倍，长为 80~110 厘米。雄鸟体高可达 100 厘米，雌鸟稍矮。火鸡飞翔力较强，最远能飞 2000 米远。白天出来

觅食，喜吃昆虫、甲壳类、蜥蜴等动物，也吃谷类、蔬菜、果实等。夜里常结群栖息在树上，巢则筑在地面较隐蔽的凹处。雌鸟每年产两次卵，每次产 8~15 枚。卵在 28 天内可孵化，由雌鸟育雏。

柳雷鸟
雷鸟是鸡形目松鸡科雷鸟属动物的统称，共有 3 种，中国产 2 种：柳雷鸟和岩雷鸟。图为柳雷鸟，分布于黑龙江流域。

■ 雷鸟（Capercaillie）——爱穿时装的鸟

雷鸟属松鸡科，全世界共有 3 种，即柳雷鸟、岩雷鸟和白尾雷鸟。白尾雷鸟分布在北美洲的美国和加拿大等地，我国黑龙江流域和新疆北部分别有柳雷鸟和岩雷鸟活动。雷鸟栖息

雷鸟的头部
雷鸟长期在冰雪中生活，演化出一系列适应冻原环境的特性，例如鼻孔外披覆羽毛，可抵挡北极的风暴，也有利于向雪下啄取食物。雷鸟嘴粗壮而短，善挖食雪下根茎，几乎完全吃植物性食物。

知识拓展：最长的孔雀尾羽有多长？
答疑解惑：雄性孔雀的体长可达 2.3 米，其尾羽可达 1.6 米。

▶ 孔雀——具有华丽尾屏的鸟

在北极圈附近，那里气温低，冰雪覆盖期长，它们一生大部分时间都在雪原中度过。雷鸟善于奔跑，飞行迅速，但不能远飞，多以苔藓、树芽、种子和昆虫为食。到了冬天，它们会把食物藏在自己挖掘的雪洞里。

由于长期在冰天雪地里生活，雷鸟的腿和脚趾周围生出了很多长长的细毛，可以保暖。同时，这些细毛又像是"滑雪板"，可以增大脚与地面的接触面积，减少体重对雪的压力，便于雷鸟在疏松的雪层上奔跑而不致下陷很深。它们的鼻孔外面也披盖着厚密的羽毛，用以抵挡北极的风暴，有利于啄食雪下的食物。它们的嘴粗壮而短，善挖食雪下的植物根茎，几乎完全吃植物性食物。

生活在北极圈附近森林里的雷鸟，能随着四季的变化而改变自己羽毛的颜色，一年要换4 次羽，可以称得上是世界上最爱"打扮"的鸟了。冬天，雷鸟除了头顶和尾羽外侧为黑色外，身体其他部位都会换上白色的"冬装"，脚上也会穿一双"白袜子"。到了春天，它们会在白羽的"外套"上绣上棕黄色的斑点，唱着悦耳动听的歌，忙着婚配。很快，它们又会换上树皮色的"夏装"，开始孵蛋育雏。到了落叶纷纷的秋季，它们又换上了暗棕色的、上面缀有黑色大斑点的"秋衣"。

白孔雀
目前世界已定名的孔雀仅有两种：蓝孔雀和绿孔雀。白孔雀是蓝孔雀的变异，数量非常稀少。

雷鸟的配偶方式是严格的"一夫一妻"制。在繁殖期间，雄鸟眼睛上部生长的红色肉垂会充血膨胀，显得极为鲜艳醒目。除了在外表上大下工夫外，雄鸟之间还常常会为争夺领地而发生争斗。在拥有了一块属于自己的领地后，雄鸟常在领地中地势较高的小土丘或岩石上盘旋、飞翔，守卫自己的领土，并不时发出求偶的鸣叫声，叫声与家鸡相似。雄鸟在炫耀时会将尾羽高高翘起并散开，让两翅下垂，一边向前走一边用飞羽在地上划动，并且大声鸣叫。当有雌鸟应声来到雄鸟的领域内时，雄鸟便弓颈翘尾，跑向雌鸟，在雌鸟面前做小幅度的曲线运动，然后快速拍打散开的尾羽，同时拖着下垂的两翅围着雌鸟来回走动，伺机与其交尾。

【动物趣闻】

世界各地对孔雀的认识各有不同：英国人和法国人视孔雀为祸鸟、淫鸟，甚至连孔雀开屏也被视为自我炫耀；印度人把孔雀尊为国鸟；我国云南傣族人民把孔雀视为吉祥、幸福的象征。

■ 孔雀（Peafowl）——具有华丽尾屏的鸟

孔雀属鸡形目雉科，是世界上著名的观赏鸟，体长约 75 厘米，有蓝孔雀和绿孔雀两种，主要分布于南亚地区。我国只产绿孔雀，仅见于云南西部、中部和南部地区，云南南部西双版纳的允景洪被誉为"孔雀之乡"。孔雀是鸡形目中的大型鸟类，身体粗壮，羽毛丰满，翅短而圆，不善

孔雀开屏
孔雀开屏时，羽毛绚丽多彩，羽支细长，犹如金绿色丝绒，其末端还有众多由紫、蓝、黄、红等色构成的大型眼状斑，反射着光彩，鲜艳夺目。

海鸥——海港清洁工　　知识拓展：最大的海鸥是哪一种？
答疑解惑：银鸥是海鸥中体形最大的一种，体长可达 64 厘
米，展翅飞行时，翅宽可达 1 米左右。

脊椎动物（二）

飞行，足短而健，善于奔跑；嘴很坚固，上颌稍向下弯曲。雄鸟后腿和公鸡的后腿一样，长有锐利的趾。雄鸟头顶上长着由 24 根深色羽毛组成的羽冠，身后拖着一条长达 150 厘米的尾羽。在吃食方面，孔雀主要以谷物、昆虫、蛇和蜥蜴等为食。

西双版纳的绿孔雀有准确的生物钟。它们多在早晨 6 点左右"起床"，下树活动。下树后会先"梳妆打扮"一番，振动翅膀，梳理羽毛，然后"嗨——喔——嗨"地呼朋引伴，一同前往觅食之处。待饱餐一顿后，它们常单独或成群结队到溪边饮水，并在溪边沙滩上嬉水浴沙，用泥沙来摩擦皮肤和羽毛。傍晚 7 时，它们开始返回栖息地，8 时后准备休息。休息前它们会在栖宿的大树周围伸长脖子四处察看，确定无敌情后，才"嗨——喔——嗨"地连叫几声，跃飞在大树上过夜。它们十分谨慎，上树后会伸长脖子不断地向四处张望，并侧耳细听，一旦发现敌情或听到响声，立即迁往他处。一般到晚上 9 时后它们才能完全安静下来，将头藏在翼下入睡。

孔雀最迷人的时刻是它展开尾屏之时，人们都喜欢观看它展开时犹如锦缎屏风般的长尾。一般情况下，孔雀开屏的时间能持续五六分钟之久，甚至更长，有时还能连续开屏好几次。春夏期间，花树丛中，雄孔雀会展开它五彩缤纷的大羽扇，频频在雌孔雀面前亮相，以向雌孔雀表达自己的"爱慕之情"。雄孔雀希望以这种方式来吸引外表较少装饰的雌孔雀。开屏时，它会用力抖动羽翼，并发出"咯咯咯"的声音，等尾羽全部竖起呈扇形时，它就在雌孔雀面前不停地打转，或昂首阔步地来回走动，以引起雌孔雀的注意。

另外，孔雀开屏也有防御敌害的作用。在自然界，孔雀的主要敌害是灵猫。这种比家猫大很多的哺乳动物，性情凶暴，除了猎食鼠、鸟、蛙、蛇之外，还捕食孔雀。一旦与灵猫狭路相逢，孔雀就会来个突然开屏，尾羽上立即出现 100 多个色彩斑斓的"眼睛"，让灵猫一时不知所措。于是，孔雀就趁敌人疑惑迷茫之际，立即收起尾巴，逃之夭夭了。

■ 海鸥（Seagull）——海港清洁工

海鸥是一种大型海鸟，全世界都有分布，主要栖息在海岸边，悬崖、岛屿及海滩上随处可见它们的身影。海鸥是最常见的一种海鸟，约有 50 多种，其中一半以上都在北半球繁殖。

海鸥的骨骼是空心管状的，里面没有骨髓，而是充满了空气。这种构造不仅利于飞行，而且还像一个气压表，可以及时预知天气变化。如果海鸥贴近海面飞行，就说明未来的天气将是晴朗的；如果它们沿着海边徘徊，说明天气将会逐渐变坏；如果它们离开水面，高高飞翔，或成群聚集在沙滩上和岩石缝里，则预示着暴风雨即将来临。

海鸥平时多以鱼虾、蟹和贝类等为食。此

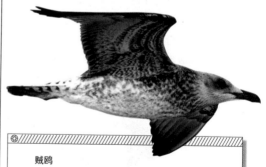

贼鸥
贼鸥是鸥科鸟类的一种，生活在南极水域，胆大凶猛，不仅抢食企鹅蛋和雏企鹅，甚至还偷抢科学考察者的食物。

外，被海轮推进器击死的鱼，船员倾倒在海中或港口的食物残渣，也都是海鸥的美餐，所以它们一看到轮船就紧紧跟在后面，希望能找到丰富的食物。海鸥也因此有了"海港清洁工"的称号。

■ 鸽子(Pigeon)—— 人类的信使

鸽是鸽形目鸠鸽科数百种鸟类的统称, 有家鸽和野鸽两类。鸠鸽科中体形较小的称为鸠, 体形较大的称为鸽。全世界的鸽大约有 250 多种, 除了极地的严寒地区, 它们广泛分布于全球各地, 其中又以东南亚、澳大利亚以及太平洋西部群岛等热带地区为最多。

平常所见的鸽子亦称家鸽, 它的祖先是野生原鸽。早在几万年以前, 野鸽就成群结队地在海岸险岩和岩洞峭壁间筑巢栖息, 繁衍后代。由于鸽子具有本能的爱巢欲, 归巢性强, 同时又有野外觅食的能力, 久而久之被人类所认识, 于是人们开始把鸽子作为家禽饲养。据有关史料记载, 早在 5000 年以前, 埃及和希腊人就已经把野生鸽训练为家鸽了。公元前 3000 年左右, 埃及人开始用鸽子传递书信。我国也是养鸽古国, 有着悠久的历史, 隋唐时期, 在我国 南方各地已开始用鸽子送信。

鸽子有一双神奇的眼睛, 它能在人眼所不及的距离范围内发现飞翔的鹰, 而且能区分出是吃腐肉的鹰还是吃活物的鹰, 这样, 它就可以决定是否需要逃跑。鸽子还能在几秒钟内从千万只鸽子中认出自己的

鸽子的羽毛
鸽子身体表面所长的毛是表皮细胞所分生的"角质化产物", 在系统进化上与爬行类动物的角质鳞片同源, 可分为正羽、绒羽、纤羽和粉羽。每只鸽子的羽毛重约 40 克, 占体重的 9% 左右。

白鸽
白鸽通体洁白, 不仅是人们最喜爱的观赏鸽, 还是鼎鼎大名的"和平使者"。

伴侣。鸽子在长期离巢后, 一旦返回故居, 也能从许多看似相仿的鸟巢中一眼认出自己的巢。此外, 鸽子两眼之间长有一块凸起物, 这块凸起物对地球的磁力特别敏感, 可测量出地球磁力的变化。鸽子就凭这种感觉来辨别方向, 即使飞得再远也不会迷路。

■ 杜鹃(Cuckoo)——借巢寄生的鸟

杜鹃属鹃形目, 杜鹃科, 全球大约有 60 多种。每到春天种谷的时候, 杜鹃便在空中盘旋, 不停地叫着"布谷, 布谷, 割麦播谷"。因此, 人们也称它为布谷鸟。普通杜鹃体长约 16 厘米, 较大的地栖杜鹃可达 90 厘米, 羽毛大多为灰褐色、褐色或翠绿色。它们广泛分布于全球的温带与热带地区, 栖息于草木稠密的地方。但由于杜鹃性情胆怯, 往往是只闻其声, 不见其形。杜鹃是有名的益鸟, 常啄食一些其他鸟类不敢吃的松毛虫等害虫, 对农林业甚为有益。

杜鹃鸟的习性与其他鸟类不同, 它的性情非常孤僻,

杜鹃
杜鹃多数种类为灰褐或褐色, 但少数种类带有明显的赤褐色或白色斑。有些热带杜鹃的背和翅为蓝色, 有强烈的彩虹光泽。

信鸽
很早以前, 人们就 利用鸽子归巢的本能驯化出了信鸽。随着时代的发展, 信鸽的用途已不再局限于通信领域, 它已成为部分人陶冶生活的主角。

即使在繁殖期，也不像其他鸟类那样雄雌成对生活在一起，彼此互相关照。它们往往雄雌乱配，过后就分道扬镳。最奇特的是，它们既不筑巢，也不孵卵，而是东住一宿，西凑一夜。在产卵的时候，雌鸟会把蛋产在其他鸟的窝里，把自己的后代交给别的鸟来抚养。这种"借巢寄生"的现象在鸟类中很少见。

杜鹃通常在白天产卵，产卵前会先仔细打探其他鸟的巢，如果巢主不在，它就把卵偷偷产在里面，或先把卵产在地上，再用嘴衔到巢里。如果不巧巢主在的话，有的雌杜鹃就会故意学鹰展翅飞翔的模样，将巢主吓走，然后再进巢堂而皇之地下蛋。

它一般喜欢把蛋下在黄莺、画眉等鸟类的窝里，而且会选择和自己的蛋在颜色、形状、大小都十分相似的鸟类的巢，这样就可以以假乱真，使巢主不易发觉，巢主就会把它当成自己的蛋精心孵化。杜鹃一次能产10~15个卵，但是每个鸟巢它只会寄放一个。与其他鸟类一天产一个蛋不同，杜鹃每隔几天才产一次蛋，所以它有充足的时间来为雏鸟挑选安身之所。

杜鹃的蛋一般孵化期比较短，往往比巢主的蛋先孵化，因此，小杜鹃总是率先破壳而出。

有趣的是，刚孵出的小杜鹃有这样一种本领：它头向下贴着巢底钻到巢内其他卵的底下，逐个把这些卵移到巢边，然后抛出巢外——原来小杜鹃的背部长着一个具有触觉的"小突起"，当巢主的卵一接触到这个地方时，"小突起"就立即产生"抛出"的反射动作，把它们抛出巢外。如果巢主的卵已孵出幼鸟，小杜鹃同样会把幼鸟推出巢外，这样它就可以独享"义亲"的抚养了。

小杜鹃的食量大得惊人，每天需要吃大量的昆虫才能填饱肚子。而可怜的黄莺、画眉等巢主并不知道自己的亲骨肉已经惨遭不幸，还会辛勤地喂养这个杀害自己子女的"凶手"呢。

■ 鹦鹉（Parrot）——会学人说话的鸟

鹦鹉属鹦形目，是典型的攀禽。它们大多

鹦鹉
鹦鹉指鸟纲鹦形目的鸟类。它们聪明伶俐，学舌的本领很高，经训练后可表演许多有趣的节目，深受人们的喜爱。

【动物趣闻】
以前，在英国曾举行过一次别开生面的鹦鹉说话比赛，有一只不起眼的非洲灰鹦鹉，走出鸟笼时，瞭了瞭四周说道："哇！这儿怎么有这么多的鹦鹉！"当时全场轰动，它也因这句话而赢得了冠军。

生活在树上，足发展成趾型，两趾向前两趾向后，适合抓握；嘴弯曲成钩状，强劲有力，下颌骨与头骨之间有可动连接，下颌不仅可以上下移动，而且可以左右移动，这种特殊的构造，适于啄食硬壳或厚皮的果实或种子。世界现存的鹦鹉约有340多种，主要分布在热带和亚热带地区的森林中。鹦鹉体长为8~100厘米，羽毛多为鲜绿色，也有褐色的，大多群居在树洞或石缝中。

鹦鹉的舌头与足部非常特殊。它的舌头厚而柔软，可以自由转动，而且它们的音调比较

绯红金刚鹦鹉
绯红金刚鹦鹉又叫五彩金刚鹦鹉、红黄金刚鹦鹉，以形体巨大、色彩美丽而著称。

知识拓展：最小的猫头鹰有多大？
答疑解惑：妖鸮是猫头鹰中体形最小的一种，产于美国南部和墨西哥，身
长只有 13 厘米。

▶ 猫头鹰——无声的杀手

低沉，近似人类，所以学人说话声音很像。鹦鹉足部的功能可与人类双手的作用相媲美，相当灵活自如。它们可用足来整理羽毛、攀高攀低、抓握树枝、递送食物甚至刺戳东西等，但不适合行走。我们常看见鹦鹉在地上想要抓取某件东西时，每每步履蹒跚、东倒西歪，必须借助翅膀拍地才能助己前行。

鹦鹉聪明伶俐，善于学习，经训练后可表演许多新奇有趣的节目，是各种马戏团、公园和动物园中不可或缺的鸟类"表演艺术家"。它善于模仿人类说话，而且学舌的本领很高，既会说多国语言，又会唱歌。鹦鹉能说话与它的鸣管和舌头有关，它的发声器官——鸣管比较发达，有四五对鸣肌，在神经系统控制下，鸣管中的半月膜可以自如地收缩或松弛，通过回旋振动发出鸣声。它的舌头前端呈月形，柔软灵活，犹如人舌，能惟妙惟肖地模仿人语，发出一些简单、准确、清晰的音节。

■猫头鹰（Owl）——无声的杀手

猫头鹰属鸮形目，是一种夜行性猛禽，世界各地都有分布，约有 180 多种。其头部宽大似猫头，喙和爪都呈钩状弯曲，非常锐利，嘴的基部有蜡膜，眼睛与其他鸟类不同——没有长在头部两侧，而是位于正面，视野宽广，听觉也十分灵敏。它们大都树栖，是典型的森林鸟类，飞行时无声，昼伏夜出，主要以鼠类为食。

猫头鹰白天看不见东西，像瞎子一样，所以不能出来活动，只能停留在茂密的树枝上休养生息。到了晚上，它的双眼变得炯炯有神，能看见地面爬行的老鼠，这时正是它活动的大好时光。它四处活动寻找食物，专门捕捉老鼠、蚊和昆虫等小动物。猫头鹰全身羽毛柔软而蓬松，翅膀上有一层羽毛可以消声，这些羽毛"吞没"了它在飞行中翅膀拍打发出的声音，因此它飞行时几乎就是无声的。再加上强健的钩爪和敏捷的身手，它成了森林中一个无声的杀手。

猫头鹰有独特的视觉与听觉系统。在漆黑的夜晚，猫头鹰那巨大的瞳孔比人眼的能见度要高出 3 倍多。它的视网膜主要由圆柱细胞构成，在夜间的感光度比人眼大 100 倍。它的颈部十分柔软，头可以左右旋转 270°，有利于在森林中搜寻猎物。猫头鹰还长着一对可以辨别声音的耳朵，听力极其敏锐。由于头骨不对称，所以它的两只耳朵不在同一水平线上，当声音传来时，靠近声源的那只耳朵接收到的音量要强一些。这种极其微小的音量差，能使猫头鹰准确判断出声源的位置。猫头鹰能察觉到每秒振荡 8500 次以上的高频音波，而野鼠活动时发生的音波频率，正好在这个范围之内，所以任何老鼠都无法逃过猫头鹰的捕杀。

有神的双目
猫头鹰的两眼非常敏锐，且是唯一能够分辨出蓝色的鸟类，它们的眼球呈管状，就像一架微型望远镜。

【动物趣闻】
由于猫头鹰多于夜间活动，且鸣声凄厉，令人闻而惊恐，所以名声欠佳。民间传说猫头鹰嗅觉灵敏，当人快要死时，它能闻到气味，以鸣叫来报丧，所以每当人们听到它的叫声时，就会认为是不祥之兆。

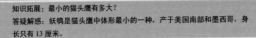

猫头鹰捕鼠
猫头鹰主食鼠类，有时也捕食小鸟或大型昆虫，是重要的益鸟，应该加以保护。

▶ 蜂鸟——空中杂技员
▶ 翠鸟——灵活的钓鱼郎

知识拓展：最小的蜂鸟是哪一种？
答疑解惑：最小的蜂鸟是闪绿蜂鸟，大小和蜜蜂差不多，
体长为 3.5 厘米，体重仅 1.5 克。

脊椎动物（二）

蜂鸟
蜂鸟是雨燕目蜂鸟科动物的统称，也是世界上已知最小的鸟类。它们身上闪烁着绿、红、黄等金属般的光芒，因而被人们称为"飞行的宝石"。

笑翠鸟
居住在澳大利亚东部的笑翠鸟以其鸣声似狂笑而得名。因为笑翠鸟的鸣叫在凌晨或日落时可以听到，故有"林中居民的时钟"之称。

■ 蜂鸟（Hummingbird）——空中杂技员

蜂鸟属雨燕目，是世界上最小的一种鸟，大的有燕子那么大，小的比黄蜂还小，全世界大约有320多种，大都分布在中南美洲的热带森林里。由于身体很小，它能够通过快速拍打翅膀而悬停在空中，拍打时翅膀还会发出像蜜蜂般的嗡嗡声，因此人们称它为"蜂鸟"。和蜜蜂一样，蜂鸟也以花蜜为食，另外还吃花上的小昆虫。

蜂鸟娇小玲珑，体色艳丽，堪称大自然的杰作。它的美是任何一种鸟都无法比拟的——从头到脚都长着异彩纷呈的羽毛，头部有闪着金属光泽的细丝状发羽，颈部有七彩鳞羽，腿上有闪光的旗羽，尾部有曲线优美的长尾羽。因此，说它是鸟类王国中美的化身，一点儿也不为过。

蜂鸟的体形虽小，但身强体壮，耐力很强，它们每年都要飞越 800 千米宽的墨西哥湾。它们的飞行本领奇高，飞行姿态变化多端，有"空中杂技员"之称。它们能够敏捷地上下飞、侧着飞，甚至能悬停在花蕊前取食花蜜。此外，它还是唯一可以倒着向后飞的鸟。

蜂鸟除了偶尔在树枝上休息之外，大多数时间都在不停地飞行采蜜。由于它们不断地飞行，能量消耗很大，需要大量的花蜜来补充体力，所以它们必须时刻忙碌

蜂鸟采食
为适应翅膀的快速拍打，蜂鸟的新陈代谢在所有动物中是最快的，每天消耗的食品远超过自身的体重。为了获取足够的食物，它们每天必须采食数百朵花的花蜜。

于花丛中觅食。如果以体重和食物量来计算，蜂鸟飞行时所产生的能量相当于1个人1小时跑150千米所用的能量。

尽管我们至今也不清楚蜂鸟是如何保持能量平衡的，不过有一点可以肯定，它们的肌肉非常有力，十分有利于飞行。

■ 翠鸟（Kingfisher）——灵活的钓鱼郎

翠鸟是佛法僧目翠鸟科各种体躯短肥的独栖鸟类的统称。翠鸟科约有 90 种，我国有 10 余种，世界各地都有分布，但主要在热带地区。翠鸟以其快速潜水而闻名，它可以像箭一样从高处猛扑下去，捕食水下的鱼或陆上的昆虫，因此也被称为"鱼狗"。它的英文名称"Kingfisher"就有"渔翁之王"的意思。

【动物趣闻】

20 世纪 50 年代初，鸟类学家皮尔森在安第斯山脉的一个岩洞里发现了一种蜂鸟，这种蜂鸟在缺乏食物的季节里会休眠。休眠时，它的体温会从 38 摄氏度降到 14 摄氏度。即使在食物充足的季节里，这种蜂鸟白天活跃在花丛中，夜晚体温同样也会降到 14 摄氏度。这一绝妙的适应能力，在鸟类中十分罕见。

知识拓展：最名贵的百灵是哪一种？
答疑解惑 蒙古百灵是百灵科的代表。它鸣声响亮，婉转动听，常高翔云间，且飞且鸣，为中国传统的名贵笼鸟。

犀鸟——自我囚禁的鸟

翠鸟和麻雀差不多大小，远看像啄木鸟，羽色以翠绿色为主，头大身小，嘴长而强直。翠鸟是一种独特的水陆两栖鸟，栖息在水边的树上或岩石间，多以水中的鱼虾为食。不过，也有不吃鱼的翠鸟，譬如澳大利亚的笑翠鸟，叫声很像人类滑稽的大

地犀鸟
地犀鸟是非洲犀鸟的代表品种，面部红色，巨大的喉囊也是鲜红的。除了飞行外，它不会跳，只会步行。

笑，以蛇、蜥蜴、昆虫和其他小动物为食；产于东南亚的赤翡翠以蜗牛为食，它们会在石头上敲碎蜗牛的外壳，然后再吞食它的肉。

翠鸟通常停留在树上或岸边，与水面保持15米左右的距离，密切留意着水里的动静，只要发现有鱼游过，就立即俯冲而下，一会儿工夫，嘴里就衔着一条还在拼命摆动挣扎的鱼飞出水面。它们捕鱼的功夫十分了得，往往百发百中，从不失手，不愧是"渔翁之王"。

翠鸟在御敌时有许多有趣的妙招。在看到鹰隼在天空中飞掠而过时，它脖子上的一小撮白色小羽会立即竖起，以示警戒；遇到别的鸟儿来侵犯时，它又会竖起全身羽毛以示威胁，甚至会从嘴里吐出"鱼弹"攻打敌人，迫使敌人逃跑。

两情相悦
犀鸟是动物界的爱情模范。一对犀鸟中，如果有一只死去，另一只绝不会苟且偷生或另觅新欢，而会在忧伤中绝食而亡，故被人誉为"钟情鸟"。

■ 犀鸟（Hornbill）——自我囚禁的鸟

犀鸟属佛法僧目，世界上共有45种，产于亚洲南部及非洲热带森林里，习惯栖息于密林深处的参天古树上。我国有4种犀鸟，都分布在广西南部和云南西南部地区。犀鸟是一种奇特的大鸟，体形很特别，通常是70~120厘米长，嘴尤其大，可长达35厘米；眼上有粗而长的睫毛，这在鸟类中是极为罕见的特征；脚趾扁宽，相并如掌；全身羽毛颜色多样，有黑、白、黄、橙等各种颜色；最古怪的是头上长有一个突起的部分，叫作盔突，就像犀牛的角一样，因而得名"犀鸟"。

双角犀鸟
双角犀鸟体羽主要为黑白两色，喙和盔突巨大呈蜡黄色，顶部隆起，形似双角，它们栖息于常绿阔叶林中。

犀鸟的大嘴和盔突看起来很笨重，其实非常灵巧。大嘴和盔突的角质中间都是蜂窝状的，充满了空隙，可以减轻重量，轻巧而坚固。由于嘴巴很大，上下边缘又有锯齿，因此嘴巴就成了犀鸟捕猎的得力工具。它有时啄食树上的果实，有时也捕捉昆虫、爬行类、两栖类和兽类等小型动物。犀鸟用嘴巴吃东西时，会先把昆虫或水果抛到空中，然后仰起头、张开嘴将食物吞食。

犀鸟身体庞大，飞行速度很慢，飞翔时翅膀会发出极大的声响，老远就能听见。它们的鸣声响亮而粗戾，好像犬吠、马嘶一般，听到的人无不吃惊。

犀鸟的生殖行为也是鸟类中罕见的。每到繁殖季节，雄鸟和雌鸟就会在高大树木的树洞里筑巢，这些洞一般都是因白蚁蛀蚀或树木自身天长日久的朽蚀而形成的。它们在洞底垫上腐败的木质，上面铺些羽毛，雌鸟待在洞里产卵时，雄鸟就用一种胶状的胃中分泌物，混合

着木质的果壳、草枝和泥土等，一点儿一点儿地把洞口封起来，只留一个小小的圆孔。这样，不但把雌鸟关在了洞内，也把所有的敌人都拒之门外了。完成这些工作后，雄鸟会在洞外飞来飞去地觅食，从圆孔里喂养雌鸟。这样一直到小鸟孵出后，雌鸟才会从洞中飞出，而小鸟则继续被封在里面，接受双亲的轮流喂食。犀鸟的这种生殖行为模式就像一种自我囚禁，因此有人称它们是"自我囚禁的鸟"。

■ 百灵（Lark）——草原上的歌唱家

百灵
百灵鸟是草原的代表性鸟类，属于小型鸣禽。它的鸣声多种多样，婉转悦耳，因而有"歌唱家"的美誉。

百灵是草原上的代表性鸟类，属于小型鸣禽。其羽毛大部分是棕色的，带有深棕色或黑色条纹，胸部呈浅黄色或白色，也带有深色条纹，外侧尾羽呈白色。百灵头上有漂亮的羽冠，嘴细小呈圆锥状，有些种类的嘴则长而稍有弯曲。百灵鼻孔上常有悬羽覆盖，翅膀稍尖而长，尾翅较短。

百灵鸟以草原为家，草原上的各种草籽、嫩叶、浆果以及昆虫都是它们的食物。百灵鸟具有很强的耐渴能力，能够在缺水的条件下生存。冬季，百灵鸟常集群生活，以几十只甚至上百只为一群，形成一个整体，可以更好地发挥众多感官的功能，增强在恶劣环境下的集体防御能力。

百灵鸟一般在三月末开始配偶成对，并选择巢区，在地面上筑巢。繁殖期间，雌雄鸟常常凌空直上，鼓翼高歌，在几十米以上的天空悬飞停留。一会儿又突然垂直下落，歌声也随之中止，而待接近地面时会再向上飞起，并重新唱起歌来。百灵鸟的鸣声多种多样，婉转动听，人们把它称为"草原上的歌唱家"。

■ 啄木鸟（Woodpecker）——森林医生

啄木鸟属鴷形目，是一种攀禽，世界上约有180 种，分布于除两极和澳大利亚以外的世界各地，以东南亚和南

毛发啄木鸟
毛发啄木鸟头顶有红色斑块；上体黑色，有白色斑和条纹；下体白色；嘴黑色；腿、脚暗灰色。它们分布于加拿大、美国、墨西哥和尼加拉瓜等地，栖息于海岸附近的混交林地中，以昆虫等为食。

美洲分布最多。其脚为对趾型，有很强的抓握力；嘴形似凿，可啄开坚硬的树皮，专食树皮下栖居的害虫；尾羽的羽轴坚硬而富有弹性，能配合两足支撑身体攀登树干或叩打树木，多在树上凿洞为巢。

啄木鸟以啄食树木的害虫而闻名。它们对工作认真负责，从不放过一只害虫。它们辛勤地从一棵树飞到另一棵树，围绕着树木从下到上旋转着敲打，就像一名有经验的医生。"行医"时，它们会先用坚硬的喙东敲敲，西敲敲，使树干发出"当当当"的响声。在声波的刺激下，那些藏在树皮下、树干内和树木裂缝间的小蠹虫被震得晕头转向，躁动不安。啄木鸟根据蠹虫发出的声音就能准确判断出害虫的所在地，接着用尖锐的喙穿透树皮与木质部分，直达害虫的巢穴，然后将细长的舌头伸进洞中，利用舌头上的逆钩与黏性唾液，钩粘出害虫与虫卵。

红腹啄木鸟
红腹啄木鸟生活在美国东部的森林中，名字源于腹部和腿之间的浅红色。它在飞行中显示黑白相间的尾羽，雄鸟从前额到项背都为艳红色。

知识拓展：飞得最快的鸟是哪一种？
答疑解惑：印度的褐雨燕飞行时速在 270~350 千米之间，是飞行速度最快的鸟。

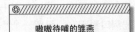
家燕——春天的使者
喜鹊——庄稼卫士

有人曾对啄木鸟进行过剖胃检查，发现森林害虫在它们的食物中占了高达 99% 的比例，可以说是名副其实的"灭虫专业户"。一只啄木鸟每天能吃掉 1000~1400 只害虫和虫卵。那些在树木中过冬的害虫，95% 都会被啄木鸟消灭掉。啄木鸟吃的害虫有天牛幼虫、蠹虫幼虫、象甲、伪步行甲、金龟甲、螟蛾、蝽象、蝗虫的卵等。有资料显示，在上千亩的树林里，只要有 2 对啄木鸟居住，就可以控制害虫的蔓延。许多被虫害折磨得死去活来的树木，都是被啄木鸟治好的，它们真不愧是"森林医生"。

■ 家燕（House swallow）——春天的使者

家燕属雀形目燕科，我们常说的燕子就指家燕，它是深受人们喜爱的鸟类之一。全世界的燕子共有 70 余种，体长 10~20 厘米，分布于除极地以外的世界各地，常栖息于村落、城镇等附近的田野和河岸等地，以昆虫为食。家燕身体修长，翼端很尖，长有分叉的尾，常集结成群共同居住，巢筑在屋檐下或峭壁上。它们不避人，因此在庭院附近或高空的电线上都能见到它们的身影。

燕子是一种候鸟。秋季，它们会飞往温暖的南部地区去越冬；春季，又成群结队地飞回北方来。所以古人说它们是报春的使者。燕子具有流线型的身材，长着一对狭长的翅膀，尾羽分叉，好像一把剪刀，身材小巧玲珑，动作

夫妻情深
家燕是一种富有感情的鸟儿，它们奉行一夫一妻制，夫妻之间"相敬如宾"。当一方遇到不幸时，另一方会长久拉动死去的一方，并高声鸣叫呼唤。

灵活敏捷，是飞行的高手，飞行时速最快可达 200 多千米。

燕子的嘴又扁又宽，呈三角形，张开以后则呈平行四边形。由于嘴张开后的面积很大，所以当燕子在空中疾速飞行时，迎面飞来的各种昆虫，就会自然而然地落入

嗷嗷待哺的雏燕
家燕每年繁殖 2 窝，每窝产卵 2 ～ 6 枚，雌雄共同孵卵。14 ～ 15 天幼鸟出壳，亲鸟共同饲喂。

它们口中。燕子是捕虫能手，蚊子、苍蝇、金龟子、蚜虫等危害农作物的害虫都是它的捕食对象。据统计，一对燕子和它们的两窝雏燕半年内就能捕食 50 万～ 100 万只害虫，数量之多令人叹为观止。

燕子还是建窝筑巢的好手。春天，燕子从南方飞回北方后，会选择一个合适的屋檐开始筑巢。它们通常会选择朝南的屋檐，因为那里不但向阳温暖，而且还可避免风雨的侵袭。筑巢时，燕子站在墙上或梁上，借助羽毛支撑身体，把衔来的泥和着口中的唾液堆在墙上，再衔些碎石、麦秆、草棍等混进泥土里，外面围上泥，里面放入羽毛、干草，一个碗状或杯状的巢就筑成了。完成这项工作大约需要四五天的时间。巢筑好两三天后，燕子就可以在里面产卵孵蛋了。

■ 喜鹊（Magpie）——庄稼卫士

喜鹊属鸦科，在欧洲、北美洲西部、亚洲中部及我国大部分地区都有分布。喜鹊体长 45 厘米，

喜鹊
喜鹊的头、颈、背至尾均为黑色，并分别呈现紫色、绿蓝色、绿色等光泽。双翅前面有白斑，尾呈楔形，腹面以胸为界，前黑后白。

▶ 乌鸦——聪明的清道夫　　　　知识拓展：最大的雀形目鸟是哪一种？
▶ 吸蜜鸟——喜食花蜜的鸟　　　答疑解惑：乌鸦是雀形目类鸟中体形最大的一种，
　　　　　　　　　　　　　　　体长一般为 40 ～ 49 厘米。

脊椎动物（二）

体态娇小，尾羽细长，羽毛鲜艳光亮，叫声清脆悦耳。自古以来，我国民间就把喜鹊看作是吉祥的象征，称它为"吉祥鸟"，它那嘹亮而悦耳的鸣声也被喻为"吉兆"。

喜鹊常出没于山脚与林缘间，而且不会回避人类，在村庄或城市周边的大树、屋顶及庄稼地里常能看到它们的身影。清晨，它们常常成双或结群飞到空旷地上和田野菜园中寻找食物。据调查，喜鹊一年的食物当中，15% 是谷类与植物的种子，一小部分是小鸟、蜗牛及瓜果类等，而80% 以上都是危害农作物的昆虫，比如蝗虫、蝼蛄、金龟子、夜蛾幼虫或松毛虫等。所以，喜鹊素有"庄稼卫士"的美称，是人类的好朋友。

■ 乌鸦（Crow）——聪明的清道夫

乌鸦俗称"老鸹"，因其全身或大部分羽毛为乌黑色，故称乌鸦。乌鸦是雀形目鸦科数种黑色鸟类的统称，共有 36 种，几乎遍及全球。乌鸦多在树上营巢，常成群结队飞行，鸣声嘶哑。它们白天常常三五成群地在农田、草滩以及道路旁边的垃圾堆中觅食，食性很广，有一些种类偏爱吃腐肉。

由于乌鸦体羽乌黑，叫声凄厉单调，再加上它们常常在腐臭的东西周围盘旋，给人的印象极为不好，因此人们视它们为不祥的鸟类。但是在春夏多昆虫的时期，乌鸦会吃掉大量的蝼蛄、蝗虫、金龟子、鳞翅目昆虫和鼠类等，对农作物的生长极其有利。在春播与秋熟时节，它们又会回到田间找寻粮食种子、幼苗和田埂道路旁遗落的谷粒等，而且还吃腐肉及一些废弃物，因此有"清道夫"的美称。

乌鸦
乌鸦因全身披满黑色的羽毛而得名，是最大的雀形目鸟类，一般性格凶悍，富于侵略习性，常掠食水禽、涉禽巢内的卵和雏鸟。

乌鸦是一种非常聪明的鸟。它们吃硬壳食物的时候，会想出一些巧妙的办法将它弄破。比如贝壳，它们会从高处往下扔，将其摔碎；如果是核桃，它们就会扔到公路上，让来来往往的车辆将其碾碎。在日本一所大学附近的十字路口，经常有乌鸦在路旁等待红灯的到来。红灯一亮，乌鸦会立即飞到地面上，把核桃放到停止行驶的车轮下面。等交通指示灯变成绿灯时，车子启动将核桃碾碎，乌鸦们就可以好好地美餐一顿了。

■ 吸蜜鸟（Honeyeater）——喜食花蜜的鸟

吸蜜鸟属雀形目的一科，主要分布在非洲和大洋洲等地。它的嘴细长弯曲，舌头很长，可伸缩，尖端呈刷毛状，用以吸取花蜜，它因吸食花蜜而得名。吸蜜鸟体羽华丽，常被饲养作观赏鸟；尾形多样，有些种类长有较长的中央尾羽；常栖息在热带繁茂的森林或草原间，喜群栖，遇到敌害时全群出动，共同防御；鸣声如金属弦声，又如笛声，主食花蜜、花粉、果实和昆虫等。

吸蜜鸟
吸蜜鸟是雀形目吸蜜鸟科鸟类的统称，栖息于森林中，以昆虫、浆果和花蜜为食，共 38 属 170 种，主要分布于澳大利亚及太平洋诸岛。

知识拓展：什么鸟的巢最复杂？
答疑解惑：非洲织布鸟的巢最复杂，它同时也是最大的公共巢，有 300 多个巢室。

▶ 织布鸟——编织巢穴的高手

吸蜜鸟主要分布于澳大利亚及太平洋诸岛，在非洲南部另有 2 种食蜜鸟，共有 38 属 170 种。吸蜜鸟是大洋洲鸟类中种类最多、最常见的一类，有些种类如黑头矿鸟

喜食花蜜的鸟
吸蜜鸟嘴细长而弯曲，舌能伸缩，尖端呈刷毛状，用以吸取花蜜。

是大洋洲很多大城市中常见的鸟类。

■ 织布鸟（Weaver bird）——编织巢穴的高手

北非黑脸织布鸟
织布鸟是雀形目文鸟科织布鸟属鸟类的统称，大小似麻雀，嘴强健。主要分布于非洲南部热带地区，以善于编织鸭梨状的巢穴而著名。

织布鸟属雀形目文鸟科，主要分布于非洲南部热带地区，体形和麻雀差不多，有 70 多个不同的品种，我国仅有 2 种。它们常栖息于明亮、干燥的稀疏树林中，以能编织鸭梨状的巢穴而著名。大多数织布鸟以植物的种子为食，尤其是草籽，但也有吃虫子的。一年中，除了在繁殖季节雄鸟会长出鲜艳的羽毛外，其他大部分时间里，雄鸟和雌鸟的体羽都呈暗褐色。

绝大多数鸟类都会做巢，这是它们的一种本能。但在众多鸟类中，能把自己的"家"安置得又精致又实用的，当首推织布鸟。它们能用柳树纤维、草片等编织出非常精美的巢。织布鸟的巢称为"吊巢"，高挂在树枝下面，如同摇篮一样，是鸟巢中最显露不蔽的。织布鸟的体长仅有 140 毫米左右，而巢却有几百毫米长，形状似蒸馏瓶或鸭梨，可见工程巨大。织

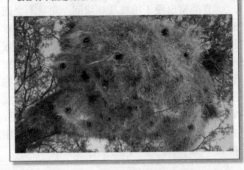

织布鸟的巢穴
织布鸟喜欢群居，往往会在一棵树上筑造十几个鸟窝。南非的一种织布鸟的窝里同住多对夫妻，不过每对夫妻都有单独进出的门。

布鸟用喙和脚穿线、编织、打结，做出一个坚实的草圈，挂在草木上，然后绕着那个草圈筑成巢室，最后在前面自上而下把巢封好，并在底部留一个入口。织好巢以后，织布鸟会找来一些小石块，放在窝里，防止巢被大风刮翻。

雄织布鸟织成巢后，常会在巢口表演，以吸引雌鸟注意，好伺机与其交配。雄鸟的求爱方式淳朴执着，喜欢用大房子来迎娶"媳妇"。它们用嘴精心地将爱巢织在芦苇顶上，倘若这间织好的"房子"总没有雌织布鸟光临，它们就会将其拆掉，再造一所。对自己之前所做的工作，雄织布鸟并不觉得可惜，而是满怀希望地再次辛勤织巢，直到有雌鸟欣赏爱巢并与其"结为伴侣"为止。

织布鸟喜欢群居，常会在同一棵树上筑造十几个鸟窝。有的大巢同时住有多对夫妻，不过每对夫妻都有各自单独进出的门，不会影响对方。所以，凡是挂着织布鸟巢

编织巢穴
织布鸟常数对或 10 余对共同在一棵树上营巢，巢呈鸭梨状，悬吊于树木的枝梢，以草茎、草叶、柳树纤维等编织而成。

▶ 鹰——空中猎手

知识拓展：最重的猛禽是哪一种？
答疑解惑：美国洛杉矶加利福尼亚科学院有一只雄性秃鹰，体重达 14 千克，是世界上最重的猛禽。

脊椎动物（二）

的树上，至少生活有两只织布鸟。更为有趣的是，勤劳的织布鸟，是把爱情建立在共同劳动的基础上的。"夫妻"二人共同筑巢，但并不同巢而居，而是各有"卧室"。雄鸟往往表现出雄性的风度，它们总是先帮雌鸟把巢做好之后，再和雌鸟一起筑建自己的巢。

■ 鹰（Eagle）——空中猎手

鹰是隼形目鹰科属鸟类的统称，是肉食性猛禽，种类很多，有鹰、鸳、鸥、鸢、鸮、雕、隼等。隼形目的鹰科类是成员最多且体形变化最大的一个科，包括体形稍大于红雀的小雀鹰，也包括翼展超过 2.5 米的热带大雕。全世界约有 280 种鹰，它们都有着如钩的利嘴，用来把猎物撕开。

强健有力的双翅，利于高空翱翔；锋利坚硬的爪子，用来捕杀小型动物；此外还有敏锐的听觉与良好的视觉，可以在高空迅速发现地面上的猎物。

一般来说，雕都是比较粗壮的大型猛禽，具有粗大的脚和爪，跗跖上羽毛丰盛，嘴又长又厚；而鹰则是比较轻捷的中小型猛禽，脚爪细长，跗跖无羽，嘴短小细锐，弯钩明显。此外，随种类的不同，鹰爪的大小、粗细和弯曲度，以及趾与腿的长度和被羽的情况也各有差异。

● 苍鹰

苍鹰就是我们平常所说的老鹰，也叫黄鹰，是一种生活于北美及欧亚大陆的中型猛禽。苍鹰栖息在山林中，飞行速度很快，擅长捕捉野兔、野鼠等动物。它常在高空上举双翅呈"V"状盘旋，俯视地面寻找猎物，一旦发现目标会迅速从天而降，在最后一刻停止扇动翅膀，牢牢抓住猎物的头部，将利爪刺进猎物的头骨，

> **苍鹰**
> 苍鹰是森林中的猛禽，常栖息于疏林、林缘和灌木丛中。主要以鼠类和野兔为食。

使其毙命。苍鹰大多雌雄成对生活，它们多在高高的树上筑巢，繁殖后代。幼鸟经过人类驯养后，可以帮人捕猎。

● 猎隼

猎隼是一种体形中等的猛禽，一般长 46~58 厘米，体重 0.7~1.2 千克。猎隼常栖息于低山丘陵和山脚平原地区，在无林或树木稀少的旷野和多岩石的山丘地带活动，主要以中小型鸟类、野兔、鼠类等动物为食。每当发现地面上的猎物时，猎隼总是先扇动狭长的翅膀飞到猎物上方，占领制高点，然后收拢双翅，使翅膀上的飞羽和身体的纵轴平行，头则收缩到肩部，以每秒 75 ～ 100 米的速度，呈 25°向猎物冲去，在靠近猎物的瞬间，双翅微张，用后趾和爪打击或抓住猎物。

> **猎隼**
> 猎隼栖息于山地、河谷及草原，多单个活动，飞行速度快，以鸟类和小型兽类为食。

● 白头海雕

白尾海雕的体羽多为暗褐色，后颈和胸部的羽毛为披针形，尾羽呈楔形，为纯白色，它也因此得名。白尾海雕常栖息于湖泊、河流、海岸、岛屿及河口地带，通常营巢于湖边、河岸或附近的高大树木上。它主要以鱼类为食，常在水面低空飞行，发现鱼后用爪伸入水中抓捕。此外，它也吃野鸭、鼠类、野兔、狍子等，有时还吃动物尸体，在冬季食物缺乏时，偶尔也攻击家禽和家畜。

> **白头海雕**
> 白头海雕又被称为美洲雕、白头雕，为北美洲所特有的一种大型猛禽，是美国的国鸟。一只完全成熟的海雕，体长可达 1 米，翼展 2 米多长。

知识拓展：鸭嘴兽的最长寿命有多长？
答疑解惑：小鸭嘴兽在 1 岁时达到性成熟，最长寿命可达 17 年。

▶ 鸭嘴兽——最古老的哺乳动物

哺乳动物 ❀

■ 鸭嘴兽（Platypus）——最古老的哺乳动物

　　鸭嘴兽又称鸭獭，是现存最原始的哺乳动物，身体构造依然保留着某些与爬行动物相似或相同的明显特征。鸭嘴兽的祖先早在距今 2 亿 ~1.8 亿年的三叠纪末期（或侏罗纪早期）就出现了。

　　现存的鸭嘴兽仅有 1 种，分布于澳大利亚东部和塔斯马尼亚岛上，常栖息于河流等水域附近，是极为珍稀的动物。鸭嘴兽长相非常奇特：像鸟又不是鸟，体态肥扁，体长 50 厘米左右，嘴巴扁平突出，像鸭嘴，鼻孔长在嘴的前上方，头上有耳孔，却没有外耳，长着一双小眼睛，4 条腿既有爪也有像鸭子一样的蹼，身后拖着一只宽阔扁平的尾巴，全身披着咖啡色的细毛。

● 奇特的身体构造

　　鸭嘴兽尾下只有 1 个孔，食物消化后的排泄物、生殖所产的卵等均通过泄殖腔由此孔排出体外，而其他哺乳动物都有 2 个孔，所以鸭

游泳高手
　　鸭嘴兽是游泳高手。在游泳时，它的眼睛和耳朵由肌瓣闭塞，靠非常发达的触觉寻找食物。它的口腔里有一个袋状的颊囊，等到里面装满食物时，它就回到窝里细细地品味。

嘴兽属于单孔类，而且它是卵生而非胎生。它的嘴像鸭喙，它也因此得名。鸭嘴兽有一对小而亮的眼睛，长在头的高处，既可以看清两岸又可以扫视天空，对周围环境时刻保持着警惕。它的前后肢上都有蹼，趾端

鸭嘴兽
　　鸭嘴兽是现存最原始的哺乳动物。它像鸟又不是鸟，嘴像鸭子，没有牙齿，有蹼，全身有密毛，尾巴又长又阔，四条腿健壮有力，走起路来又像爬行动物。

有尖锐的爪。后肢上有中空的距，方向朝内，距的腔连着毒腺。鸭嘴兽的外表几乎就是鸭子、水獭、毒蛇、海狸 4 种动物的组合，嘴巴像鸭子，脚趾间的划水蹼像水獭，脚踝上的毒距像 5 条毒蛇，扁阔的尾巴则酷似海狸。

● 有趣的生活习性

　　鸭嘴兽生活在河川沿岸，它常用爪挖掘几条隧道，在里面建造自己的窝，并在窝内铺上许多树叶和干草。窝的出入口有 2 个：一个在岸上，一个在水下。洞口隐蔽得极其巧妙，不易被人发觉。鸭嘴兽习惯在水中活动，很少上岸。白天在洞中睡大觉，晚上出来活动。它常在水中游荡，尽情地觅食各种小鱼、贝类和水生昆虫等；它更喜欢在湍急的溪水中逆流而上，将它那扁平的嘴插入石缝中，啄食甲壳动物。有时它还会潜到很深的水底吃底栖的蠕虫。鸭嘴兽吃食时和鸭子一样，往往将食物连水一起吞进口内，然后嘴一闭，利用下腭侧缘的"过滤器"将水压出口外，留下来的食物则进入到颊囊中。等食物塞满颊囊后，鸭嘴兽就心满意足地回到自己的安乐窝里细细品味。

知识拓展：最大的袋鼠是哪种？
答疑解惑：最大的袋鼠是大赤袋鼠和大灰袋鼠，身长
达 2.76 米，体重 75~80 千克，是袋鼠中的巨人。

袋鼠——澳大利亚的象征

脊椎动物（二）

【动物趣闻】

直到现在，鸭嘴兽身上仍有许多谜没有解开。人们曾经尝试过对鸭嘴兽进行人工饲养，但它们过惯了野生生活，不管怎么精心饲养，它们最多也只能活 2 个月。

● 卵生的哺乳动物

鸭嘴兽的嘴巴
鸭嘴兽的嘴巴像鸭，其名即由此而来。它的嘴内有宽的角质牙龈，但没有牙齿，以软体虫及小鱼虾为食。

鸭嘴兽虽是哺乳动物，但繁殖后代时却不像其他哺乳动物那样直接产仔，而是下蛋。鸭嘴兽一次可产卵 1~3 枚，大约经过 10 天的孵化，小宝宝就出生了。刚孵出的小鸭嘴兽长 2.5 厘米。雌鸭嘴兽没有奶头，奶水是从腹部渗出来的。母兽腹部有一片乳区，会像出汗一样分泌乳汁，供仔兽舔食。小鸭嘴兽要吃奶时，妈妈就会肚皮朝上仰卧，让小鸭嘴兽爬上来舔食乳汁，这又是鸭嘴兽的另一个与众不同之处。

■ 袋鼠（Kangaroo）——澳大利亚的象征

澳大利亚把袋鼠作为国家的象征，就连国徽上也绘着袋鼠的图像。袋鼠是古老的动物之一，早在 2500 万年前就出现在澳大利亚了，且世世代代一直生活在这里的草原上。现在澳大利亚共有袋鼠 50 多种。

袋鼠的体形很像一只大老鼠，但头小耳大，身长约 1.5 米，体重近 100 千克。袋鼠前肢短，后肢长，四肢各有四趾，趾上长有锐利坚硬的爪。前肢用于在地面上搂草吃，慢行时可着地；奔跑时，则只用后肢跳跃着前进。雌袋鼠腹部有一个开口向前的育儿袋，育儿袋里有 4 个乳头，幼仔可爬进育儿袋里吸吮乳汁。

● 跳高跳远冠军

袋鼠生性怯懦，遇到敌人时只会逃跑，因此具备了快速奔跑与跳跃的能力。袋鼠奔跑的速度极快，时速可高达 65 千米，可与汽车赛跑。此外，它一步可跳 8 米远、3 米高，堪称动物界的跳高跳远冠军。在逃避野犬的追捕时，它能轻松跃过牧人设置的 2 米多高的篱笆。

● 御敌之术

别看袋鼠平日里面目和善、性情温驯，不会伤害别的动物，但一旦被激怒，它就会不顾一切地和侵犯它的动物进行搏斗。袋鼠善泅水，在遇到敌害时它会故意涉水到深及胸部之处，等敌人逼近时，就用前爪把对方拖进水里，然后用强而有力的后爪把对方按在水下，直到把敌人活活溺死。它的后腿和脚爪相当厉害，被迫自卫时，靠后腿蹬踢可将猎人或猎犬踢成重伤。

袋鼠育儿
小袋鼠在受精 30 ~ 40 天后出生，刚出生就存放在袋鼠妈妈的保育袋内，一待就是 8 个月，期间会短时间地离开保育袋学习生活。200 多天后它才能正式断奶，离开保育袋。

此外，袋鼠有一条长达 1 米多的大尾巴，可以作为御敌的有力武器。这条尾巴粗壮有力，蹲坐时可以与后肢形成稳定的"三角架"，就好比它的第三条腿。在快速奔跑时长尾还能上下摆动，起到维持身体平衡的作用。袋鼠的尾力非常大，遇敌时用力一扫便能击碎敌人的头骨，致敌人于死地。

● 独特的育儿袋

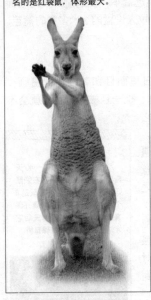

袋鼠
袋鼠是澳大利亚特有的动物。通常以群居为主，有时一群可多达上百只。袋鼠品种繁多，其中最著名的是红袋鼠，体形最大。

袋鼠身上最有特色的部分要数育儿袋了。育儿袋位于雌袋鼠的腹部，是一个富有柔韧性的皮囊，开口向前，主要用来抚育幼仔。袋鼠是胎生，幼仔是自己从母袋鼠的泄殖腔里爬出来的。初生的幼仔发育程度较差，只有 2 厘米长，没有毛，眼和耳都闭合着，像一条会蠕动的肉虫。小袋鼠依靠嗅觉沿着妈妈给它舔湿的印迹爬到育儿袋中，一进入育儿袋，就开始寻找乳头，找到一个后就紧紧含住它，开始吮吸奶汁。就这样，小袋鼠会在妈妈的育儿袋里一直待上 8 个月，期间会偶尔爬出育儿袋活动，但受到惊吓时仍会跑回育儿袋中躲避。200 多天后，当小袋鼠长到能独立生活时，袋鼠妈妈就不允许它再待在育儿袋里了。袋鼠的繁殖力相当惊人，当袋内的孩子长到能独立生活时，第二个孩子就接着出生了，同时，袋鼠妈妈可能又怀上了第三条小生命。

■ 树袋熊（Koala）——酷爱睡觉的动物

树袋熊又名考拉，是澳大利亚的又一特产珍兽，也是与大熊猫齐名的世界观赏动物。其体长 60~80 厘米，体重 10~20 千克，身体肥胖雍肿，眼小耳大，没有尾巴，体毛呈淡灰或淡黄色。前后肢均有 5 趾，后肢比前肢短，爪健壮有力，能紧握树干，即使睡觉也不会掉下来。它们

树袋熊
树袋熊又叫考拉、无尾熊，生活在澳大利亚，是澳大利亚奇特的珍贵原始树栖动物，属哺乳类中的有袋目树袋熊科。

常栖息于桉树林间，善于攀树和在树枝间跳跃，很少到地面上走动。树袋熊属夜行性动物，白天抱着树枝睡觉，晚上出来活动。

● 食性单一

澳大利亚东南部和西南部盛产四季常青的桉树，树袋熊就生活在枝叶茂密的桉树林里，以桉树叶为食。它可以说是动物界里最偏食的，除了尤加利桉树叶之外，别的什么都不吃。更特别的是，澳大利亚的尤加利桉树有几百种，但树袋熊只吃其中十二种桉树的树叶。此外，不同属的树袋熊，进食的尤加利桉树叶的种类也不同。

食性单一的挑剔者
树袋熊独居，一生的大部分时间生活在桉树上，偶尔会因为更换栖息树木或吞食帮助消化的砾石下到地面。它的肝脏十分奇特，能分离桉树叶中的有毒物质。桉树叶是其唯一的食物。

● 异常贪睡

树袋熊是昼伏夜出的动物，异常贪睡，一天要睡 18~22 个小时，其余的时间不是在爬树就是在吃食。树袋熊如此爱睡觉，是因为桉树叶所含的营养成分不够丰富，不足以保证树袋熊拥有充沛的体力。虽然一只树袋熊每天能吃掉 500 克桉树叶，但是这点儿营养不足以维持它一天所需的能量。为了避免体力透支，树袋熊除了将行动速度变慢之外，每天还会将大量的时间用来睡眠。

● 从不喝水

熟睡中的考拉
为了最大程度地节省能量、保存体力，考拉每天会睡上 18～22 个小时。白天，考拉通常将身子蜷作一团栖息在桉树上；到了晚间才外出活动，沿着树枝爬上爬下，寻找桉树叶充饥。

水是生命之源，人和动物都离不开水，但树袋熊却终生不喝一滴水，而且还能生活得无比快活。树袋熊居住在绿树丛中，吃住都在树上，只以树叶为食，从不吃其他东西，而树叶又鲜又嫩，含有充足的水分，树袋熊能从树叶中吸收到足够的水分，因此就用不着喝水了。它们的土名"考拉"是当地的土著语言，意思就是"不喝水"。

● 母子情深

树袋熊的交配和产仔也是在树上进行的。树袋熊和袋鼠一样，腹部也有个育儿袋，不同的是它的育儿袋开口是向后的，袋内也只有 2 个乳头。幼仔刚出生时比人的小手指还小，像条小爬

【动物趣闻】

树袋熊以吃桉树叶为生，桉树叶中虽然含有丰富的纤维素，但也含有挥发性的毒油。科学家在对树袋熊进行解剖时发现，它体内充满了有毒的桉脑油。但是，树袋熊在长期的取食过程中，也获得了"化害为利"的本领，它盲肠内的多种细菌可以抵抗毒素，也可将最难吃的绿色植物变成美味佳肴。

虫，两眼紧闭，依靠感觉寻找妈妈的育儿袋，爬进育儿袋便寻找乳头，吮吸乳汁。6 个月后幼仔才能长全毛，这时它会爬出育儿袋，趴在妈妈的背脊上，跟着妈妈四处游玩。有趣的是，如果幼仔不听话，妈妈居然会轻轻拍打它的屁股。直到 4 岁左右，小树袋熊能够独立生活时，母树袋熊才会离开幼仔，开始下一次繁殖。

■ 食蚁兽（Anteater）——蚂蚁的天敌

趴在妈妈身上的食蚁兽宝宝
食蚁兽宝宝一生下来就会爬到妈妈的背上，跟着妈妈四处游玩。它自己背上还会长出一些与妈妈匹配的条纹，以便伪装自己。

食蚁兽，顾名思义就是一种吃蚂蚁的兽类，它们是极少数专门捕食白蚁和蚂蚁的哺乳动物。食蚁兽属哺乳类中的贫齿目，贫齿是指没有牙齿或牙齿极少。也许有人会问，没有牙齿怎么咀嚼食物呢？事实上没有关系，因为它们的食物主要是蚁类，可以用"囫囵吞枣"的方式进行，不需要咀嚼。

食蚁兽分布在中南美地区，主要生活在从墨西哥到阿根廷北部与乌拉圭的热带稀树草原和森林里。食蚁兽主要有 3 类，即大食蚁兽、小食蚁兽和两趾食蚁兽。

知识拓展：最懒的哺乳动物是哪一种？

答疑解惑：褐喉树懒非常贪睡，一个昼夜大约要睡 17~18 个小时，并且无论进食、睡眠、交配和生育，几乎从不到地面上，甚至死后仍然挂在树上。

▶ 树懒——树上的懒汉

● 古怪的长相

食蚁兽的长相极为奇特，整个头又细又长，就像一根管子。头骨长达 38 厘米，额扁平，脑容量却非常小。头上的五官也都很小，特别是嘴，细得似乎只能插入一支铅笔，而就从这张细如小孔的嘴里，却能伸出一条近 60 厘米长的舌头。成年食蚁兽体长可超过 2 米，光是那条蓬松多毛、活像大扫帚的尾巴就占了将近一半。除了鼻吻部以外，大食蚁兽身体的其他部位都披着一层粗糙的长毛。大食蚁兽前后肢都有 5 趾，前肢各趾还生有尖锐的长爪，特别是中趾上面的爪子十分发达。行走时长爪向后屈曲，趾关节背面着地，用前肢的膝关节来承受重量，以一种拖步的方式缓慢行走。在陆地上行走时，大食蚁兽会将长长的管状吻紧贴在地面上，凭借灵敏的嗅觉不停地搜寻它最爱吃的白蚁。

● 贪婪的吃相

大食蚁兽白天大多躲在草原的灌木丛下，用大尾巴盖住身体睡觉，夜晚才出来活动觅食。通常一个晚上，它们要走 10 千米左右的路程，到处捕食它们爱吃的白蚁和蚂蚁。一旦找到蚁巢，它们便用有力的利爪捣毁蚁巢一角，将细长的嘴巴插入其中，然

小食蚁兽
小食蚁兽长有一条能够蜷曲缠绕的大尾巴，既能树栖，又能地栖，白天黑夜都可出来活动。

后运用那每分钟能伸缩 160 次的黏性长舌舔吃白蚁和蚁卵。食蚁兽平均 1 天能吃掉 3 万多只总重量达 250 克的白蚁。白蚁营养丰富，完全可以满足大食蚁兽的能量需要。据说，大食蚁兽还会利用扫帚般的大尾将逃散的白蚁扫作一堆，然后再舔食一光。

【动物趣闻】

食蚁兽在捕食蚁类时不会将整个蚁穴都破坏掉，当它吃掉蚁穴的一部分蚁类后，就会离开再去寻找其他的蚁穴。这个遭到部分破坏的蚁穴，很快就能被蚂蚁们重新修葺完整，而等到蚁穴复原后，食蚁兽又会再度光顾。它们从不一次吃光整窝的蚁类，因为这有可能会使它们将来断粮。

● 自卫的武器

食蚁兽多在地面活动，它们昼伏夜出，性情孤僻，温和迟钝。受惊时先抬起鼻子嗅闻四周，然后就朝着安全的方向跌跌撞撞地逃跑。在被逼得走投无路时，它们就用后腿站立，腾出带有利爪的前肢，摆好自卫的架势。面对食蚁兽的利爪，就连美洲豹这样的雨林之王也不能不有所收敛。大食蚁兽的皮肤又硬又厚，外面还罩着一层粗糙长毛。这种皮毛既能抵御蚁类叮咬，又能防御肉食猛兽的攻击。如果攻击者不能一下子攻破这道防护而咬住大食蚁兽的要害，那它们就会立刻被反击的致命利爪刺中。

■ 树懒（Sloth）——树上的懒汉

树懒是南美洲特有的一种哺乳动物，以行动迟缓和懒惰闻名。树懒体形与猴有些相似，头小而圆，耳朵很小；体长约 70 厘米，重约 9 千克；前肢有两爪，后肢有三爪，爪很发达，长约 7 厘米。树懒有两种，即二趾树懒和三趾树懒（三趾树懒的前后肢各有三趾）。

二趾树懒
二趾树懒体长约 70 厘米，尾退化，前肢两爪，后肢有三爪。体毛上因有地衣和藻类生长，故呈绿色。

三趾树懒

三趾树懒三趾等长，跤骨基部及附骨愈合，爪强而呈钩状，体形较小，体重 4～7 千克，体毛长而粗，毛被为藻类提供了生存条件，雨季时，藻类在毛表的凹陷处生长，使浅色毛皮变成绿色。

树懒的生活方式非常奇特。它们常年生活在树上，无论睡眠、休息还是活动，全是倒挂在树枝上——头朝下，脚朝上。因此树懒的趾和爪都已退化成钩了，这样它就能轻而易举地倒挂起来。曾有人发现过一只已经死亡好几天的树懒，爪子依然紧紧地抓着树枝，没有落地。

● 以树为家

树懒几乎终生以树为家，极少离开树。在南美的热带森林里，常会看到这样一种奇怪的现象：在一些参天古树的枝丫上，经常会挂有一团团如鸟巢般的地衣。但是走近仔细观察就会发现，这些地衣并不是长在树上，而是长在一种动物——树懒身上的。树懒在一天中仅在子夜时分才会活动一会儿，所谓的活动也就是在树枝上来回爬动爬动。这种爬动也是十分有限的，因为树懒行动非常缓慢，行走一步需要 10 多秒钟。由于树懒长时间倒挂在树枝上一动不动，又常年生活在潮湿阴冷的环境中，所以它们就很容易地穿上了一身绿茵茵的"藻类迷彩服"。不过，也正因为有了这一层天然的保护色，树懒一次又一次地躲过了敌害的侵袭。

● 耐饥节能

树懒是一个完全的素食者，主要吃树叶、嫩芽和果实。树懒生命力极强，耐饥饿，可以一个月不吃东西，还不容易得病，受重伤后也能自己顽强地复原。树懒有一个大而复杂的胃，与牛的瘤胃有些相似。胃内有着丰富的微生物，能分解低蛋白的树叶，把它们转变为可被小肠吸收的营养成分，实现高效的能量转换，利于充分吸收。可以说，树懒的胃起着发酵室的作用。此外，树懒的肌肉很少，只有其他体形相似动物的一半，这就大大减少了身体对能量的需求和消耗。为了更好地节约能量，树懒夜间休息时体温会下降 6 摄氏度左右，这与动物冬眠有点儿相似。

【动物趣闻】

树懒是不喜欢群居生活的动物，除了交配和照顾小树懒以外，大都独栖。它们一胎只产一仔，寿命在 10 年左右。小树懒在 1 岁之前会一直待在妈妈身边，但实际上两个月的小树懒就已经会自己吃树叶了。

■ 穿山甲（Pangolin）——森林卫士

穿山甲是食蚁兽的一门远房亲戚，它与树懒、犰狳合称为"美洲的三怪兽"或"美洲三杰"。穿山甲又叫鲮鲤，栖息在南亚、南非的森林和草原中。它和犰狳一样，全身布满坚硬的鳞片，

穿山甲

顾名思义，穿山甲一是有挖穴打洞的本领，二是身披褐色角质鳞片，犹如盔甲。除头部、腹部和四肢内侧有粗而硬的疏毛外，鳞甲间也有长而硬的稀毛。

抱着树枝睡觉的树懒

树懒包括三趾树懒和二趾树懒 2 属 5 种，全部生活在中美和南美热带雨林区内，已高度特化成树栖生活，完全丧失了地面活动的能力。

穿山甲的大尾巴
穿山甲长着一条长而大的尾巴，有蜷曲功能，可以缠绕在树枝上。

是一种洞穴动物。它的身体构造也与洞穴生活相适应，如身体呈纺锤形，头部细长，眼睛和耳朵退化，四肢粗短有力，爪尖细而长等。穿山甲的主要食物是蚂蚁和白蚁。与其取食习性相适应的是嘴巴特化成笔管状，口里没有牙齿，但有一根细而长的舌头，且有黏性。舌头很柔软，伸缩自如，长度可达身体的一半。

● 以蚂蚁为食

穿山甲捕食时，靠它那锋利的爪子和细长的舌头捣毁蚁巢舔食蚂蚁。一般一窝蚁巢，穿山甲用半小时左右的时间，即可将白蚁取尽。如果挖到一窝大巢，蚁很多一次吃不完时，聪明的穿山甲会用土先把洞口堵住，待第二天、第三天晚上再来取食。穿山甲平均一年能吃掉几十万只白蚁，而白蚁是蛀食树木特别厉害的动物，中等程度的白蚁群体，只要10天时间，就可把30立方厘米的木材全部吃光，对森林的破坏性极大。而穿山甲专吃白蚁和其他蚂蚁，保护了森林树木的生长，因此人们给它冠以"森林卫士"的称号。

● 善于挖洞

白蚁杀手
穿山甲的舌细长，能伸缩，带有黏性唾液，觅食时，以灵敏的嗅觉寻找蚁穴，用强健的前肢爪掘开蚁洞，将鼻吻深入洞里，用长舌舔食之。

穿山甲善于打洞，并因此而得名。它挖洞既是为了找食，也是为了居住。穿山甲对居住条件十分讲究，夏天住的洞长只有1米左右，一般建在通风凉爽的地方；到了冬天，它会把家迁到向阳的地方，挖的洞穴长达十几米，以便在洞中冬眠。挖洞时，它先用前爪挖土，再用后爪扒土，速度非常快。当土被挖松后，它就钻入土中，把身上的鳞甲竖起来，然后向后倒退着，把大量的松土排出洞外。据科学家推测，穿山甲每小时能挖土6000立方厘米，重量和它自己的体重差不多。

缩成球状的穿山甲
穿山甲多在山麓地带的草丛或丘陵杂灌丛中较潮湿的地方挖穴而居。昼伏夜出，遇敌时则蜷缩成球状。

● 捕食高招

穿山甲还有一套巧妙的捕蚁术，它常潜伏在蚂蚁较多的草丛中，把全身的鳞片张开，一动不动地躺在那里，就像死了一样，并且还散发出一种令蚂蚁很敏感的腥味。不一会儿，寻食的蚂蚁闻着气味爬了过来，看到躺着不动的穿山甲，误以为是动物的死尸，于是就在穿山甲身上爬来爬去，甚至爬到穿山甲的嘴边，但穿山甲丝毫不予理睬。蚂蚁以为找到了一顿丰盛的美餐，非常高兴，赶忙召唤同伴。不一会儿，成群结队的蚂蚁密密麻麻地围着穿山甲，有的钻进其鳞片下，有的钻进其身子下，

【动物趣闻】

穿山甲的听觉非常灵敏，只要一听到响动，预感到强敌来临，它就会很快把长长的身体蜷缩起来，只把鳞甲露在外面，就像一个结实的圆球，使野兽无从下口。

想方设法想把穿山甲抬走。就在这时，穿山甲忽然猛地收拢鳞片，迅速跳到水里，全身轻轻一抖，鳞片微微一张，蚂蚁便全部浮在水面上了。还没等蚂蚁弄清是怎么回事，穿山甲那长长的舌头就已把大群的蚂蚁一扫而光了。

● 负子出游

穿山甲个性孤僻，总是独来独往，并且习惯昼伏夜出，喜栖息于丘陵地带的灌木丛及有杂树林的潮湿地区。到了每年的四五月份，习惯单独生活的穿山甲不得不出洞寻找配偶，繁殖后代。穿山甲在冬末或春初产仔，每胎产1~3仔。幼仔和父母一样，天生长有鳞甲，尽管它的鳞片还很小，也很单薄，但几天之后就变得和父母的一样坚硬了。幼仔出生一个月后，就爬到妈妈背上，紧紧地抱住妈妈，跟随妈妈一起外出游玩。无论妈妈到什么地方，都会把孩子背在身上。

■ 刺猬（Hedgehog）——无法亲近的动物

刺猬属食虫目，广泛分布在东半球的欧、亚和非洲大陆地区。它们个头较小，体长在14~26厘米之间，体形圆阔，头顶和背部覆盖着6000多根短而无倒钩的尖刺。刺猬耳朵较短，视觉较差，但嗅觉、听觉和触觉很发达。它们多栖息在

刺猬
在野生环境自由生存的刺猬会为公园、花园、小院清除虫蛹、老鼠和蛇，是不用付薪水的园丁。

沙丘或灌木丛的地洞中，昼伏夜出，睡觉时蜷

冬眠的刺猬
刺猬冬眠的时候，简直连呼吸也停止了。原来，它的喉头有一块软骨，可将口腔和咽喉隔开，并掩紧气管的入口。

缩成一个圆球，主要以昆虫、蜘蛛、蚯蚓为食，也吃植物的根及果实。刺猬喜欢独居，有冬眠习性，冬眠时体温下降，心跳频率为平时的1/10，呼吸几乎停止。

刺猬背上坚挺的硬刺其实是它特化的体毛，这些硬刺能通过皮肤下面特有的皮肌收缩直竖起来。当它遇到敌害时，就赶紧把身体蜷缩成一个刺球，令许多凶猛的食肉动物在这个刺球面前束手无措。至于刺猬那粗针样的硬刺到底有多硬，还没有人作过专门的研究，但是曾有人把它的刺剪下来当唱针使用过，可见还是具有相当强度的。但刺猬利用硬刺进行防御并不是万无一失的，在遇到狡猾的狐狸时，就骤然失效了。因为狐狸能将吻部使劲儿插进蜷缩着的刺猬腹部，然后将刺猬抛向空中，在刺猬落到地面的一瞬间，它体下的柔软部位就会暴露在外，这时狐狸就会及时下手，正中刺猬的要害。

■ 家鼠（House mouse）——最不受欢迎的鼠

家鼠是鼠类中个头较小的一种，常生活在人类的住宅附近。自从人类有了固定的住所后，

知识拓展：最大的豪猪是哪一种？

答疑解惑：最大的豪猪是美洲豪猪，体长 42 ～ 105 厘米，尾长 18 ～ 25 厘米，体重 3.5 ～ 18 千克。

▶ 豪猪——身披利箭的鼠

家鼠就毫不客气地住了进来，并且再也没有搬出去过。这些身长大约 25 厘米的哺乳动物，在漫长的历史演化中，已经充分适应了人类的生活。除了家

家鼠

家鼠是大家鼠属和小家鼠属中的一些种类的统称。因这些种类主要栖居在城镇、乡村，与人关系密切，故名家鼠。善游泳的种类趾间有皱形蹼。

畜以外，它们几乎是唯一自愿和人类住在一起的哺乳动物。家鼠什么都吃，不管是垃圾、粮食，还是家具、衣物，一概不拒。而且它们的食量大得惊人。尽管 100 只家鼠加起来才有 1 个成人那么重，但 3 只家鼠需要的食物就已经和 1 个成人的食量相等了。

家鼠的繁殖力非常强，繁殖速度也很快，一只母鼠在理想的生活环境中，每 6 个星期就会把 10 只小老鼠带到这个世界上来。

家鼠喜欢群居，它们形成群体的基础是亲缘关系。它们子子孙孙、世世代代地聚居一地，甚至会出现数量高达 2000 只的大鼠族。如果某只家鼠在住地外找到了什么好吃的食物，很快就会有一大群同胞来到那里共同享用。如果这只家鼠考察后发现这并不是能吃的东西，它就会在那里撒一泡尿或拉一些鼠粪。鼠群内部是通过它们身上特有的气味进行交流和识别的，它们可以通过嗅觉准确无误地查出混进群体的外来者，然后群起而攻之，将外来者驱逐出去。

【动物趣闻】

老鼠有时会进行大规模迁移。1809 年，德国农民曾看到一支无边无际的老鼠大军，这支老鼠大军黑压压地碾过原野，将一切吞噬一空，最后渡过美因河，消失了。据估计，这支老鼠大军至少有 30 亿只老鼠。

■ 豪猪（Porcupine）——身披利箭的鼠

豪猪虽名为猪，但与老鼠和兔相近，同属于啮齿类动物。它外形像刺猬，但比刺猬大，有六七十厘米长，嘴也没那么尖，脸像耗子一般，全身呈黑色和褐色，有时也混有灰白短毛。它分布甚广，以地域来分，大体

小豪猪

豪猪和老鼠是近亲，有着和老鼠相似的脸庞。刚出生的小豪猪十分可爱，很多人将其作为宠物饲养。

分为东西半球两大类。它最大的特点是从背部到尾巴都长满了棘刺，因而又叫箭猪。它是夜行性动物，白天躲在洞里睡大觉，晚上出来活动，主要以树根、落果和植物茎秆为食，也吃腐肉。

● 无敌的棘刺

豪猪从背部到尾巴，披满了像箭镞一样的棘刺，屁股上的棘刺更是又长又密，有的像筷子那么粗，长的足有半米，棘刺的颜色黑白相间，很是显眼。豪猪膘肥体壮，除了长有锋利

非洲豪猪

在新大陆（南北美洲）和旧大陆（亚洲、非洲和欧洲）都生活着豪猪。但这两地的豪猪是截然不同的，主要区别在于：新大陆的豪猪是攀树的，而旧大陆的豪猪全都生活在地面上。

的棘刺，还长有锐利的牙，这些都是它自卫的利器。遇到猛兽时，豪猪会把全身的棘刺竖起来，根根如同抖动的钢筋，互相碰撞，刷刷作响，同时它还会大声吼叫，将敌人吓倒、吓跑。若有不听警告上前冒犯者，豪猪便毫不客气地大开杀戒。它进攻的方式很特别，先掉转屁股，再倒退着向对手冲过去，以尾击敌，用尾巴上密布的短刺横扫敌人的脸部。狮子、老虎等敌人的唇舌、咽喉、眼睛和脚掌被它刺中后，很快就会化脓腐烂，导致眼睛失明，无法进食，同时疼痛难忍，最终将会活活饿死或者痛死。因此，号称陆地之王的狮子、老虎等见了豪猪都会退避三舍，不敢与之交锋。

满身棘刺的豪猪
豪猪身上原来也只有鬃毛，后来在遇到强敌时，几根硬而长的角质化棘刺发挥了御敌作用，这种特征在后代繁殖中逐渐遗传下来，久而久之，棘刺便长满了全身。

● **不断进化的硬刺**

据动物学家研究，豪猪身上原来只有鬃毛，后来偶尔长出少量硬而长的角质化棘刺，在遇到强敌时，棘刺发挥了重要的御敌作用。久而久之，这种特征在后代繁殖中逐渐被遗传了下来，棘刺长满了全身。因此，豪猪长满棘刺，是由鬃毛逐渐转化的结果。

刚出生的小豪猪，全身约有3万根刺，比

较柔软，大约过10多天后就变硬了。成年豪猪背上的刺有七八厘米长，虽然没有毒性也不能射出，可是很容易脱落而刺入其他动物的皮肉，脱落后还会再长出新的棘刺来。

【动物趣闻】
豪猪有一个奇特的嗜好，就是喜欢吃盐。有时豪猪会闯入野外工作人员的营地，啃食接触过盐的东西，就连接触过汗液的物品它们也不放过。

● **豪猪的弱点**

豪猪虽然拥有一身尖刺，足以令敌人闻风丧胆，但它也有致命的弱点。它的腹部柔软无刺，往往成为一些动物的突破口，像渔貂、斑狼、豹等，都会设法避开尖刺，而用利爪出其不意地狠抓豪猪的脸部，再伺机把豪猪翻转过来，攻击其柔弱、光溜的腹部，将其捕获。

■ **蝙蝠（Bat）——"活雷达"**

蝙蝠属翼手目动物，因为会飞，常常被误认为是鸟。事实上，蝙蝠是唯一演化出真正飞翔能力的哺乳动物。它们长着柔软的被毛，有一对向前突出的大耳朵。幼仔是胎生的，靠吃母奶长大。全世界共有900多种蝙蝠，除极地和大洋中的一些岛屿外，遍布于世界各地，以热带和亚热带最多。

蝙蝠的前肢变为翼，每只手有4个特别长的手指，每只脚上有5个脚趾，长着弯爪，用来把身体倒钩在树枝上或岩石上。它们白天以头朝下脚朝上的姿势休息，晚

蝙蝠
蝙蝠是唯一一类演化出真正飞翔能力的哺乳动物，全世界现存900多种。它们中的多数还具有敏锐的回声定位系统。大多数蝙蝠以昆虫为食。

知识拓展：最重的狗是哪一种？
答疑解惑：爱尔兰猎狗和丹麦大狗是狗中较为高大威猛的品种，有一只名
为艾卡玛·佐尔巴的英国犬，体重竟达 155.58 千克。

▶ 狗——人类最忠实的朋友

上出来活动，以植物的果实和昆虫为食。它们飞行时能发出超声波，用以辨明前方何处有障碍。

● 倒挂着睡觉

蝙蝠喜爱群居，常昼伏夜出，休息时会利用拇指末端的弯爪钩住树枝、屋檐、石缝等，倒挂而憩。这种特殊姿势的形成和蝙蝠自身的身体结构以及长期适应飞行生活有关。蝙蝠前肢只有1个爪钩，不能用来着地，主要用来辅助攀爬，后肢上的大钩爪适于悬挂。它的飞行翼膜十分宽大，后肢短小，当落在地面时，只能伏在地面上，如果身子和翼膜贴着地面，就无法站立，也不易飞行。此外，悬挂于高处的蝙蝠遇到危险时，会随时伸展翼膜飞起，非常灵活。

● 超声波定位

蝙蝠的视力欠佳，但它们分辨声音的本领很高，素有"活雷达"之称。它的耳内具有一套超声波定位结构，可以通过发射超声波并根据其反射的回声辨别物体。即使在伸手不见五指的夜里，蝙蝠也能在茂密的森林里发现昆虫而不会撞上树枝。蝙蝠还能以高达100千米的时速在林中自由穿梭。飞行时，它们会从鼻孔里发出4.8万～7万赫兹的超声波（人类只能听到20～2万赫兹的音波），这种音波速度极快，当碰到障碍物时，

> **倒挂在树上休息的蝙蝠**
> 蝙蝠总是倒挂在树上休息。蝙蝠的翼是在进化过程中由前肢演化而来的。除末端有爪的拇指外，其前肢各指极度伸长，有一片飞膜从前臂、上臂向下与体侧相连直至下肢的踝部。

音波会立刻反射回来，而蝙蝠就能迅速避开障碍物。追逐昆虫时，反射回来的音波进入蝙蝠的耳朵，蝙蝠就能据此确定猎物的确切位置。

> 【动物趣闻】
>
> 1991年7月，吸血蝙蝠曾侵袭巴西东北部的一个小村落，在夜晚吸取熟睡村民的血。由于它们大都已感染狂犬病毒，结果造成一场3人死亡、298人入院就医的惨剧。

● 吸血蝙蝠

吸血蝙蝠分布在美洲热带地区，目前存有3种。它们集群生活在潮湿的热带森林里，靠吸食动物的血液为生。它们的嗅觉和听觉十分灵敏，跟普通蝙蝠一样，也装备有"回声探测器"。

> **吸血蝙蝠**
> 据研究，吸血蝙蝠只分布在美洲大陆的热带地区，共分三种：普通吸血蝙蝠、连毛腿吸血蝙蝠和白翅吸血蝙蝠。

在捕食时，它们会先小心谨慎地飞到袭击对象跟前，在上空悄无声息地盘旋侦察，然后寻找机会下手。在对猎物发起进攻时，它们先用尖锐的门牙撕开猎物身上较柔软部位的一块皮肤，再用槽状的舌头吸食猎物的血液。吸血蝙蝠每次的吸血量并不是很多，但是它们会传染疾病，是狂犬病等许多疾病的传染源。

■ 狗（Dog）——人类最忠实的朋友

> **警犬**
> 警犬是经过严格训练、为公安工作服务的工作犬。目前我国的警犬有德国牧羊犬、史宾格犬、拉布拉多犬、杜伯文犬、罗威纳犬、马里努阿犬、昆明犬这几大类，藏獒也成为了警犬备用犬种。

知识拓展：世界上最凶猛的狗是哪一种？
答疑解惑：藏獒是世界著名的大型猛犬，原产于我国青藏高原，
性格刚毅，力大凶猛，敢与野兽搏斗。

脊椎动物（二）

狗属于食肉目、犬科，很早就被人类所驯养，根据动物学家的研究得知，狗的驯化历史至少有1万年之久，它的祖先是狼。狗分布在世界各地，种类很多，根据用途不同，大致可分为看家犬、导盲犬、牧羊犬、猎犬、警犬、赛犬、宠物犬等。

狗长着两颗锐利的犬牙，全身覆毛，毛发长短各异，腿部强壮，听觉灵敏，嗅觉敏锐，耐力极强，适合在野外奔跑。

● 忠诚的伙伴

狗具有勇敢、机警、服从、忠诚等特性，对主人忠心耿耿，是人类最忠实的朋友。尽管狗是从狼驯化而来的，但它早已摆脱了狼的野性。千百年来，人们研究出了各种理论，但仍然无法解释狗为何能与人类如此融洽地相处，能这样忠诚于人类。狗是一种高度社会化的动物，在群体生活中不但会互助合作，而且有尊卑观念，会尊敬和服从它们的首领。一般家养的狗如果从小被主人养大，就会视主人为首领，并且会永远忠于主人。

● 强烈的领域观

狗具有很强的领域观。我们经常可看到狗在电线杆下或墙角下撒尿，这是它们在"圈占"自己的势力范围。当两条狗相遇时，若彼此互舔面颊，就表示它们地位相当，且不会发生冲突；若互嗅裆部与尾部，说明被嗅的那条狗地位较低；若彼此都翘起尾巴，互相凝视，

人与狗
狗对主人的忠诚，可能是来源于两种情感基础：一是对母亲的依恋信赖，二是对群体领袖的忠诚服从。也就是说，狗对主人的忠诚，其实是狗对母亲或群体领袖忠诚的一种转移。

则表示双方实力相仿，谁都不愿臣服于对方，这时候，就只能以武力一决高下了。两条狗互咬时，夹杂着响亮的叫声，看上去也十分惨烈，但它们很少会咬死对方。输的一方要么夹着尾巴逃走，要么仰卧在地，四脚朝天向对方表示臣服。至于胜的一方，只要看到输者逃走或臣服，就不会再继续争斗下去。

● 敏锐的听觉与嗅觉

狗的视力不是很好，但具有灵敏的听觉和特优的嗅觉。它们常常耳贴着地面睡觉，但不会睡熟，能听到数里之外传来的轻微的震动声。它们的听力范围可达3.5万赫兹，远远高于人类。它们的嗅觉更是人类的百万倍，能够区分出各种动物的汗、血、尿、粪等。凭着灵敏的嗅觉，狗能在雪崩后把埋在雪堆下的人搜寻出来，能在房屋倒塌后把困在瓦砾中的人抢救出来，能在森林深处把迷路的人引领出来。为了吸收更多的气味分子，狗的鼻子总是保持着湿润。

大丹麦狗与吉娃娃
狗的品种极多，体貌和脾性千差万别。经过长期的驯化，人们根据其生理习性及身体特征进行了有目的地培育，分化出了工作犬、狩猎犬及其他犬种。

141

知识拓展：最大的鬣狗是哪一种？
答疑解惑：最大的鬣狗是斑鬣狗，体长可达 165 厘米，尾长有 33 厘米，体重可超过 70 千克。

▶ 斑鬣狗——草原上的清道夫

■ 斑鬣狗（Spotted Hyena）——草原上的清道夫

斑鬣狗的外形与狗非常像，不过它们分属不同的科目。斑鬣狗身长 125 厘米，肩高 80 厘米；头短面圆，额部较宽，耳朵较圆；前腿长后腿短，前足四趾，爪不能伸缩；肩高于臀，颈上有鬣毛，但肩、背部没有鬣毛，尾短但尾毛蓬松；全身披着棕黄色并有乌褐色斑点的毛，蓬松而不光滑。斑鬣狗分布在非洲的大部分地区，其中以埃塞俄比亚最多。

● 草原清道夫

斑鬣狗多栖息于草原和荒丘地带，白天大部分时间隐匿在洞里，到了夜晚才活跃起来，有时为了猎食能跑到离家 40 多千米的地方。斑鬣狗的食物中有 20% 是狮、豹等吃剩的残骸，它们的前白齿特别粗壮，咬肌也非常发达，能嚼碎最坚硬的骨头，所以，其他动物不爱吃或者咬不动的坚硬食物，斑鬣狗都可以"包干"，吃得一干二净，寸骨不剩。斑鬣狗具有惊人的

斑鬣狗妈妈和孩子

雌斑鬣狗对猎物十分凶残，但对自己的孩子却十分慈爱。小斑鬣狗出生后，斑鬣狗妈妈要呵护它一直长到 18 个月大，才放它单独出外觅食。

免疫力，它的胃酸可以杀死一切细菌，吃腐尸烂肉从不会得病。正是有了斑鬣狗这样的"清道夫"，大自然才得以保持它清纯美丽的容颜，大大减少了瘟疫的产生。

● 凶残的猎手

每当狮子进餐时，斑鬣狗就会在几百米之外观看，企图捡一些"残羹剩饭"。有时，斑鬣狗饿得实在受不了了，而"进餐者"又恰巧不是令其望而生畏的雄狮时，它就会按捺不住急切的求食心情，进行抢劫。斑鬣狗除了吃狮、豹的剩食外，80% 的食物还是靠它们自己猎取。在捕食小动物或瞪羚时，斑鬣狗往往单独或成对行动；在捕食角马、斑马等大型动物时，常常成群结帮进行围猎。在追逐猎物时，斑鬣狗会伺机咬住猎物的腿或肋部不松开，一直到被袭击者倒下为止，然后就撕开猎物的肚子，掏出其内脏，饱餐一顿。

● 无边的母爱

斑鬣狗营群体生活，每个群体都占有一定的势力范围。雌斑鬣狗的身体一般比雄性要大，它掌握着群体的领导权，是整个群体的首领。斑鬣狗没有特定的繁殖期，雌鬣狗随性交尾，大约在 110 天的妊娠期后，会产出 1 ～ 3 只小

斑鬣狗

斑鬣狗主要分布于非洲撒哈拉沙漠以南的较开阔地区，多栖息于草原和荒丘地带。它是鬣狗科中体形最大的一种，成群捕食较大的猎物时，连狮子也要让它三分。

【动物趣闻】

我国虽然没有活鬣狗生存，但鬣狗化石极为丰富。在我国上新纪地层中发现了现生鬣狗的真正祖先类型。据科学家推断，史前鬣狗曾长期和北京猿人争夺洞穴和猎物。这样看来，现在分布在非洲和南亚部分地区的鬣狗的真正发源地，就是我们中国了。

捕食斑马的斑鬣狗
斑鬣狗善伪装，善奔跑，最高时速可达 60 千米。进食和消化能力极强，一次能连皮带骨吞食 15 千克的猎物。

鬣狗。同一群体的雌鬣狗在同一个巢穴中产仔，也在同一个地方养育小鬣狗。幼仔吃奶时，雌鬣狗会躺在地上，让小鬣狗尽情吃个够。洞穴旁还有许多其他雌鬣狗，它们共同保护着小鬣狗，防止狮子或其他鬣狗前来袭击，因为有时候一些雄性鬣狗也会吃掉小鬣狗。小鬣狗要在妈妈的精心呵护下一直生活 18 个月，才会单独出外觅食。

■ 狼（Wolf）——智慧的猎手

狼属犬科动物，是犬科中体形最大者，外形与狗相似，但吻部略尖长，体长在 1 ～ 2 米之间，肩高 0.5~0.7 米，体重 26~79 千克。

狼四肢矫健，善于奔跑，耳郭直竖，尾毛长而蓬松，呈挺直状下垂，毛色多为棕灰色，也会因栖息环境的不同和季节的变化而改变体色。它们主要分布于亚欧大陆和北美洲，栖息范围很广，适应性强，山地、林区、草原、荒漠、沙漠甚至冰原地带都有它们的踪影。狼常集群生活，多在夜间活动，性情凶残，主要捕食野兔、鹿类、大型啮齿类、各种野羊、鸟类和家畜等，有时也吃植物果实和昆虫。

狼
狼是家犬的祖先，为现生犬科动物中体形最大者。由于狼在饥饿的情况下会捕食羊等家畜，曾被人类大量捕杀，一些亚种已经绝种。

【动物趣闻】

在漆黑的夜里，活动的狼群眼睛里会发出瘆人的绿光。它们的眼球上有许多特殊的晶点，这些晶点具有很强的反射光线能力，能将极微弱的、分散的光聚集成束并反射出来，所以只要有猎物进入狼的视野，就会立即被狼群发现并猎杀。

● 集群而居

狼一般集合成群四处活动，常会占领一个面积为 10~100 平方千米的领域。狼群通常通过激烈的斗争，选出其中最强壮的一只公狼作为首领，由它再选择一只母狼形成一对领导者，来带领整个群体。狼群有着极强的团结协作意识。当它们在野外活动时，通常是一只接一只地排成一字纵队，秩序井然地前进。这样做的主要原因是，一旦遭到猛兽袭击，它们能够前后呼应，共御强敌；再者，也是为了猎食的方便，发现猎物后，狼群能够很快进行组织协调，针对不同情况采取不同的行动，共同捕食。它们排成一字纵队前进，前后首尾相接，前边的狼通过尾巴向后面的狼传递信

狼的一家
狼属于生物链上层的掠食者，通常群体行动。在一群狼中，由一只强壮的公狼充当狼王。

息，以此种方式相互联络，无论攻击还是防御，都能很快达成一致，令敌人防不胜防。

● 集体围猎

狐不会单独捕猎，它们都是采用群体进攻的方式进行围捕的。每次围猎时，狼群都会事先计划好攻击对象、攻击路线并安排好各自的分工。在遇到猎物时，首领会指挥狼群一字排开，快速地逼近并包围猎物，然后一齐扑向猎物，将它们咬死。如果是奔跑能力很强的猎物，狼群还会采用接力追击的方法，一只狼追击时，另一只狼就先跑到前面去，当被追击的动物跑过来时，这只狼就接着追上去，猎物始终难以脱身。狼群会一直穷追不舍，身体强壮的首领会跑在最前面，当猎物被追得疲惫不堪，跑不动时，首领就会趁机一口咬住

母狼哺婴

在意大利首都罗马有一尊著名的青铜塑像：一只母狼在哺育两个婴儿。这两兄弟就是罗马神话中的战神之子罗穆卢斯和雷穆斯，正是他们建立了罗马城。母狼也因此被视为罗马城的象征。

猎物，把它扑倒，其他的狼则一拥而上，将猎物撕得粉碎。

● 夜晚嚎叫

狼是夜行性动物，每到傍晚，饥饿的狼往往成群地出来寻找食物，一边走，一边发出低声的嚎叫。它们的叫声很特别，夜晚听起来尤其恐怖，令人毛骨悚然。狼嚎主要是用来集群的，嚎叫是它们的通讯信号。此外，母狼常会发出叫声来呼唤小狼，公狼也会通过嚎叫来呼唤母狼。在繁殖期，狼也会通过嚎叫声来寻找配偶。在抚幼期，除了母狼会发出叫声呼唤幼狼外，幼狼在饥饿时也会发出尖细的叫声。

■ 狐（Fox）——最有计谋的动物

狐通常称为狐狸，也叫赤狐，属于犬科的一种。它的四肢短小，尾长且蓬松多毛，因此显得更为粗大，尾巴基部有个小孔，能放出一种刺鼻的臭气。世界上共有13种狐，分布于欧、亚及北美等地，生活于森林、草原、半沙漠及丘陵地带，常栖息在树洞或土穴中，傍晚出来活动觅食，到天亮才回家。

沙狐

沙狐栖息在开阔的草原和半沙漠地带，主要在夜间活动。以小型啮齿类动物为食，也捕食鸟类、蜥蜴和昆虫。

对月狼嚎

狼是群居性极高的物种，狼群通常由一对优势配偶领导。狼群有领域观念，群与群之间的领域范围不重叠，狼王经常会以嚎声向其他群宣告范围。

知识拓展：最珍贵的狐是哪一种？
答疑解惑：银狐。其毛细柔丰厚，皮板轻薄，御寒性强，是传
统的高级裘皮，在现今国际裘皮市场上更有"软黄金"之称。

脊椎动物（二）

由于它的嗅觉和听觉极好，再加上行动敏捷，所以能捕食各种老鼠、野兔、小鸟、鱼、蛙、蜥蜴、昆虫和蠕虫等，也吃一些野果。有一种生活在北极寒冷地带的北极狐，身体覆有厚厚的皮毛，夏季体毛为蓝色，冬季呈白色，适应性强，以鼠类为食，也吃鱼虾。

● 特殊的耳朵

狐狸的耳朵是朝前生长的，这样有利于它搜索前面的声音。狐狸的听觉十分灵敏，它能准确地感知周围的动静，发现一些猎物，也能及时地逃避敌害。此外，它的耳朵还有一个特殊的用途，能帮助它散发体内的热量。在不同地区生活的狐狸，耳朵的大小也有明显的不同，生活在热带沙漠地区的大耳狐，耳朵比其他地方的

捕鼠能手
动物学家发现，狐狸的主要食物是昆虫、野兔和老鼠等，而这些小动物几乎都是危害庄稼的坏家伙，狐狸吃了它们，等于是帮了我们的大忙。所以说，狐狸应该属于对人类有益的动物。

赤狐
赤狐是体形最大、最常见的狐狸，身体细长，吻尖，耳大，尾长略超过体长的一半，足掌生有浓密短毛。毛色因季节和地区不同而有较大差异。

狐狸大得多，有利于快速散发热量和降低体温。而生活在北极严寒地区的北极狐，耳朵特别小，这样可以减少体内热量的散发，从而保持体温。

● 奸诈的本性

人们经常用狡猾奸诈来形容狐狸，尤其是在"狐假虎威"的故事里，狐狸的狡猾性格表露无遗。在动物界，狐狸的确有着奸诈的本性。它们在捕捉猎物或逃避敌害时，常常会使出一些令敌人意想不到的计谋。比如在捕食时，两只狐狸会在路边扭成一团打架，但可千万不要以为它们是在真打，它们只是在使用计谋，引诱附近的老鼠和野兔出来看热闹。它们假装越打越起劲，但在野兔和老鼠看得着迷时，却会突然猛扑过去，将猎物逮住。此外，狐狸的狡猾本性还表现在建造洞穴上。它们的洞穴往往有好几个入口，地底下还有好几条地道，有的通往食物储藏室，有的通往育儿室，就像一座地下迷宫。狐狸的警惕性很高，如果有敌人发现了窝里的小狐，它当天晚上就会"搬家"，以防不测。

【动物趣闻】
我们平常所说的狐狸，实际上指的是赤狐。在动物分类学上，狐和狸是两种动物，根本不存在狐狸这种动物，只是人们习惯把狐称为狐狸。

● 鼠类的天敌

狐狸通常被看作偷鸡偷鸭、专做坏事的家伙，其实这有失公允。狐狸主要是靠捕食昆虫、鼠类和野兔来生活的，而这些小动物对农作物是有害的。它们只是在偶然的情况下才会钻进鸡舍或鸭棚里偷吃鸡鸭。事实上，狐狸是捕鼠能手，据统计，一只狐狸一年控制鼠害的面积在 2 万亩左右，1 天最少能捕食 3 只老鼠，因此它们的功劳还是远远大于它们的过错的。

■ 獾（Badger）——挖土冠军

獾属于鼬科动物，与黄鼠狼是近亲。它们的种类很多，主要有猪獾、狗獾、鼬獾、袋獾、狼獾、蜜獾等。獾广泛分布于北半球的欧亚大陆、非洲和北美洲，我国各地均有分布。獾科动物的共同祖先可追溯到4000万年前生活于东南亚一带的貂亚动物。獾多在山坡、灌木丛等地挖洞建巢居住，通常是好几代住在一起，以植物和蛙类、鱼类、昆虫等为食。獾类嗅觉灵敏，善于掘土，昼伏夜出，有爱清洁的习性。

> **猪獾**
> 猪獾体形大小似狗獾，鼻垫与上唇间裸露，吻鼻部狭长而圆，酷似猪鼻，全身浅棕色或黑棕色，另杂以白色。

● 高超的挖土技能

在哺乳动物中，虽然会挖土、过穴居生活的种类不少，但就挖土本领而言，獾堪称冠军。

獾长着楔形的头部、扁平的躯体、粗短的颈脖、结实的肩膀、强壮的前腿，以及蹼状的趾和弯曲的前爪，这些特征十分适合于挖土生活。特别是两只巨大的前爪，宛如两把锐利的铲子，简直可以与人造的隧道掘进机相媲美。和鸟类一样，獾有着透明的内眼睑——瞬膜，即使在挖掘沙砾瓦石时也能够发现各种猎物。獾的前脚爪下侧还有数个感觉器，在挖土钻洞时可以避免碰到各种障碍物。獾挖洞时常常掘地三尺，挖时头部朝下，两条后腿相抱，用铲子状的前爪剧烈地挖掘泥土，同时颈、肩等一起向下施加压力，所以挖土的速度极快，使得四周的空气中尘土飞扬。

> **蜜獾**
> 因为喜吃蜂蜜而得名。它与黑喉响蜜䴕结成了十分有趣的"伙伴"关系。响蜜䴕一见到蜜獾就会不停地鸣叫，蜜獾跟着它便能找到蜂窝。等蜜獾用强壮有力的爪子扒开蜂窝时，它们就可分享一餐佳肴，而响蜜䴕自己是破不开蜂窝的。

● 爱清洁的习性

獾类是很爱干净的动物，在它们的洞口，常可看到一堆一堆的草和蕨类植物，这是它们打扫卫生时扔出来的旧草垫子。扔掉旧草垫后，它们会去寻找新鲜的蕨类植物和草，重新铺床。獾类的洞里也十分光洁，绝无杂物、粪便等，它们会在洞外建造专门的"厕所"。在进洞前，它们会把足部擦干净，在睡觉前和睡醒后，还会到水边梳洗打扮，天天如此。

> **袋獾**
> 袋獾曾广泛分布于澳大利亚，现仅见于塔斯马尼亚岛，是如今整个澳大利亚最凶猛的食肉动物。

> 非洲大陆的獾类死后，同类会同心协力地将其尸体拖入河中。然后，獾群自动排列好站在河岸边，对着河面上漂浮的尸体鸣哀致意。

● 凶猛蛮横的袋獾

在大洋洲的岛屿上生活着一种袋獾，它相貌丑陋，体形和狼差不多大小，身体强壮，身披黑毛，很像黑熊。腹部有个袋囊，四肢矫健，善于奔走，牙齿发达，利如匕首。袋獾白天睡觉，夜里出来觅食，吃鼠类、蜥蜴、蛇、野兔、野猫等。进食时，常常连皮带骨一起吞下去。袋獾有发达的嗅觉和听觉，稍有风吹草动，便会高度警惕。它还会悄悄跟踪猎物，当接近对方时，就一跃而上，狠狠咬住对方的要害部位而不松口。在遇到势均力敌的对手时，它也敢斗个你死我活，并发出阴森的嚎叫声来为自己壮胆助威。

■ 水獭（Otter）——"年轻的老头子"

水獭属鼬科水獭亚科，又称懒猫和水狗，是一种半水栖兽类，和臭鼬是近亲。雌性体形较雄性要小。水獭体表有又粗又密的针毛，背部为暗褐色，腹部呈淡棕色，喉、颈、胸部近白色。水獭主要产于欧亚大陆北部的大部分地区和非洲北部地区，栖息于河流、湖泊、水库和溪流附近，在河岸边挖洞筑巢而居。它们白天在洞中休息，夜晚出来捕食鱼类、龙虾、蟹、蛤和青蛙等。因刚出生就长有胡须，被人们戏称为"年轻的老头子"。

"年轻的老头子"

水獭出生就长有胡须，没有多久胡须就变得又粗又硬，可称得上"年轻的老头子"。

● 隐蔽的洞穴

水獭大多掘洞而居，多在低洼处筑巢，巢穴多筑在靠近水边的树根、树墩、芦苇和灌木丛下。和"狡兔三窟"一样，水獭的洞穴也有好几个出入口，洞道向上倾斜而建，防止水进入洞内，其中一个洞口通到水下，开口在水下 1~3 米深处，将水陆连通，不仅进出方便，还可直接潜入水中觅食和躲避食肉兽类的袭击。洞内以草做铺垫物。水獭大小便都有固定的地方。水獭白天隐匿在洞中休息，夜间出来活动，除了繁殖期外，平时单独生活。为了寻找更多的食物，水獭经常迁移，从一条河迁到另一条河或从河的上游迁到下游，只有繁殖季节才会在一个固定的地方停留较长时间。

【动物趣闻】

水獭很贪食，即使是吃饱之后，它们也会无休止地捕杀鱼类。捕到鱼后，它们会将鱼一条接一条地摆放在岸边，排列得整整齐齐，就像是人们祭祀时摆放的供品。

● 游泳的好手

水獭水性娴熟，善于游泳和潜水，动作十分灵活。水獭的鼻孔和耳朵眼上有能灵活开启的小圆瓣，潜水时圆瓣会关上，把鼻孔和耳朵眼封闭起来。它一口气可以潜游6~8分钟，换气时则抬起头将鼻孔伸出水面，打开圆瓣，保证气流顺畅，以便正常呼吸。水獭的脚趾之间有皮状的蹼，便于划水。此外，它那强有力的尾巴还能随时校正航向，控制前进方向。

水獭

水獭的身体呈流线型，尾细长，由基部至末端逐渐变细。四肢短，趾间有蹼。体毛较长而细密，呈棕黑色或咖啡色，呈丝绢光泽。底绒丰厚柔软。

知识拓展：最大的熊是哪一种？
答疑解惑：生活于美国阿拉斯加科迪亚克岛上的棕熊，体长可达 4 米，体
重超过 700 千克。

熊——体格强壮的猛兽

● 敏捷的伏击手

水獭的主要食物是鱼类，也捕捉小鸟、小兽、青蛙等小动物，还会咬破渔场里的渔网来偷鱼。水獭常集体行窃，行窃时分成两拨，一拨作为诱饵引开看守渔场的狗，另一拨则悄悄进行偷猎。在河里捕捉鱼类时，它们常从岸边或河崖上潜入水中追逐鱼群，但经常采用伏击的手段进行捕猎。尤其是在冬季，它们常躲在冰窟窿里"守株待兔"，等鱼群自动游过来时再突然冲出去捕食。当发现水鸟在水面上缓慢移动时，它们也会从水下悄悄地潜近，趁其不注意时一口咬住猎物，再慢慢吃掉。

■ 熊（Bear）——体格强壮的猛兽

熊科动物主要分布在北半球，在欧洲、亚洲和南美洲都能看到它们的身影。最早的熊科动物大约活动在 2500 万年到 2000 万年前的欧亚大陆，是从犬科动物中分离出来的。现存的熊除北极熊外，大多栖息在温带和热带地区。熊类都有着结实的身体、粗壮的腿和硕大的头颅。它们的视觉和听觉欠佳，但嗅觉非常发达。熊属杂食性动物，既吃荤又吃素，植物性食物有草、树叶、果实、种子和植物的球茎等。只有北极熊纯吃肉食，以鱼、海豹、鸟类等为食。熊都有冬眠习性，冬眠期长达半年，在此期间，它们不吃不喝，呼吸和心跳速率会减慢，其他生理活动也都中断了。

● 棕熊

棕熊别名马熊、人熊、灰熊等，分布于欧亚大陆和北美大陆，在我国主要分布在东北、西北和西南地区。棕熊属大型食肉类动物，体长一般为150~200 厘米，体重 150~250 千克。棕熊体形巨大，力量也大，森林中很少有动物能敌得过它。在森林中，每头棕熊都有自己的地盘，它们常常在树干上留下用嘴啃咬或用爪子抓挠的痕迹，或在树上用身体擦蹭留下毛发、气味等，作为各自领域边界的标

马来熊
马来熊又叫太阳熊，是熊亚科动物中体形最小的，也是最漂亮的。全身毛短绒稀，乌黑光滑。前胸通常点缀着一块显眼的"U"形斑纹。

棕熊
棕熊是世界上第二大熊科动物，体形健硕，肩背隆起，粗密的毛有着不同的颜色，例如金色、棕色、黑色、棕黑色等。

知识拓展：最重的大熊猫有多重？
答疑解惑：成年大熊猫体长为 1.2 ～ 1.8 米，尾长 10 ～ 15 厘
米，野外大熊猫最重的可达 180 千克。

熊猫——中华国宝

脊椎动物（二）

志。棕熊食性很杂，吃昆虫、鱼类、野兔、野鼠、小型鸟类、小型兽类等，也吃腐肉，有时还攻击鹿、野牛、野猪等大型动物，甚至敢袭击人类。食物缺乏时它们也吃野菜、嫩草、水果、坚果等。棕熊善于游泳，能在湍急的河流中捕鱼。别看棕熊走路笨拙，但它们奔跑速度极快，时速可高达 56 千米，可以很轻松地追上猎物。

● 黑熊

黑熊俗称狗熊、黑瞎子，是分布很广的一种大型动物。黑熊体长一般在 1.5~1.7 米，体重 150 千克左右。体毛黑亮而长，胸部有一块 "V" 字形白斑。黑熊生活在山地森

黑熊
黑熊的种类较多，按地域大体可分为美洲黑熊、亚洲黑熊等。

林中，脚上长有锐利的爪，可攀缘树木。黑熊视力极差，100 米之外的东西几乎就看不到了，但嗅觉和听觉却特别灵敏，顺着风可闻到 500 米以外的气味，能听到 300 米之外的脚步声。黑熊最喜欢吃蜂蜜，只要发现蜂巢，就会设法把它弄下来，把蜂蜜掏空。有时它会被蜂群围攻，很快就被蜇得鼻青脸肿，痛得高声吼叫。

● 北极熊

北极熊也称白熊、冰熊，分布于北冰洋海域及亚洲和美洲大陆相连的海岸上。它是北极地区最大的食肉猛兽，成年雄熊体长最大可达

【动物趣闻】
北极熊的爪如同铁钩，锋利无比，它用前掌一击，可将海豹的头颅打得粉碎。爪还适于游泳，它一口气可畅游四五十千米。

北极熊
北极熊也叫白熊，是熊类中个体最大的一种。它们经常栖息在冰盖上，过着水陆两栖生活，以海豹、鱼类、鸟类和其他哺乳动物为食。

2.7 米，体重 750 千克。在发现北美阿拉斯加最大的棕熊之前，它一直被认为是世界最大的食肉猛兽。北极熊终年生活在冰原上，活动在漂浮的大块浮冰上，那里有大量的海象和海豹，为它们提供了丰富的食物来源。除了鲸鱼和人类，北极熊几乎没有天敌，因此在北极地区号称一霸。北极熊的体毛又长又厚，脂肪很多，脚掌肥大，掌下多毛，能抓牢冰面，在雪地上稳步前行。北极熊的冬眠有些特殊，不是抱头大睡，而是似睡非睡，一遇到紧急情况便可立即惊醒。所以北极熊的冬眠被称为局部冬眠。

■ 熊猫（Panda）——中华国宝

熊猫亦称大熊猫、猫熊、花熊等，为我国特产，仅在陕西秦岭南坡、甘肃南部和四川盆地西北部的高山深谷地区有分布，多栖息于海拔 2400~3500 米的高山竹林中，以吃竹子为生。它不惧严寒，没有冬眠习性，这一点

大熊猫
大熊猫的分类一直存在较大争议。国际上普遍接受将它列为熊科、大熊猫亚科的分类方法；国内传统分类将大熊猫单列为大熊猫科。

比较特殊。大熊猫身体肥胖，外貌可爱，温驯憨厚，体毛颜色鲜明，具有亲和力，深得世人喜爱。但是由于大熊猫一生才产几个后代，两三年才繁殖一次，一胎也只产一两只幼仔，而且成活率不高，所以现今大熊猫的数量已非常稀少，是世界上最为珍稀的动物之一，被列为国家一级保护动物。

● 古老的活化石

大熊猫是一种古老的动物，早在 200 万年前就已经生活在地球上了。那时候，它们的数量很多，生活地域也很广。与大熊猫同时代的动物有猛犸象、剑齿虎、披毛犀等，但这些动物早已灭绝，只有

贪吃的大熊猫
大熊猫非常贪吃。在野外，除了睡眠或短距离活动，大熊猫每天取食的时间长达 12 ～ 16 个小时。

大熊猫活到了现在。在距今 200 万年前的更新世晚期，随着严寒气候的来临，大熊猫不得不逃进深山峡谷生活，分布范围日益缩小。后来，由于大自然环境的变迁和人类活动的影响，适宜大熊猫生存的区域越来越小，大熊猫的数量也在不断减少。目前，我国连野生带饲养的大熊猫也只有 1000 多只。

恩爱夫妻
大熊猫习惯独栖，被称为"竹林隐士"。但每到春暖花开的时节，它们也会互相追慕，热恋"成婚"，然后又各自返回自己的家园。

● 以竹为食

与其他的熊类动物不同，大熊猫的食性高度特化，成为专以竹子为食的素食者。它几乎完全靠吃竹子为生，其食物成分中 99% 都是高山深谷中生长的 20 多种竹类植物，最喜欢吃竹笋。一只成年大熊猫平均每天可进食 50 千克竹子，一年之中吃掉的竹子有 1.5 万 ~2 万千克。一旦断绝了竹类食物的来源，大熊猫就不能生存。但竹子的能量很低，所以大熊猫每天必须花 12~16 小时的时间来进食，吃饱后再美美地睡上一觉，以保证有充沛的体力。

[动物趣闻]

传说从前，西藏有 4 位年轻的牧羊女为从一只饥饿的豹口中救出一只大熊猫而被咬死。别的大熊猫听说此事后，决定举行一个葬礼以纪念这 4 位女孩。那时，大熊猫浑身雪白，没有一块黑色的斑纹。为了表示对死难者的崇敬，大熊猫都戴上了黑色的臂章来参加葬礼。在葬礼上，大熊猫们悲伤地痛哭流涕，结果眼泪流到了臂章上，和臂章上的黑色混合在一起淌下。它们用爪子擦眼泪，不料却将眼睛染出了黑眼圈；它们揪着自己的耳朵抱在一起哭泣，结果却在身上染出了黑色斑纹。从此，大熊猫的外貌就变成今天这个样子了。

● 爬树能手

大熊猫的前掌上有 5 个并生带爪的趾，此外还有第六趾，即从腕骨上长出来的一个强大的趾骨，起着"大拇指"的作用。这个"大拇指"可与其他 5 趾配合，便于大熊猫攀缘上树，抓握竹子。别看大熊猫身体肥胖，爬起树来却是一个好手。它能轻松迅捷地爬到高大树木的枝间。大熊猫喜欢在树上嬉戏玩耍、沐浴阳光，同时也是为了逃避敌害和求偶婚配。

▶ 家猫——最得宠的动物
▶ 猞猁——凶猛的夜行侠

知识拓展：最小的猞猁是哪一种？
答疑解惑：分布于加拿大、美国、墨西哥等地的赤猞猁
是体形最小的猞猁，最小的体长仅为 37 厘米。

脊椎动物（二）

■ 家猫（Domestic cat）——最得宠的动物

猫科动物最早出现在大约 700 万年前，是最先演化到现在形式的动物之一。它们主要以鼠类为食，可以为人类保护粮食，所以人类就将野猫驯养为家猫。野猫的驯化至少已有 3000 年以上的历史，现在家猫已经成为人们喜爱的宠物。

现代家猫都由野猫驯化而来，大约有 30 多个品种。欧洲家猫起源于非洲的山猫，亚洲家猫一般认为起源于印度的沙漠猫。猫的足下生有肥厚而柔软的肉垫，走起路来悄然无声，在接近猎物时不易被察觉；指趾末端有钩爪，爪很锐利，能够自由伸缩，适于捕鼠。猫眼的瞳孔能够随光线的强弱而缩小或放大，在强光下瞳孔会缩成一道细缝，在暗处则变得又大又圆，能够集中大量的光线，增强视觉能力。猫的听觉很发达，耳郭能够灵活转动，迎向声波，能够辨别微小声响的方位和距离。猫的口旁和眼上都有长的触须，当碰触到东西时，触须可判断出其大小及软硬程度等，还可用来了解空隙的宽度是否能让身体通过。猫的犬齿特别发达，且有强大的裂齿，适于咬断肌肉和肌腱。它的舌头表面很粗糙，有许多向着舌根生长的肉刺，适于舔食附在骨上的肉。

猫与狗

猫和狗都是最常见也是最受人类宠爱的家庭宠物。不过和忠心耿耿的狗不同，骄傲的猫在人类社会中保持着很大的独立性，很少为了迎合主人而失去"自我"。

【动物趣闻】

波斯猫是一种高贵的宠物猫。据说英国维多利亚女王养了两只蓝色波斯猫，并在猫展上展出，威尔士王子（爱德华七世）看到后对它们大加赞赏，从此波斯猫的名声越来越大，世界各地的波斯猫热久盛不衰。

■ 猞猁（Lynx）——凶猛的夜行侠

猞猁又叫马猞猁，属猫科，体形略小于狮、虎、豹等大型猛兽，但比猫大得多，属于中型猛兽。猞猁分布于北半球的寒冷地带，能耐严寒，不畏风雪，适应性较强，在我国主要分布于新疆、西藏等地。猞猁的栖息地较广，岩石丘陵、荒漠草原、山地丛林、高山裸岩、山顶草丛、灌木林等都有它的踪迹。猞猁白天躲在巢穴中睡觉，夜里出来活动、觅食。它的视觉、听觉和嗅觉都十分发达；身体矫健，行动敏捷，善于奔跑；腿很长，脚掌长而宽大，即使在雪地上也能健步如飞。

加拿大猞猁

加拿大猞猁生活在北美广阔的森林地带，包括加拿大、阿拉斯加，以及美国北部各州。它们的平均寿命是 15 年，75% 的食物来源是雪地野兔，其他食物也包括鸟、草地田鼠、腐肉，有时也吃一些较大的动物，比如北美驯鹿等。

猞猁主要以各种野兔为食，也吃松鼠、野鼠、旱獭、鹌鹑、野鸽等，有时也会袭击狍子和鹿。在捕猎时，它常以草丛、灌木丛、石头、大树等作掩护，埋伏在猎物经常路过的地方等候。猞猁的耐力极强，能在一个地方连续卧上几个昼夜，一旦发现猎物踏进狩猎范围之内，就猛扑上去，咬住其要害。如果一跃扑空，让猎物溜走了，它也不会穷追，而是回到原地，耐心地等待下一次机会。猞猁还会游泳，但从不轻易下水。它的爬树技能也很高，可以从一棵树上纵跳到另一棵树上，所以树上的鸟儿也经常成为它的口中之食。每当夜间林中一片寂

静、栖居在树上的鸟儿都进入梦乡之际，它便伸出利爪将熟睡中的鸟儿收入囊中。

猞猁的性情狡猾而又谨慎，遇到危险时会迅速逃到树上躲避起来，有时还会躺在地上装死，以躲避敌害。猞猁的尾巴和其他野猫不同，又短又钝，像被刀子齐根切割了一样。

■ 虎（Tiger）——百兽之王

虎，俗称老虎，是猫科动物中最大的食肉类猛兽，最大的身长达4米，体重350千克。它全身长满金黄色或橙黄色的毛，身上覆盖着黑色或深棕色的条纹，一直延伸到胸腹部，额头的斑纹形似"王"字，因此被称为"兽中之王"。

虎乃亚洲特产，生活于高山密林中，一般单独生活，不集群。虎的四肢矫健，爪子锋利，

孟加拉虎
孟加拉虎，又名印度虎，是目前数量最多、分布最广的虎的亚种。孟加拉虎的主要猎物为野鹿和野牛，可以在一餐内吃掉近20千克的肉，并在接下来的几天内不进食。

白虎
白虎是孟加拉虎的白色变种，原产于中国云南及缅甸、印度、孟加拉等地，生活于森林山地等环境中。野生白虎已经灭绝，现存白虎均为人工繁殖。

【动物趣闻】

老虎不能爬树，但会游泳，身上没有汗腺，所以夏天常会四处寻找树荫躲避烈日。它还会把身子转过来倒着下水，将身体泡在水里，只在水面上露出一个头来。

趾尖的爪可自由伸缩。虎常在黎明或黄昏时分出来活动，静卧在树丛中伏击猎物，等猎物靠近时突然跃起袭击，常捕食鹿、野猪、羚羊等大型哺乳动物。由于生存环境的恶化和人类的捕杀，虎的数量已经大幅度减少，现已成为人类的重点保护对象。

● 隐蔽的条纹

老虎的身上长有鲜亮的条纹，在光线和阴影交错的密林里，老虎身上的彩纹正好与黄昏时分草丛的背景相融合。捕猎时，它们常隐藏在草丛中，庞大的身体紧贴地面，身上的斑纹可以打破身体的轮廓线，使猎物不易发觉，是一种天然的保护色。

● 独来独往的性格

老虎通常单独生活，没有固定的巢穴，但每只虎都有自己固定的势力范围，面积大约为65~650平方千米。虎有很强的领域观念，雄虎常各自为政，占山为王，在自己的地盘内绝不允许有其他动物侵入。老虎之间平时也互不往来，雌、雄虎只有在发情季节才会走到一起，交配后又即刻分手，幼虎则由雌虎单独抚养。

● 广泛的食性

虎是食肉类猛兽中最凶猛最强大的一种，凡是它能制服得了的动物，都可能被它纳为捕获对象，大至野牛、马鹿，凶如棕熊、金钱豹等，都可能遭其毒手。老虎的主要食物是各种食

草的偶蹄动物，但像大象和犀牛这样的庞然大物，老虎也会有所畏惧，但它们的幼仔却很容易成为老虎的袭击对象。极个别老虎在夏季时还会吃嫩草和浆果。

● 灵活的身手

老虎体形巨大，四肢有力，在捕猎时自然占有优势。它一巴掌能把活蹦乱跳的梅花鹿打倒在

东北虎
东北虎是最大的猫科动物。头大而圆，前额上有数条黑色横纹，中间常被串通，极似"王"字，故有"丛林之王"的美称。

地；一跳，能跳上 2 米高的山冈；一跃，能跃出 7 米远的距离；还能衔着野猪游过湍急的河流。老虎的捕猎技巧十分灵活，会针对不同的猎物采取不同的捕食策略。抓鹿和羚羊时，只需用掌猛击，便可将猎物的头颅拍碎；对付较大动物时，则从后面扑到猎物后背上，抓住其头颈向后猛折，将猎物的颈扭断；捕猎大野牛时，常常先咬断其一条腿，使其倒地不起，然后再慢慢对付；在对付野猪时，会避开野猪的獠牙，而用利齿直接咬断野猪的颈椎或喉咙；对付象和犀牛的策略更狡猾：先偷袭它们的幼仔，迅速将其咬死，然后赶快逃走，以躲避成兽的报复，等无奈的成兽离去后，再回来吃掉幼兽。

■ 狮（Lion）——草原之王

狮，俗称狮子，是猫科动物中又一类大型食肉猛兽。它是猫科动物里唯一的雌雄两态动物，全身褐色，没有明显花纹。雄狮身长 2 米，体重约 220 千克；雌狮身长 1.7 米，体重约 150 千克。雄狮从 2 岁开始在颈部、胸部、前肢和腹部等处生出鬃毛，雌狮不生鬃毛。雌雄狮尾端都生有一

丛茸毛，多为黑色。狮在古代曾广泛分布于欧洲和中亚地区，但目前仅见于非洲。非洲撒哈拉沙漠以南的草原是狮子的故乡，它被誉为草原上的兽中之王。

● 集群生活

狮子生活在开阔的疏林地区或半沙漠的草原地带，是世界上唯一营群居生活的猫科动物，有着明显的以家族为纽带的社会化特征。一般一个家族或几个家族组成一个群体，每个家族通常由一只雄狮、数只雌狮和若干只幼狮组成，有时多达 20 余只。集群内的成员共同生活，共同出猎，共同分食猎物。雄狮和雌狮是群体的核心。雄狮的职责是抵御外敌入侵，保护狮群。雌狮的主要任务是狩猎觅食及照顾幼仔。

● 勤劳的雌狮

白天整个狮群都躲在大树底下或灌木丛中酣睡，尤其是雄狮，非常懒惰，一天中差不多有 20 个小时都在睡觉和休息，很少活动，所以捕猎任务大都是由雌狮完成的。雄狮几乎不参加捕食，而是坐享其成，待在家中享受雌狮捕获的猎物。雌狮一般在黄昏或

【动物趣闻】

狮子的吼叫声非常响亮，如同雷鸣，可以传到 8 千米以外，生物学家认为这是它示威的信号。狮吼是非洲野外最惊心动魄的声音，人们在黑夜里听到狮吼声会惊出一身冷汗，胆小的可能会因此大病一场。

塘边猎手
狮子的主要狩猎对象包括较大的羚羊、角马和斑马，而这些动物的奔跑速度要超过狮子。于是，水源地成为狮子伏击猎物的最佳场所。

晚上出来捕猎。在追捕猎物时，雌狮短距离内的奔跑时速可达80千米，最快时速可达115千米，一步可跳跃8~12米远。但由于身体庞大，它们没有长时间追击的耐力，奔跑几百米之后，速度就慢了下来，因此它们一般采取伏击的方式抓捕猎物。

● 集体围猎

狮子的食物主要有羚羊、角马、斑马，有时也袭击野猪，偶尔还会吃长颈鹿、野牛、幼象、河马和鸵鸟等。狮子在捕猎时，往往先贴着地面悄悄爬行，慢慢接近猎物，一直到30多米的范围内才会发起突然袭击。在捕捉大型动物的时候，狮子常会以集体围猎的方式进行抓捕。当几只狮子共同围捕猎物时，常常围成一个扇

狮子妈妈和孩子
在狮群中，狮子爸爸会竭尽所能保卫幼狮的安全，而狮子妈妈则是当之无愧的慈母，它们不仅会给孩子哺乳，还会为它们舔毛，并陪它们一起玩耍。

形，把捕猎对象围在中间，切断猎物的逃跑路线，然后群起而攻之。它们最喜欢在水塘附近伏击猎物。

● 老虎与狮子

虎是兽中之王，狮也堪称动物王者。那么它们之间到底谁更强一些呢？这确实是一个大家都很感兴趣的问题。事实上，早在古罗马时代，王公贵族们就曾在斗兽场将虎和狮放在一起决斗，据说多是老虎占上风。但是猛兽自己未必

有争胜负的愿望，除了争夺食物或地盘之外，它们不会无缘无故地去争斗。一般情况下，要么是双方均无斗志，要么是一方想斗而另一方却不愿迎战，撒腿走开。只有在饥饿或感到别无出路时才会迎击对方，结果也往往是两败俱伤。老虎多是单独行动，而狮子多是成群活动。单打独斗时，老虎可能会略占上风，因为它在耐力、灵活性和御敌技巧方面要比狮子强一些；但狮子多是结群而行，一只老虎与群狮相斗，老虎肯定不是群狮的对手。虎分布在亚洲，狮分布在非洲，它们在各自生活的动物王国中都称得上是一方霸主，都处在食物链的最顶端，因此在两地都能称王。如果硬要将它们放在一起分个高下，让它们离开各自的优势领地来决斗，即使出现某种结果，也未必能反映出它们各自的真正实力。

恩爱的狮子夫妇
狮子是群居动物，一般一头雄狮和许多雌狮交配，实力不济的狮子将得不到交配权。母狮可能会在任何时候进入婚配状态，但一群中的母狮往往在同一个时间段内产子。

■ 豹（Leopard）——机警的猎手

豹又称豹子、猎豹，是一种分布于非洲、亚洲和美洲大草原上的猫科动物。世界上共有20多种，主要有金钱豹、

金钱豹
金钱豹体形与虎相似，但较小。全身颜色鲜亮，毛色棕黄，遍布黑色斑点和环纹，形成古钱状斑纹，故称之为"金钱豹"。

雪豹、猎豹、美洲豹等。豹的体形似虎，但比虎小。身材细长，大多数种类全身为橙黄色，身上布满黑色斑纹，雌雄毛色一致。它们生活在山区森林、灌木丛和荒原上，特别喜欢生活在茂密的森林中；喜欢单独活动，昼伏夜出，没有固定的巢穴，常以崖洞或树丛为住所。豹生性机警，善于攀树和跳跃，常常蹲在树枝上守候猎物，当猎物经过时，一跃而下将其捕获。豹主要捕食猴子、羚羊、野猪、小型鹿类、野兔、鸟等。

● 金钱豹

金钱豹生活在非洲和亚洲南部的森林、草丛和山区地带。它因全身黄色并布满圆形或椭圆形黑环，形似古代铜钱而得名。金钱豹最善于捕猎，是一种食性广泛、性情凶猛的大型食肉兽，被称为"豹中之王"。金钱豹在森林中目空一切，不但会袭击骆驼、长颈鹿这样的大型食草动物，就连比它大一倍的山中之王猛虎，它也敢主动出击，从不把老虎放在眼里，性子比老虎更为凶恶残暴。它们常潜伏在树枝上一动不动，两眼盯着下面，一旦发现有猎物经过，便迅速跳到它们背上，咬杀对方。

雪豹

雪豹全身灰白色，布满黑斑。头部黑斑小而密，背部、体侧及四肢外缘形成不规则的黑环，越往体后黑环越大。

● 雪豹

雪豹又名艾叶豹，分布于中亚地区和我国四川、西藏、青海、新疆等地，是栖居海拔最高的猫科动物，终年栖息在海拔 2700~6000 米的雪线附近。雪豹行动敏捷，弹跳力好，是高山雪原地带的王者。雪豹的家设在岩洞中，它昼伏夜出，单独活动，主要以野山羊、盘羊、狍子和旱獭等为食，有时也袭击牦牛群，追咬掉队的牛犊。雪豹捕猎时不是潜伏在树上，而是坐在积雪的悬崖上向四周观望，搜寻猎物。与高原地带的寒冷气候相适应，雪豹体表长有厚厚的绒毛，腹部的毛可长达 12 厘米。

猎豹

猎豹全身都有黑色的斑点，从嘴角到眼角有一道黑色的条纹，这个条纹是区分猎豹与普通豹子的一个重要特征。

● 猎豹

猎豹主要分布于非洲，以能快速奔跑而闻名。猎豹身材细长，前高后低，腰部细，胸部宽；鼻孔很大，可以吸收到较多的空气；脚掌上有一层肉垫，在快速奔跑时可以保护脚掌不被磨损；脊椎骨非常柔软，后爪能伸到前爪的前面，在奔跑中落地后，可马上伸展脊椎推动前爪继续往前跑。所有这些体形特征，都为它提供了在逐猎过程中快速奔跑的可能。在所有的猫科动物中，猎豹的腿是最长的。它也是陆地上跑得最快的动物，奔跑 100 米只需 3 秒钟，平均时速可达 100~120 千米，而且爆发力惊人，

【动物趣闻】

猎豹的爪子无法像其他猫科动物那样随意伸缩，因此无法和其他大型食肉动物如狮子、老虎等对抗，它们辛苦捕来的食物经常会被别的动物抢走。

知识拓展：最大的海狮是哪一种？
答疑解惑：北海狮是体形最大的一种海狮，雄狮体长可达 3.5 米，体重在 1 吨以上。

▶ 海豹——生活在海中的豹
▶ 海狮——海中狮王

从起跑到达到最大速度仅需 4 秒钟。但这种奔跑持续不了太长时间，因为在快速奔跑中，猎豹的体内会囤积大量的热量，而它们的生理构造却很难使这些热量尽快排出，所以很容易出现虚脱症状，甚至危及生命。因此猎豹往往会在极短的时间内闪电般擒获猎物，如果一次没有成功，它们就会放弃追击。

■ 海豹（Seal）——生活在海中的豹

海豹属鳍脚目海豹科。其身体呈纺锤形，四肢为鳍状，适于游泳。海豹全身长有短毛，毛色随年龄的增长而发生变化，年幼时呈白色，成年后变为苍黑色或灰色，并长有跟豹同样的斑纹，故得其名。全球的海豹共有约 19 种，分布于北太平洋与北大西洋海岸，其中又以两极海域为最多。

环斑海豹
环斑海豹体形较小，成体背部深黑，具灰白色环斑，腹面为银白色，无深色斑。它可称得上是潜水能手，潜水最长时间可达 40 至 68 分钟。

海豹生活在寒温带的海洋中，除了产仔、休息和换毛季节会到冰上、沙滩或岩礁上之外，平时都在海洋中游泳、嬉戏、觅食，以海里的鱼虾和贝类为食。

据动物学家研究称，海豹是从陆生动物演变为水生动物的，是几百万年前从陆地上的哺乳动物中分化出来，迁移到海里生活的。为了适应水中的生活，它们全身的构造作了相应的改变：锥形的身躯适于水中游泳；四肢演化成桨形的短阔鳍；鼻孔和耳孔都可在水中紧闭；尖而向内的牙齿便于捕捉滑溜的鱼类；上唇的硬须便于在黑暗的水中感知周围环境；厚厚的皮下脂肪既能保暖又能产生浮力，还能维持体力，在食物不足时，可以数日不进食。海豹的游泳本领很高。在游泳时，它不是用四肢划水，而是跟鱼一样，把前肢紧贴在胸前，运用后半身的扭动及后肢左右拨水，迅速向前游行。当需要转弯时，它只要展开前肢，就能灵活地转向。海豹每小时能游 16 千米，可潜入水下 150~250 米的深度，并能在水中停留 20~30 分钟。

■ 海狮（Sea lion）——海中狮王

海狮的祖先原来是在陆地上生活的，经过历代的演变进化后变成了水中生活的动物。海狮也像陆地上的狮子一样，会大声吼叫，而且个别种类颈部还长有鬃毛，跟陆地上的狮子十分相似，故名海狮。雄性海狮体长一般在 2.5~3.25 米之间，随种类而异；雌性的比较小。

海狮是一种很聪明的海兽，能潜入深海，经过驯养之后的海狮，能帮助人类潜入海底打

海豹
海豹是肉食性海洋动物，身体呈纺锤形，四肢变为鳍状，适于游泳。皮下脂肪很厚，既保暖，又能进行食物储备，还能产生浮力。

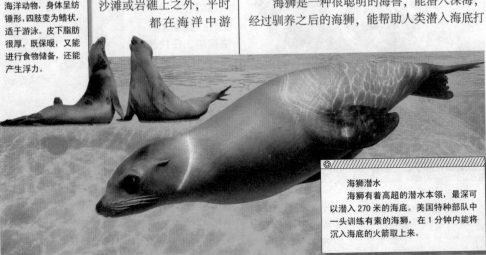

海狮潜水
海狮有着高超的潜水本领，最深可以潜入 270 米的海底。美国特种部队中一头训练有素的海狮，在 1 分钟内能将沉入海底的火箭取上来。

▶ 海象——出色的潜水能手　　知识拓展：最大的海牛是哪一种？
答疑解惑：北太平洋海域中的斯特拉无齿大海牛，体
长可达 10 米，体重达 6400 千克。

脊椎动物（二）

捞海中的东西。海狮主要以鱼类和乌贼等头足类动物为食，有时也吃企鹅。它的食量很大，如身体粗壮的北海狮，在饲养条件下一天要吃掉 40 千克的鱼，可将一条 1.5 千克重的大鱼一口吞下。若在自然条件下，每天的摄食量要比饲养条件下增加 2 倍之多。

海狮没有固定的栖息场所，大部分时间过着漂泊的生活，只有睡觉时才踏上陆地。海狮胆子很小，睡觉时非常机警，一有风吹草动便迅速回到海水中。在睡觉时，群体中会有雄性海狮担任"哨兵"，负责警戒，一旦发现危险，就立即发出信号，告知同伴。"哨兵"对警戒工作十分认真，常常昂首四顾，一边听着声响，一边嗅着气味，即使是海鸥的叫声，也能引起它们的警觉。

海狮的视觉较差，但听觉和嗅觉都很灵敏。其胡须的基部布满了纵横交错的神经，不仅有很强的触觉作用，还是一个具有较高精确度的声音感受器，能向四周发射一系列的声音信号，然后收集从目标返回的回声，确定目标的大小和形状，从而准确地辨别物体。

■ 海象（Walrus）——出色的潜水能手

海象也属于鳍足目，世界上只有 1 种，生活在北极海。其身体庞大，体长 3~4 米，重达 1300 千克。海象最引人注目的是那一对巨大的长牙，长度为 30~90 厘米，重 2 千克左右，雄雌皆很大，这是它和其他鳍脚类动物不同的地方。这对长牙实际上是自上颚长出的犬齿，如象牙般，一生都长个不停。在挖掘食物、攀登岩石或攻击敌人时，长牙是得力的工具或武器。当

海象
海象最引人注目的是那一对巨大的长牙，雄雌皆很大，这是它和其他鳍脚类动物不同的地方。

海象的象牙
雄海象的象牙平均长 55 厘米，最长的纪录可以达到 1 米。雌海象的象牙要短一些，平均长 40 厘米，而且也要细一些、弯一些。

它潜入海底觅食时，长牙可以不断地翻掘泥沙，同时，敏感的嘴唇和触须也会随之进行探测、辨别，一旦碰到乌蛤、油螺等喜欢吃的食物，它便用齿将它们的壳咬破，然后将其肉体吃掉。在水面上，海象还可将长牙刺入坚硬的浮冰中，然后爬上冰面，站立在冰块上。

在众多的海洋动物中，海象是最出色的潜水能手，一般能在水中潜游 20 分钟，潜水深度可达 500 米。个别海象还能潜到 1500 米的深水层处，大大超过了一般军用潜艇的潜水深度（一般下潜 300 米左右）。海象在潜入海底后，可在水下滞留 2 小时，一旦需要新鲜空气，只需 3 分钟就能浮出水面，而且无须减压过程。

海象之所以具有如此惊人的潜水本领，主要得益于它体内充满着极为丰富的血液。一头体重 2~4 吨的海象，血液可占到总体重的 20%，而人类的血液仅占体重的 7%，比海象少了近 2/3。由于海象体内血液较多，含氧量也多，在海洋中下潜的深度大、时间长也就不足为奇了。

【动物趣闻】

海象的皮肤还具有变色的功能，在陆地上是棕灰色的，回到海里就变成了灰白色。这是因为北极寒冷的海水会使它们的血管收缩的缘故。

海牛
海牛外形呈纺锤形，颇似鲸鱼，没有明显的颈部。皮下储存大量脂肪，能在海水中保持体温。前肢特化为桨状鳍肢，没有后肢，但有一个大而多肉的扁平尾鳍，便于游泳。

知识拓展：最重的海豚有多重？
答疑解惑：成年宽吻海豚体长约 2.7 米，体重可达 227 千克，是最重的海豚。

▶ 海牛——水中除草机
▶ 海豚——海中智叟

■ 海牛（Manatee）——水中除草机

独特的鼻子
海牛鼻孔的位置在吻部的上方，适于在水面呼吸。鼻孔有瓣膜，潜水时封住鼻孔。

海牛是一种生活在浅海水域的大型哺乳动物，一般体长 2.5~4.0 米，体重达 360 千克左右。世界上共有 3 种海牛，即北美海牛、南美海牛、西非海牛，都分布于热带和亚热带地区的温暖水域。海牛体形似鲸，呈纺锤形，身体肥厚。头部比例小，没有明显的颈部，皮肉肥厚，皮肤的厚度为 1 至 15 厘米，皮上有许多皱纹。口向腹面张开，上唇宽大，向上翻起，唇边有粗短的硬毛。它们的前肢变成鳍状，后肢退化，尾变成桨状的鳍，呈扇形。

【动物趣闻】

海牛的牙齿像"除草机"的钢刀，构造特殊，臼齿宽而平。在颌后部，每年定期增生臼齿 2 至 3 颗，新增的臼齿会将整排牙齿逐渐向前推移，最前面的臼齿最后自行脱落。海牛一生要换 60 颗新牙，所以它的"宝刀"永远不会老。

● 水中美人鱼

在东西方的许多著作中，都曾经有过关于美人鱼的动人记载。它们被描述为半人半鱼的海怪，上身是裸体的美人，下身是鱼身鱼尾。它们经常在月明之夜半立水中，怀抱婴儿哺乳。书中所说的美人鱼指的就是海牛。为什么人们把海牛当作美人鱼呢？原来，海牛妈妈给幼仔喂奶时，常常用前鳍把小海牛抱在胸前，头和胸部露出水面，远远看去就像人在游泳，而且姿势优美，因而被古代的人误认为是美人鱼。据说"海牛"这一名称的由来与哥伦布有关：哥伦布有一次在航行途中捉了一只海牛，烹煮后品尝，觉得其味似牛肉，故而得名。

● 喜欢潜水

海牛看似笨拙，实际上很灵活，在水中每小时游速可达 25 千米。海牛喜欢潜水，能在水中潜游十几分钟之久。它的肺脏、胸腔很大，因此肺活量也很大。野生的海牛大多栖息在浅海里，从不到深海去，更不到岸上来。每当海牛离开水以后，它们就像胆小的孩子那样，不停地哭泣，"眼泪"不断地往下流。但是它们流出的并不是泪水，而是一种含有盐分的、用来保护眼球的液体。

● 水中除草机

海牛是唯一一种海洋食草类哺乳动物，主要以海藻、水草等多汁水生植物为食。它们的食量很大，每天能吃四五十千克的水草。它们吃草时就像卷地毯一般，一片一片地吃过去，因此赢得了"水中除草机"的美誉。在水草成灾的热带和亚热带的某些地区，海牛是极其有用的一种动物。在那些地方，水草常常堵塞河道和水渠，妨碍航行，阻碍水电站发电，还会给人类带来丝虫病、脑炎和血吸虫病等。非洲有一种叫水生风信子的水草，曾在刚果河上游 1600 千米处的河道蔓延生长，致使河道严重堵塞，连小船也无法通行，当地居民由于粮食运不进去，生活难以为继，被迫背井离乡，寻找其他生路。当时的扎伊尔政府为解决这一危机，花了 100 万美元，沿河喷洒除莠剂，但仅过 2 周，这种水草又加倍长了出来。后来，人们在河道中放入 2 头海牛，这一难题很快就迎刃而解了。

■ 海豚（Dolphin）——海中智叟

海豚属于齿鲸类，是一种不足 5 米长的小齿鲸，但人们都习惯称它为海豚。全世界共有 30 多种海豚，分布于温带和热带各海洋中。海豚浑身乌黑，只有肚皮是银灰色的。其身体呈流线型，嘴细长，上下颌各有约 101 颗尖细的牙齿，主要以小鱼、乌贼、虾、蟹为食。海豚喜欢过"集体"

知识拓展：最小的海豚是哪一种？
答疑解惑：喙头海豚体长 1.2～1.3 米，重 45 千克，是记录到的
最小的海豚。

脊椎动物（二）

生活，少则几头，多则几百头。海豚是一种本领超群、聪明伶俐的海洋哺乳动物。

● 游泳健将

"海中智叟"
海豚一般嘴尖，上下颌各有约 101 颗尖细的牙齿，主要以小鱼、乌贼、虾、蟹为食。其大脑体积、质量是动物界中数一数二的，因此被人们称为"海中智叟"。

海豚是游泳的顶尖高手，时速可达40 千米，从上海到大连，一艘轮船要航行30 多个小时，而海豚只需要 15 个小时多一点儿就够了。海豚的肌肉非常发达，比一般哺乳动物的肌肉要强 6 倍，是一种高效率的动力器官。另外，它的身体呈流线型，承受的摩擦力非常小，在游行时所受的阻力也很小。再有，海豚的皮肤上有一种特殊的结构，能够消除快速游走时四周所产生的湍流（指船或动物在水中前行时，水在其四周所形成的旋涡，湍流会产生阻力）。

● "不眠的动物"

通常情况下，动物在运动一段时间之后，就会感到疲劳，就需要睡眠。任何动物在睡眠时都会有一定的姿势，并且身体的肌肉是完全松弛的。而海豚却很特殊，它

从不停止游泳，即使在睡觉时也会有意识地抽动肌肉，不断变换游泳姿势。生物学家研究发现，海豚在睡眠时，大脑两半球明显处于两种不同的状态之中。当一个大脑半球处在睡眠状态时，另一个却在觉醒中，仍会继续工作；每隔十几分钟，两边大脑的活动状态就变换一次，很有节奏。因此海豚被称为"不眠的动物"。

● 回声定位

海豚是靠回声来判断目标的远近、方向、位置、形状甚至物体的性质的。有人曾做过试验，把海豚的眼睛蒙上，把水搅浑，它仍然可以迅速、准确地追到扔给它的食物。海豚还有高超的水下探测本领，无

海豚
海豚共有 30 多种，分布于温带及热带海洋。除人类与黑猩猩之外，海豚是最聪明的哺乳动物。经过训练，海豚能完成打乒乓球、跳火圈等项目。

【动物趣闻】
海豚具有救助同类或者人类的精神。据说有一个终身与海豚为伍的人，一次不慎在苏伊士海湾坠海，而救起他的就是与其朝夕相伴的海豚。

论白天还是黑夜，它都能发现渔民设下的捕捞网，并轻而易举地从网上方的空隙逃脱。录音调查记录显示，海豚是利用频率在 200~350千赫之间的超声波来进行"回声定位"

水中蛟龙
海豚有高超的游泳技能和异乎寻常的潜水本领，潜水深度达 300 米，游泳速度可达每小时 40 千米，相当于鱼雷快艇的中等速度。

知识拓展：已知最早的鲸化石出现在什么时候？
答疑解惑：科学家在非洲、南极洲和北美洲，发现过距今 4000 万年前的
鲸化石，最有名的械齿鲸长达 20 米，具有锯齿般的利牙。

鲸——地球上最大的动物

的，而人类的听觉范围介于 16~20 千赫之间，无法听到海豚回声定位所发出的超声波。因此，我们在水中听到的海豚叫声，可能是海豚同类之间互通信息时所使用的部分低频声音。

● 海中智叟

海豚是极为聪明的动物，除了人类与黑猩猩，海豚可算是智商最高的动物了。对它稍经训练，它就能表演玩水球、跳高等，还能打乒乓球、跳火圈，甚至能模仿人类唱歌或说英文单词。因而海豚有"海中智叟"的美称。

从解剖学角度来看，海豚的脑部非常发达，不但大而且重。海豚大脑半球上的脑沟纵横交错，形成复杂的皱褶，大脑皮质每单位体积的细胞和神经细胞数目非常多，神经的分布非常复杂。例如大西洋瓶鼻海豚的体重为 250 千克，而脑部重量为 1500 克（这个值与成年男人的脑重 1400 克相近）。从国际上通用的计算动物脑、体比例的比值来看，海豚脑与体的比值达到了 0.6，这个值虽然远低于人类的 1.93，但却超过了大猩猩或猴类等灵长类动物。

■ 鲸（Whale）——地球上最大的动物

鲸，俗称鲸鱼，是地球上有史以来最大的动物。鲸鱼虽然有个鱼字，也生活在海洋

虎鲸
虎鲸的体色主要由黑与白两种对比分明的色彩组成，格外醒目。其体形虽然不是太大，但凶猛异常，章鱼、海豹、海狮、海龟，甚至鲨鱼、抹香鲸等都是其猎物。

里，但它不是鱼类，而属哺乳类。因为鱼类是卵生，鲸则是胎生；鲸和陆地上的哺乳动物一样，用射出的乳汁喂养幼鲸；鱼类用鳃呼吸，而鲸用肺呼吸；鱼类有鳞，而鲸无鳞；鲸和哺乳动物一样，有恒定的体温，而鱼类无恒温。

据科学家研究所知，鲸是由大约 6000 万年前的陆地四足哺乳动物进化而来的。历经几千万年的演化后，它们的身躯变得庞大，后足退化，前足演变成前鳍，并长出了两片狭长的尾鳍。现存的鲸类大约有 80 余种，主要分为两类，即须鲸类和齿鲸类。它们分布在世界各地的海洋中，以水生动物为食。

● 蓝鲸

蓝鲸是世界上最大的哺乳动物，遍布全球的各大海域。一只成年蓝鲸体长可达 30 米，体重达 140 吨（大约是 2500 个成人的体重之和），心脏的大小相当于一头牛，舌头比一头大象还重，稍一张嘴就能张到容纳 10 个成年人自由进出的宽度。即使拿庞大的雷龙（恐龙的一种）跟蓝鲸相比，也就像拿猪和犀牛作比一样。蓝鲸不仅体形巨大，而且力量惊人。一头大型蓝鲸所产生的功率可达 1300 千瓦，能与火车头相匹敌。它能拖拽 588 千瓦的机船，甚至在机船倒开的情况下，仍能拖拽着它每小时 4~7 海里的速度跑上几个小时。蓝鲸长时间待在水中，需要不断地浮上海面换气，这时它们会从鼻孔内喷射出一股高达 15 米左右的水柱，在海面上远远望去，宛如一股喷泉。

▶ 象——陆地上的巨人

知识拓展：已发现的最大的象有多大？
答疑解惑：1955 年在非洲捕获的一只象，身高为 3.7 米，
体长为 10 米，体重在 10 吨以上，是已发现的最大的象。

脊椎动物（二）

● 座头鲸

座头鲸与蓝鲸都属于须鲸，它们口中都没有牙齿，只有须。虽然座头鲸体形没有蓝鲸那么巨大，但也算是海洋中的庞然大物，体形肥大而臃肿，体长达 11~19 米，体重为 40~50 吨。它以能在海洋中放声歌唱而闻名。

座头鲸是很有天赋的"海洋歌唱家"，它跃出水面时的歌声格外美妙，有时在 80 千米以外都可听到它那深沉的低音符。歌声由"象鼾"、"悲叹"、"呻吟"、"颤抖"、"长吼"、"喊喊喳喳"、"叫喊"等 18 种不同的音色组成，抑扬顿挫，节奏分明，交替反复，彼此连接成优美的旋律，每种歌声持续的时间一般可长达 6~30 分钟。雄性座头鲸常通过唱歌来吸引雌鲸与之交配，繁殖后代。

● 抹香鲸

抹香鲸是齿鲸类中的巨头，身长在 15 米以上，体重可达 60~100 吨，巨大的牙齿长达 25 厘米，主要以乌贼和章鱼为食。抹香鲸以善于潜水而出名，通常情况下，抹香鲸可在水中下潜数百米或上千米，甚至能下潜到 2250 米的深度，潜水时间可超过一个小时。说抹香鲸是鲸类家族中的潜水冠军，一点儿也不夸张。因为其他鲸类都达不到这个深度，如蓝鲸下潜深度

座头鲸
座头鲸有时先在水下快速游上一段路程，然后突然破水而出，缓慢地垂直上升，等到鳍状肢到达水面时，身体便开始向后徐徐地弯曲，动作非常优美。

为百余米，长须鲸下潜深度在 500 米左右。抹香鲸能长时间下潜的奥秘在于它身体内的储氧量非常大，另外在下潜过程中心搏速度会变慢，可达到节约用氧的目的。最为重要的一点是，它有一套自我调节用氧的特殊机理，在无氧条件下，它能利用体内糖解系统制造出新能源，以维持体力。

■ 象（Elephant）——陆地上的巨人

象是长鼻目动物的统称，也称为大象，是现存体形最大的陆生动物。身高有 3~4 米，体重在 5000~7000 千克之间。全世界的大象共有 2 种，即亚洲象和非洲象。亚洲象分布于印度、泰国、柬埔寨、越南等国，我国云南的西双版纳地区也有野生的象。非洲象广泛分布于整个非洲大陆。

大象多生活在森林、草原、丛林和河谷地带，主要以树叶、果实、树枝、竹子等为食。大象喜欢群居，常常一

亚洲象
亚洲象也叫印度象，分布在南亚和东南亚，鼻端有一个指状突起，雌象没有象牙，即使是雄象也有一半没有象牙或象牙很小。

个家族或数个家族结合在一起，形成数量多达百只的象群。

● 非洲象与亚洲象

非洲象与亚洲象有许多不同之处：非洲象的体形比亚洲象大；亚洲象的耳朵较小，呈四角形，大约只有非洲象的 1/3，而且没有非洲象的耳朵那么软；非洲象的背脊稍微外凸，而亚洲象的背脊则是凹下的；非洲象的鼻端结构呈双指状，而亚洲象的鼻端结构呈单指状；非洲象往往雌雄都长有长长的象牙，而亚洲象只有

知识拓展：体形最小的犀牛是哪一种？
答疑解惑：苏门答腊犀是犀牛中体形最小的一种，身高不足 1.5 米，体重不到 1 吨。

犀牛——鼻顶尖刀的牛

雄象才有象牙；非洲象睡觉是站立的，而亚洲象则是卧着的；非洲象脾气暴躁，较难驯化，而亚洲象性情温和，容易驯养。

● 长长的象鼻

非洲象
非洲象是陆地上体形最大的哺乳动物。厚厚的灰色或棕灰色的皮肤上长有刚毛和敏感的毛发，雌性和雄性非洲象都长有象牙。

大象最显著的特征就是它那条长长的鼻子。象鼻里面没有骨头，由 4 万多条肌肉组成，长约 2 米。长鼻可缠卷，灵活有力，能卷起树干，捡取食物，平衡身体，还能吸水喷溅到背上洗冷水澡，大象很怕热，所以常用冷水来降温。此外还能利用鼻孔吸取沙土喷撒全身来洗沙浴，以驱除身上的寄生虫。长鼻的鼻孔位于鼻的末端，鼻尖和人的手指一样灵活，可以用来挑取很细小的东西。大象的长鼻用途很多，就好比人的胳膊和手，是它自卫和取食的有力工具。一旦鼻子受伤，无法取得食物时，大象就只有活活饿死了。

● 肥大的耳朵

大象不仅有长长的鼻子，还有肥大的耳朵。巨大的耳郭有助于大象聆听周围细小的动静，而且还有调节体内温度的作用。天热的时候，大象会不停地扇动大耳朵，温度越高，耳朵扇得越快，可使比较凉快的空气接触耳朵表面，把流经耳朵的热血里的热

量带走，使血液温度降低，这样就能防止大象的体温升得过高了。

● 极佳的胃口

根据动物学家的研究，大象庞大的身材与其饮食行为有着密切关系。象通常以青草、树叶、水果等为主食，胃口奇佳，食量惊人，每天大约能吃 250 千克食物，还要喝 150 千克水，1 天当中有 16 小时都在吃东西。由于食量大，再加上消化时间长，大象就必须有一个特大号的胃，而这个特大号的胃又必须有一个庞大的身躯来支撑。这就是大象身体庞大的原因。

【动物趣闻】
大象是一种非常有灵性的动物，据说当一只年老体衰的大象预感到自己的生命即将结束时，就会独自走到"墓地"去，等待死亡的来临。而其他大象还会为老象举行葬礼，发出沉闷的哀号声，然后集体将它掩埋。

■ 犀牛（Rhinoceros）——鼻顶尖刀的牛

犀牛是陆地上仅次于大象的第二大哺乳动物。它模样像牛，身躯粗壮庞大，体长为 2.5~4.3 米，肩高为 1.5~2 米，体重为 3~5 吨。犀牛是一种极其珍贵稀有的动物，5 亿年前就已在地球

非洲象群
非洲象生活在海拔 5000 米以下的热带森林、丛林和草原地带，象群由一只雄象率领，日行性，无定居，以野草、树叶、树皮、嫩枝等为食。

上出现了，当时种类很多，但现存的犀牛仅有五种，即黑犀、白犀、印度犀、爪哇犀和苏门答腊犀。前两种生活于非洲的稀树草原，后三种生活在亚洲的热带密林里。

● 生活习性

犀牛一般单独生活，栖息在开阔的草原、灌木林和沼泽地。犀牛眼睛很小，而且高度近视，只能看见几米之内的物体，但它们的嗅觉与听觉很灵敏。犀牛喜欢待在有水源的地方，通常白天在丛林和草丛中休息，傍晚、夜间和清晨时才出去觅食。它们是标准的草食性动物，爱吃多汁的树叶和野果，但不吃青草，有时还会嚼碎岩石，以摄取其中所含的镁和钠等矿物质。犀牛习惯到固定的地方排便，并将排出的粪便积攒成堆，用粪便来作为领域地界的标志。

● 超强的战斗力

犀牛头上都长有坚硬的牛角，现存的5种犀牛中，除印度犀和爪哇犀是独角犀外，其余的都长有2只角，一前一后。犀牛角是体表皮肤的变形物，由鼻骨表皮角化而成，如甲壳般坚强，

犀牛夫妇
犀牛利用声音来交流。它们用鼻子哼、咆哮、怒号，打架时还会发出呼噜声和尖叫声。公犀牛和母犀牛在求偶时都会吹口哨。

折断后还会重新长出。但它的角并没有和头骨相连，因此当剥下犀牛的头皮时，牛角也会被一并剥下。犀牛角长度可达90厘米，有碗口那么粗，是它防御和战斗的利器。犀牛的战斗力在所有动物中是数一数二的，据说三四头狮子也斗不过它。它依靠厚实的皮肤和坚硬的牛角，在和其他动物

顶架时，任何猛兽都无法和它对抗。如果被直刺过来的犀牛角刺中，即使是狮子这样的大型猛兽也会被开膛破肚。被激怒的犀牛会发疯似的到处乱闯乱撞，连大象都得躲得远远的。

● 犀牛与犀牛鸟

犀牛虽然蛮横凶猛，但在非洲却有一位很知心的朋友——犀牛鸟（牛鹭）。犀牛生活的地方，吸血虫特别多，这些虫子喜欢叮咬犀牛的皮肤。为此，犀牛总是把身上涂满泥浆，这样不仅令虫子没法吸它的血，还能遮挡烈日的暴晒。但它的皮肤上生有许多皱

黑犀牛
黑犀又叫尖吻犀，其体色其实是灰色的，因经常在泥土中打滚而成黑色。皮厚无毛，常用稀泥保护身体以防昆虫叮咬。

褶，皱褶里的皮非常娇嫩，神经、血管密布其间，时间久了，这些皱褶里就钻进了各种寄生虫，叮咬犀牛的皮肤，使它痛痒难忍。这时，犀牛的背上总会飞来几只犀牛鸟，它们会在犀牛皮肤的皱褶处觅食小虫，因此人们也把这种鸟称为犀牛的"私人医生"。另外，犀牛的视力较差，听力也不是很好。每当敌人来袭时，停在它们背上的犀牛鸟就会飞上飞下唧唧喳喳地报警，充当犀牛的"警卫员"。

■ 斑马（Zebra）——身穿花条纹服的马

斑马是非洲的特产，也是非洲最著名的动物之一，生活在开阔的平原和稀树草原地带。它们的体表很独特，覆盖着黑白相间的条纹。人们常会提出这样的问题：斑马究竟是白底黑斑呢，还是黑底白斑呢？这个问题至今还没有人能准确地回答上来。斑马体长一般为2.24米，体重大约为350千克。非洲斑马共有

知识拓展：体形最小的斑马是哪一种？
答疑解惑：山斑马的体形最小，身高116～128厘米，尾长40厘米，体重230～260千克。

▶ 野驴——荒漠草原上的"长跑健将"

3种类型，即山斑马、普通斑马和细纹斑马。

斑马纹作为斑马外形的主要特征，在胚胎期就已形成了。条纹的宽窄与种类无关，而条纹的形成可能与内部骨骼有关系。直形纹类似脊椎骨，腹旁条纹类似肋骨。美丽的条纹可以作为同种之间相互辨认的标志，也可以起到吸引异性的作用。最重要的是，条纹是一种适应环境的保护色，在阳光或月光的照射下，能分散身形的轮廓，远远望去，很难将斑马与周围环境区分开来。就是离得再近，如果斑马不移动，也很难辨认出来，这样就大大减少了斑马被猛兽侵害的机会。

斑马经常在非洲大草原上与长颈鹿、鸵鸟等动物过着守望相助的生活。长颈鹿长得高，看得远；而斑马嗅觉和听觉都很敏锐，警觉性也高。若有敌人来犯，长颈鹿与斑马会立刻互通声息，四处飞奔逃命。斑马奔跑的速度很快，被追击时时速可达80千米，狮子与花豹等天敌都追不上它们，

【动物趣闻】

据说当初在设计马路上的斑马线时，就是从斑马身上的条纹获得灵感的，因其醒目的颜色而让司机易于辨识，进而使行人能平安地通过马路。

细纹斑马
细纹斑马是最漂亮的一种斑马。除体形大，身上条纹窄密而臀部脊柱条纹很宽外，另一特点是长了一对长而阔的圆尖耳朵。

斑马饮水
斑马经常要喝水，因此很少到远离水源的地方去。在雨季时，斑马会使劲儿吃草喝水让自己变胖，等旱季时，就可以靠体内的脂肪来维持热量消耗，同时寻找水源和青草。

但狮、豹会趁斑马饮水时，出其不意地袭击它们。

■ 野驴（Wild ass）——荒漠草原上的"长跑健将"

驴属奇蹄目、马科，体色从白到灰或黑，通常从背部至尾巴处的鬃毛会长出一条深色的条纹，肩部还有一个十字形斑。野驴的耳朵较长，鬃毛短而直立，尾巴端部有长毛。野驴主要分布在非洲的荒漠和草原地带，在亚洲也有分布，主要在蒙古共和国和我国内蒙古、甘肃等地。野驴体形比马略小，跟家驴比较相似，只是身体较轻巧，而且腿上还带有花纹。亚洲野驴又叫蒙古野驴、赛驴，但它们并不是现代家驴的祖先，家驴源于非洲野驴。

野驴
野驴的外形似骡，属典型荒漠动物，栖居于高原开阔草甸和荒漠草原、半荒漠、荒漠地带。

野驴喜欢集群生活，通常四五十只生活在一起，白天出外活动，以各种野草为食，营迁移生活。野驴的视觉和听觉都很敏锐，警惕性很高。它一般很少鸣叫，只有雄兽在失群、求偶、争斗时才会嚎叫发声，声音比家驴嘶哑低沉。野驴的胸肌比较发达，角质蹄也比家驴、家马要大，善于快速奔跑，且耐力超强，能一口气跑上

▶ 骡子——动物界的"混血儿"
▶ 猪——善用鼻子的动物

知识拓展：最小的驴子是哪一种？
答疑解惑：西西里驴的肩高只有 60 厘米，是体形
最小的驴子。

脊椎动物（二）

40~50 千米，最高时速可达 64 千米，是荒漠草原上的"长跑健将"。野驴在快速奔跑时，连狼群都追不上它们。在被迫自卫时，野驴会翘起后腿用蹄子踢蹬对方。它们的蹄子相当有力，可将狼的肋骨踢断。野驴耐渴性较强，可以几天不喝水，冬季缺水时就啃冰舔雪来摄取水分。在干旱的环境中，它们还会找到有水源的地方用蹄刨坑挖出水来饮用。

背驮重物的骡子
骡子个大，既具有驴的负重能力和抵抗能力，又有马的灵活性和奔跑能力，是非常好的役畜。

■ 骡子（Mule）——动物界的"混血儿"

骡子是马和驴的杂交后代，但算不上是一个品种，可称为一种小驹。骡子是有性别的，但不能生育。骡子分为马骡和驴骡两种，由公驴和母马所生的骡子称为马骡，反之则称为驴骡。马骡力大无比，是马和驴远远不可相及的；而驴骡则善于奔跑，也是驴不能比的。

骡子
骡子是驴和马杂交出来的后代。因染色体不配对，没有生育能力。

那么，骡子为什么没有繁殖后代的能力呢？我们都知道，高等动物都是由受精卵发育而来的。卵细胞产生于雌性动物的卵巢，精子产生于雄性动物的睾丸。而骡子这种"混血儿"，生殖系统在构造上虽然比较完善，但是生理机能却不正常。不管是公骡还是母骡，都是如此。动物研究人员称，骡子不能生殖后代是由于缺少性激素。公骡子的生殖器官不能产生动情素，因而就不能动情，也不能产生成熟的精子。而母骡子的生殖器官虽然能产生动情素，但是却缺少助孕素，因而产生的卵子很衰弱，不久就死去了，不能发育成熟，当然也就不能受精了，因此骡子也就无法生育后代。

■ 猪（Pig）——善用鼻子的动物

猪是人类驯养最广泛的家畜之一，有着大大的耳朵，长长的鼻子，下凹的眼睛，肥壮的身体，粗短的四肢，还长着稀松的鬃毛。人们常说猪是很笨的动物，那只是人们的误解罢了，事实上它算是有蹄动物中最聪明的一种。经过训练的猪，不但能在马戏团中表演特技，还能帮人

家猪
家猪是由野猪驯化而来的，是一种重要的家畜。其体肥肢短，性温驯，适应力强，易饲养，繁殖快。有黑、白、酱红或黑白花等色。

干活。据说古埃及人曾训练猪做播种工作，它们能够把种子埋得不深不浅，恰到好处。

家猪是由野猪驯化而来的。关于家猪起源有许多不同的说法，有的学者认为欧洲、北美的家猪品种起源于欧洲野猪，远东的家猪品种起源于东南亚野猪，而其他现代家猪品种则都来源于这两种野猪或它们的杂交种。也有的学者认为除上述两个野猪类群外，还有一种地中海野猪。这3种野猪类群都是东南亚到西欧地带内一种野猪的变种，现代家猪则是这3种野猪或其混合杂交种的后裔。

● 家猪

家猪在世界各地均有分布，很早就被人类饲养。属于杂食性动物，吃人类的剩菜、剩饭等，而且从不挑食。表面看起来，家猪特别肮脏，但实际上，家猪是一种很爱干净的动物，它们会挑选近水的固定地点大小便，以方便冲洗。只是由于人们常把猪养在简陋狭窄的猪舍中，而且长期不清扫，才会使猪看上去很脏。尽管如此，人们还是愿意把猪养得肥肥胖胖的，然后宰了吃肉。可以说，家猪从头到尾，从瘦肉到肥肉，从猪皮到内脏，从猪鬃到猪粪，全身上下都被人类充分利用了。

● 野猪

野猪拱地
野猪有拱地觅食的习性。当它们闻到强烈的刺激性气味时，也会用嘴拱地，以避免气味的刺激，并利用泥土的过滤作用消除毒气。人们正是受此启发，才发明了带有"猪鼻子"的防毒面具。

【动物趣闻】

野猪喜爱泥浴，经常在泥泞中打滚，使泥土沾满全身。待泥土干瘪后，其体表的寄生虫就随着泥土一起脱落了。因此，泥浴有助于去除野猪体表的寄生虫，保护它们的身体健康。

野猪是现代家猪的祖先，人类在几万年前就开始驯化并饲养野猪了。野猪体形与家猪相似，只是体重较轻，肌肉较结实，四肢比家猪略长，便于在野外奔跑。野猪身上披着坚硬的毛，嘴上有一对外露的獠牙，鼻子长长的，向上突起。它们的食性比家猪要广，除了植物性食物外，还吃昆虫、蚯蚓、河蟹之类的动物。野猪的视力和听力都比家猪要强，鼻子比狗还灵，它们经常用鼻尖掘开泥土寻找食物。野猪的鼻子还很坚韧，再硬的土地，一会儿工夫就能掘出个大坑来。它们的鼻子经常是湿润的，上面有许多活跃的神经组织，可以准确嗅出猎物的所在。野猪的鬃毛较长，皮肤厚实，獠牙长而锐利，一些虎豹如果不能一口咬住野猪的要害，就会被野猪的獠牙咬伤，而且野猪咬住后会死不松口。野猪性情凶猛，善于奔跑，被激怒时会变得狂躁无比，就连老虎也不敢与之正面交锋，只好潜伏在暗处，伺机下手。

● 疣猪

疣猪分布在撒哈拉沙漠以南的非洲草原地区，与河马、鳄鱼并称为非洲最丑的3种动物。疣猪外表看上去十分丑陋狰狞，它有着长而弯曲的獠

疣猪
疣猪两眼之下的皮肤上，各长出一对大疣，因此得名。雄疣猪在吻部又长出另一对较小的疣，位于獠牙之上。

牙，全身布满粗硬而稀疏的棕黑色杂毛，脸上还突起一对长长的肉疣。它的两只眼睛下面的

知识拓展：最小的河马是哪一种？

▶ 河马——大嘴巴巨兽　　答疑解惑：西非的倭河马体形较小，体长仅 1.5～1.75 米，肩高不足 1 米，成年体重为 160～240 千克。

脊椎动物（二）

皮肤上又各自长出一对很大的疣，雄猪的吻部还有一对小疣，因此被称为疣猪。这些疣虽然使它的面目显得很丑陋，但可以保护它在挖掘食物时眼睛不受伤害。疣猪是野猪中的大型种类，成年猪体长可达 1.5 米，身高 85 厘米。疣猪的腿比较长，因此它们比其他野猪跑得更快，时速可达 50 千米。它们也喜好翻拱土地，以杂草、植物的根、浆果、树皮等为食。

■ 河马（Hippopotamus）——大嘴巴巨兽

在陆生动物中，除了大象之外，要数犀牛和河马最大了。河马体长 3~4 米，肩高只有 1.5 米。关于它的体重说法不一：有的说是 3~4 吨，也有的说是 1~2 吨。河马的头大得出奇，光头骨就重达几百千克。更令人惊奇的是它那一张畚箕状的大嘴巴，张开时上唇可以高过头顶，能张开到 90°，能让一个小孩站立其中。陆上再没有任何动物的嘴巴比它更大了，所以人们称它为"大嘴巴河马"。

● 以水为家

河马是非洲特产的动物，仅生活

河马
河马吻宽嘴大，四肢短粗，躯体像个粗圆桶。鼻孔长在吻端上面，与上方的眼睛和耳朵连成一条直线。

【动物趣闻】

非洲流传着这样一个民间故事：上帝创造河马后，让它为其他动物割草。但河马发现非洲太热了，便问上帝它能否白天躺在水中，夜晚天气凉快时再去割草。上帝同意了，但有点儿迟疑，他怕河马会贪吃河中的鱼。河马向上帝保证说自己决不会那么做，而且真的说到做到了，只以植物果腹，从不捕捉河中的鱼。

在非洲赤道南北的大河流和湖沼等水草丰茂的地方。它虽属陆地动物，但大多数时间都泡在水里，一天当中待在水里的时间长达 18 个小时，只有 6 个小时会到陆地上活动，往往只在夜深人静时，踏上岸来寻找青草或芦苇吃。它们的交配、分娩、哺乳都在水中进行。当河马那庞大的身躯全部浸入水中时，只要微微露出脑袋，头上的感觉器官就可超出水面，眼、鼻、耳就能接触到外面的世界，呼吸新鲜的空气，或观察周围的动静。

● 集群而居

河马喜欢集大群生活，常常是 20~30 头在一起活动，最多时可达上百头。它们在河湖沼泽里生活，不但很有秩序，而且都会遵循一条"家规"：雌性和幼年的河马占据河流或湖泊的中心位置，年长的雄性河马生活在外缘，年轻的雄性河马则要离中心更远些。

潜伏在水中的河马
河马一生的大部分时间都泡在水中，觅食、交配、产仔、哺乳也均在水中进行。潜伏在水中时，它只需将头顶露出水面，就能嗅、视、听和呼吸了。

知识拓展：骆驼最多的国家是哪一个？
答疑解惑：印度是拥有骆驼最多的国家，骆驼总数达 200 万以上，还有着世界上最大的骆驼贸易市场。

骆驼——沙漠之舟

谁要是违背了这条"家规"，就会受到全体河马的一致"谴责"。但在繁殖季节里，发情的雌性河马会被允许进入雄性河马的地盘，并能得到主人的热情接待。相反，如果一头雄性河马不小心闯入雌性和幼年河马所占据的中心位置，那里的主人虽然不会驱赶它，但它必须得遵守"家规"——只能站立或蹲伏在水中，不准乱碰乱撞。一旦违反了规定，其他雄性河马就会群起而攻之。

● 水中生产

大部分哺乳动物的生产都是在陆地上进行的，但河马的生产却在水里进行，连哺乳也是。河马一般每胎产1仔，分娩在浅水中进行。幼仔生下后两眼睁开，前肢站立，后肢匍匐在地上，不断发出仔猪般粗厉的叫声，几分钟后，它就能在浅水中作潜水动作，两小时后便能跟跄地行走并潜入水中吃乳了。哺乳期的母河马会显得特别暴躁，并且十分护仔，丝毫不能被触犯。

● 皮肤流血

河马在陆地上活动时，它那光滑少毛的皮肤上有时会渗出红色的"血液"，当"血液"越渗越多时，身体就变成了暗红色，因此人们以为河马的皮肤会流血。事实并非如此。动物学家观察研究发现，河马的皮肤没有汗腺，不能像人类那样通过流汗来降低体温和湿润皮肤。在盛夏时节，河马登上陆地后，皮肤会因缺水而干裂，这时，它们的皮肤就会分泌出一种特殊的红色液体来润滑身体，防止皮肤干裂。

■ 骆驼（Camel）——沙漠之舟

双峰驼
双峰驼生活在亚洲东部、中部的草原、荒漠、戈壁地带，嗅觉灵敏、耐饥渴、高温、严寒，抗风沙，善长途奔走，以野草及各种沙漠植物为食。

骆驼是荒漠地带的典型代表，号称"沙漠之舟"，属于偶蹄目骆驼科。骆驼很早就被人类驯化了，我国饲养骆驼始于殷商时期。现在的骆驼基本上都属于家畜，野生的骆驼很少见。现存的主要有两种骆驼：一种是双峰驼，主要分布在我国、土耳其和俄罗斯中部；

单峰驼
单峰驼因有一个驼峰而得名，主要分布在北非和亚洲西部及南部。比双峰驼略高，躯体也较双峰驼细瘦，腿更细长，早已被人类驯化而没有野生的了。

另一种是单峰驼，主要分布在小亚细亚和北非。

骆驼喜欢在灌木或荆棘丛生的牧草地里生活，能以荒漠与半荒漠中粗糙的植物为食，能忍受酷热和严寒的气候，还能在长时期缺水的条件下正常生活。

● 沙漠中的奇迹

沙漠中恶劣的环境，如烈日、干燥、风沙以及食物匮乏等，都会威胁到动物的生存，而骆驼却能奇迹般地活下来。它全身的器官，从头到脚，仿佛都是为了适应沙漠生活而形成的。它的头能抬得很高，因此眼睛不会被地面反射的热气所熏伤；眼睛除了有一层透明的眼皮外，还生有双重又长又密的睫毛，能遮挡风沙；耳朵内也布满了长毛，鼻孔上的瓣膜可随意关闭，以防止飞沙吹入耳鼻；细长而灵活的四肢，适合长途行走；掌蹄扁阔，两趾间长有柔软的肉垫，方便在沙土中穿行而不会深陷于沙中；视力极好，嗅觉灵敏，能嗅知远方的水源。

● 超强的耐饥渴力

骆驼的耐力很强，在干旱的沙漠里连续行走10多天甚至20多天不吃不喝的情况下，仍能驮着货物和主人昂首阔步前进。骆驼的嗅觉很灵敏，顺风时能嗅出40~60千米远的水源和草地。它长着韧如橡胶的嘴唇，连尖得能刺穿皮鞋的荆棘也敢吃，而且嚼食本领高强，完全不用伸出舌头，也因此不会损失宝贵的水分。骆驼最令人惊异的特点是它只需要极少水分就可生存。平时骆驼很少喝水，但喝1次水就能行走100千米，因为它放开肚子喝起水来一气能喝100千米。骆驼不论得到多少水，都会将其充分利用，原因有多种，排尿量是其中之一。大多数动物如果小便不多，不能排出尿素废料，便会中毒，骆驼却可经肝脏把大多数尿素进行再循环，制造出新的蛋白质来，因此食物和水就可以延续补充了。另外，驼峰是一个奇妙的脂肪贮存库，找不到东西吃时，骆驼便靠这些脂肪维持生命。当驼峰里的脂肪被分解后，驼峰会逐渐萎缩甚至消失，这表明骆驼已经筋疲力尽了。

■ 鹿（Deer）——性情温驯的食草动物

鹿属偶蹄目鹿科，是世界上最漂亮的食草性哺乳动物，性情温驯，颇受人们的喜爱。全世界大约有40多种鹿，它们广泛分布在除澳大利亚以外世界各地的森林中或草原上，以青草、嫩枝、嫩芽、树皮等为食。鹿科动物都长着长长的腿和脖子，尾巴较短，肩高因种类的不同而差异很大，如南美的短尾鹿肩高只有30厘米，而加拿大的驼鹿肩

梅花鹿
梅花鹿的背脊两旁和体侧下缘镶嵌着许多排列有序的白色斑点，状似梅花，因而得名。其毛色随季节的改变而改变。

高可达2米以上。雄鹿都长着长长的鹿角（也叫鹿茸），鹿角每年会自行脱落。在交配季节，雄鹿常用角来互相攻击，争夺配偶。

● 梅花鹿

梅花鹿是一种中型鹿类，因其体表长有一块块白斑，远远望去就像是一朵朵梅花，所以人们给它命名为梅花鹿，但这种"梅花"会随着冬季的来临而渐渐消失。梅花鹿分布于俄罗斯东部、日本、朝鲜和我国大部分地区。主要生活在山地、草原、林间等地，多在清晨和傍晚活动，主要以乔木、灌木的嫩枝叶和草本植物为食。梅花鹿一年中要换两次毛，当从冬毛换成夏毛时，身体上有一部分毛的白色素会增多，呈现出白色，而且整个身体的毛较薄，所以形成的梅花斑便特别显眼；而从夏毛换成冬毛时，白色毛减少，体毛会长得又长又厚，所以梅花斑便不太明显了。

● 麋鹿

麋鹿又称四不像，是我国特产的珍稀动物，生活在我国黄河流域及北京附近地区。野生麋鹿在1000多年前就已灭绝，现存的都是

【动物趣闻】

鹿在养育后代时十分有趣，它们会把小鹿分别藏在不同的地方，彼此间隔几百米，而母鹿就选择一个恰当的地点来进行监视。当敌人出现时，母鹿会假装受伤现身，设法把敌人引开。如果是弱小的敌人，母鹿会毫不客气地把它赶走。

麋鹿
麋鹿角像鹿，面像马，蹄像牛，尾像驴，但整体看上去却似鹿非鹿，似马非马，似牛非牛，似驴非驴，故被称为"四不像"。

人工饲养的。麋鹿的身体和尾巴有点儿像驴，但尾巴没有驴的大；脚蹄有点儿像牛，但没有牛的壮；头颈有点儿像马，但没有马的长；头上的角有点儿像鹿，但没有鹿的眉杈，因此人们称它为"四不像"。麋鹿个高体壮，性情温驯，从不攻击其他动物，喜吃树叶、嫩草、芦苇等。常栖息在湿润的水草丰茂的沼泽地带，喜欢游泳戏水，经常在水中站立或进行泥水浴。

● 驯鹿

驯鹿生活在北极地区，广泛分布在欧亚和北美大陆北部及一些大型岛屿上。驯鹿最显著的特征是它们头上的巨角。雌雄鹿头上都生有一对树枝状的犄角，宽幅可达 1.8 米。角由真皮骨化后，穿出皮肤而成，每年更换一次，旧角刚刚脱落，新角就立即开始生长。驯鹿常结伴在雪林中自由觅食，主要以植物和真菌为食。冬季时，驯鹿会用长长的鹿角拱开 1 米深的积雪，啃食冰雪覆盖下的地衣和苔藓。

驯鹿是一种十分勇敢的动物，它们生活的环境很恶劣，不适宜生殖。因此，为了繁衍后代，驯鹿每年都要冒着生命危险长途跋涉赶到北极苔原地区，一路上它们翻雪山、过雪地、涉冰河，还要躲避野狼的　追捕。可以说，驯鹿的迁徙是一场生命的角逐。

■ 长颈鹿（Giraffe）——动物界的"模特儿"

长颈鹿是非洲的特产动物，生活在撒哈拉沙漠以南的稀树草原和森林边缘地带，以颈部特别长而得名。通常一只身高 5 米的长颈鹿，光颈部的长度就有 2 米左右。长颈鹿是世界上身材最高的动物，雄性身长约 4 米，身高约 5.8 米，体重 1800 千克；雌性身高约 5 米，体重 1200 千克。它之所以这么高，主要是因为脖子和腿都很长（前腿长达 2.5~3 米），而它们的身体却比一匹中等大小的马还小。

超长的脖子

长颈鹿的长脖子在物种进化的过程中独树一帜，这样它们在非洲大草原上，就可以吃到其他动物无法吃到的、生长在较高地方的新鲜嫩树叶与树芽了。

● 独特的长脖子

长颈鹿的脖子可长达 2 米，这在动物界是独一无二的，这也是它们适应环境长期进化的结果。它们的颈部有 7 块颈骨，这并不比我们人类或其他任何哺乳动物的颈骨多。但每块颈骨都比人类的长得多，并有很大的转动范围和弯曲能力。这么长的脖子，对长颈鹿来说是有利也有弊。

长颈鹿的长脖子能帮助它轻易地吃到高处的树叶，另外，凭借其高大的身材与敏锐的视力，还可以从高处警戒四周的动静，及早发现敌人的行踪，以便迅速逃跑。由于它的脖子特别长，所以其心脏与头部的距离有 2 米多远。

长颈鹿饮水

长颈鹿的个子实在太高了，头部离地面很远，喝水时必须将前面的两腿分开，努力俯下身子才能将水喝到口中。

知识拓展：最大的野牛是哪一种？
答疑解惑：印度野牛是现存牛类中体形最大的一种，成年雄性体长为 2.5～3.3 米，肩高 1.65～2.2 米，体重达 1 吨。

牛——威猛的"牛魔王"

脊椎动物（二）

为了及时把新鲜的血液从心脏输送到脑部，长颈鹿需要充足的能量——约为一般哺乳动物的 2~3 倍，因此它需要一个特别大的心脏。此外，由于脖子太长，饮水时也有诸多不便。它必须尽量叉开两只前腿，垂下脖子才能喝到水，此时若遇到危险情况，根本无法迅速站立起来。因此，它们的天敌狮子等就常选择它们喝水时前来偷袭，这是脖子长的又一个不利之处。

● 适于采食树叶

长颈鹿常在开阔的灌木林区或半沙漠地区集小群活动，主要以树叶、豆科植物、种子和果实为食。它们身体各部分的构造都非常方便其取食树叶。它们的舌头长 50 厘米，上唇也很长。用舌头和上唇能很容易地从树上拧下叶子，塞满嘴巴。它们的膝关节和跗关节处有老茧形成的垫，就像骆驼一样，在多岩石的地面或沙地上卧下休息时可起到保护作用。蹄子下面也有肉垫，可以加宽脚底的面积，支撑其高大沉重的身躯，使它们在沙漠中行走时不至于陷入

群居方式
长颈鹿虽然可能集结大约 20 只聚在一起生活，但是群居的组织颇为松懈。雄长颈鹿独居或两三只雌雄长颈鹿混杂群居的情形较为普遍。

● 超高的血压

长颈鹿的血压极高，是人类的 2~3 倍。在站立时，头部和心脏的位置相距大约 2.5 米，血液要到达头部，需要有强大的压力冲击。因此，它的心脏重达 11 千克以上，只有达到这样的重量，才能把它的血液提升到两三米高的大脑部位。

原牛
原牛于 1627 年就已经灭绝了。20 世纪中期，两名德国科学家利用基因技术，再次培育出了原牛，称为"再生原牛"，它有着和原牛一样的外貌特征。

■ 牛（Cattle）——威猛的"牛魔王"

牛科动物属偶蹄目，起源于中新世，由远古鹿类的一支分化而来，欧亚大陆是它们的早期发源地。牛科动物大都雌雄均有角，门齿和犬齿已退化，具有复杂的胃和完善的反刍功能。它们体质强壮，腿脚有力，善于奔跑，主要以草和树叶等为食。

● 原牛

原牛是现代家牛的祖先，关于它的驯化历史没有明确的记载，但据史料分析，在 1 万

美洲野牛
美洲野牛主要分布在北美洲落基山以东的广大地区，数量曾多达五六千万只。欧洲人来到美洲以后，对其进行疯狂的大捕杀，导致它们几乎灭绝。

亚洲野牛

亚洲野牛又称印度野牛，分布在热带、亚热带山地阔叶林、针阔混交林和林缘草坡地带，是世界上现生野牛中体形最大的种类。

年前牛就已经成为人类的家畜了。原牛曾经遍布欧亚大陆，但在它们存在的最后 2000 年里，生活的范围仅限于欧洲中部。原牛虽然也是一种野生牛，但与欧洲野牛是完全不同的物种。原牛体态魁梧，肩高 1.8 米，双角尖耸。

自古以来，人们就常设置陷阱捕杀原牛，以获取原牛角来制成筵席上使用的饮具。到了 11 世纪，原牛数量已经很少了，只有在东普鲁士、立陶宛及波兰的野外还有少量残存，其他地方的原牛已经被人类全部捕杀了。1359 年，波兰泽姆维特公爵曾下令保护原牛，使波兰成为了原牛最后的庇护地，但这仍没有改变原牛被偷猎的厄运。到 1590 年时，波兰西部森林中仅剩下 20 只原牛。1620 年只剩下最后一只，1627 年时最后这只原牛也被猎杀，从此原牛就在地球上绝迹了。

● 野牛

野牛有 4 种，即美洲野牛、欧洲野牛、亚洲野牛和非洲野牛。

野牛体长一般有 2 米多，高也有 2 米多，体重 1 吨左右。野牛以各种草、树叶、嫩枝、树皮等为食，习惯结群生活。它们嗅觉灵敏，

[动物趣闻]

牦牛长期生活在无污染的天然高寒地带，身上的毛、皮、血、骨、内脏、骨髓等都极具开发价值，可以说，牦牛全身都是宝。

体格彪悍，力大无穷，头顶长有锋利的双角，性情凶猛，即使面对最富攻击性的捕食动物，也毫不退缩，但它们一般不会主动攻击其他动物。野牛平常都是缓步而行，有时也能以 50 千米的时速狂奔。

● 牦牛

牦牛又称野牦牛，是我国青藏高原的特有物种，分布于西藏、青海、新疆南部、甘肃西北部和四川西部等地。牦牛体形比印度野牛略小，体长 2 米，体重 500～600

牦牛

牦牛被称为"高原之舟"，是世界上生活在海拔最高处的哺乳动物。牦牛全身一般呈黑褐色，身体两侧和胸、腹、尾毛长而密，四肢短而粗健，最高能爬上 6400 米处的冰川。

千克。它们生活在海拔 3000～6000 米的高原地带，以针茅、苔草、莎草、蒿草等高山寒漠植物为食。牦牛体表披有蓬松的长毛，尤其是颈部、胸部和腹部的毛，几乎长及地面，形成一个围帘，如同悬挂在身上的蓑衣一般，可以遮风挡雨，更有利于爬冰卧雪。它们尾巴上的毛也很长，尾如扫帚一般。其四肢粗短强壮，蹄大而圆，适合爬山。蹄侧及前面有坚实而突出的蹄围，足掌上有柔软的角质，可以减缓身体向下滑动时的速度和冲力，便于其在陡峭的高山上自如行走。

● 水牛

野生水牛生活在印度和非洲的热带大草原上，喜欢栖息在水草丰茂、树林茂密的地方，现在多已驯化为家畜，帮助人类做耕田、拉车、碾谷等农活。水牛的祖先生活在热带和亚热带地区，那里的气温常年偏高，夏天可达 40 摄氏度以上。而水牛的皮肤很厚，汗腺又不发达，出汗较少，不能通过出汗来维持正常的体温，

羊——性情各异的大家族

知识拓展：最大的羚羊是哪一种？
答疑解惑：大角斑羚是所有羚羊中体形最大的种类。其肩高 172～178 米，身长 2.80～3.30 米，体重 600 千克左右，最大的可达 1 吨。

脊椎动物（二）

所以，水牛总喜欢把身子浸在水里来散发热量，以降低体温，维持生命。

■ 羊（Sheep）——性情各异的大家族

羊属偶蹄目牛科，包括羚羊、绵羊、山羊等几大类。它们在外貌、性情等方面存在着诸多差异。以绵羊和山羊为例：绵羊比山羊体形粗壮；绵羊性情比较胆小，而山羊较为活泼，喜欢单独攀登悬壁；绵羊的体毛卷曲而细，山羊的体毛则平直而粗；绵羊雌雄均无须，而雄山羊通常长有络腮胡子；绵羊的角垂向一侧形成螺旋状，而山羊的角则向后弯曲。

● 羚羊

羚羊的种类很多，常见的有高鼻羚、高角羚、跳羚、阿拉伯剑羚及生活在我国的藏羚羊等。它们主要生活在高地、平原和灌木丛中。羚羊的分布也很广泛，在从蒙古向西到非洲北部的地区，及大西洋沿岸、整个非洲东部和中部赤道地区都有羚羊的踪影。

羚羊习惯数百只结成一群活动，依靠群体力量来对抗外界的威胁。它们的嗅觉、视觉、听觉都非常灵敏，双腿纤细，善于奔跑，如藏羚羊在逃避追捕时能以 60 千米的时速连续奔跑 20~30 千米。有些种类还善于跳跃，比如跳羚，它身体纤瘦，天生善跑跳，奔跑中一跳可达 7 米高、10 米远。羚羊没有锐利的爪牙等自卫武器，头上虽长有两只大角，但在猛兽面前却不堪一击，所以快速奔跑就成了它们逃避天敌的有效方法。

绵羊
绵羊是常见的饲养动物，隶属于哺乳纲、偶蹄目、牛科、羊亚科。身体丰满，体毛绵密。头短。雄兽有螺旋状的大角，雌兽没有角或仅有细小的角。毛色为白色。

● 山羊

山羊是人类最早驯养的动物之一，在距今约 8000 年以前就已被驯化为家畜。动物学家们普遍认为，现代家山羊起源于中亚细亚一带的角羊，在今天的小亚细亚、伊朗、阿富汗和巴基斯坦等地山区仍有角羊存在。其身高可达 90 厘米，公羊有长达 1 米以上的长角。山羊四肢粗壮，擅长爬山。它们的脚蹄坚硬有力，能紧紧攀附在树木或山岩之上，脚掌上还生有富于弹性的肉垫，所以它们能驰骋在崇山峻岭之间，也能攀登跳跃于悬崖峭壁之上。它们的这一套看家本领常使捕捉它们的豹与虎无可奈何，望"羊"兴叹。

山羊
山羊是人类最早驯养的动物之一，在 8000 年以前就被人类驯化了。品种很多，不同品种的山羊体格大小相差悬殊。

汤普森瞪羚
汤普森瞪羚身体背部和腿部为白色，其余为黄褐色。矮小粗壮，善跑好斗。交配季节，经常看到尸体上有两个孔的死瞪羚，它们就是被同类打死的。

知识拓展：最小的猴是哪一种？
答疑解惑： 生活于南美亚马孙河流域的倭狨是最小的一类猴，体重只有 120 克，
最大的体重也不过 1 千克，身长仅 34 厘米。

猴——万物之灵

● 绵羊

绵羊是由野生绵羊驯化而来的家畜，而且

是多种野生绵羊品种杂交的结果，现在世界各地均有饲养，不过仍有野绵羊生活于北美及欧亚部分大陆地区。雄性野绵羊头顶上有一对大而粗壮的角，至少有 1.5 米长，有的甚至比自己的身体还长。野绵羊一般生活在干燥的荒地上，雄羊和雌羊会分别组成自己的羊群，以树木的嫩芽、根、树叶、草、地衣等为食。

家养的绵羊身体丰满、体毛绵密，是最有价值的家畜。它们可给人类提供羊肉、织物用的羊毛和穿着用的皮衣等。在一些地方人们还喝羊奶，或者把羊奶制成美味的乳酪。现在，绵羊还成了对外贸易的重要主体，如澳大利亚以盛产绵羊闻名，是世界上毛用养羊业最发达的国家之一。

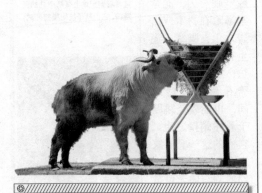

牛羚
牛羚总的形态像牛，体形粗壮，头大颈粗，四肢短而壮，特别是前肢比后腿更壮，蹄子也大。但身体的某些部位又酷似羊类。

■ 猴（Monkey）——万物之灵

猴属于灵长目动物，是动物界中仅次于人类的一个高等类群。灵长目最先是由瑞典生物学家林奈（1707——1778）命名的，"灵长"即"众生之灵，众生之长"的意思。世界上现存的灵长目动物共有 190 多种，各种类的进化程度又各有不同，有较为低等的原始猴类，也有中等进化的猴类，还有进化程度最高的无尾猿类和人类。除了人类以外，其他种

环尾狐猴
环尾狐猴又叫节尾狐猴，是狐猴科以下狐猴属的唯一一个种。分布于南马达加斯加，生活于干旱多岩石地区。

类常被人们叫作猿或猴，有时也统称为猿猴类。它们具有灵活的身手，发达的大脑，高度的智慧，有些甚至能作出复杂的脸部表情，所以赢得了"万物之灵"的称号。

● 狐猴

狐猴是现存原猴类中种类最多的一类猴，共有 20 多种，但也是分布范围最小的一类，仅分布于马达加斯加岛及其附近的一些小岛上。狐猴是最原始的灵长类动物，因长相似狐而得名。狐猴的体形一般较小，皮毛多为棕灰色，性情温和，行动谨慎，长着一条比一般猴子长得多的大尾巴。不同种类的狐猴体形和习性差异很大，有的在树上生活，有的在地面生活，有的在白天活动觅食，有的则在晚上觅食。它们都是灵敏的攀爬者，跳跃迅速，身手敏捷。狐猴主要在树上生活，爬行缓慢，下到地面时还可以直立跳跃行走，主要以嫩枝、花和果实等为食。

● 懒猴

懒猴也叫蜂猴，是原猴类中分布最广泛的成员。世界上共有12种懒猴，分布于非洲撒哈拉以南地区、印度、斯里兰卡和亚洲东南部，在我国云南和广西部分地区也有少量懒猴分布。

懒猴的体形很小，跟家猫差不多，身长在 28～35 厘米之间，体重约 1.5 千克。懒猴以行动异常迟缓而得名。它既不会蹿，也不会跳，只会一步一步地缓慢爬行，有时走一步竟要花去 12 秒钟的时间，其速度之慢可与乌龟相提并论。除此之外，懒猴还十分贪睡，如果它们被惊醒，也只不过会懒洋洋地睁开眼四下张望一下，而身子却一动也不动。

懒猴

懒猴体形较小，尾极短且常隐于体毛中。体呈圆柱状，四肢短粗而等长。行动异常缓慢，只有危急时才会加快速度，故名。

● 金丝猴

【动物趣闻】

猴是群居性动物，如金丝猴就常几十只集成一群生活。群体会经过搏斗选出一只体格魁梧、毛色不凡的"美猴王"来指挥猴群的一切行动。群体中的其他成员对"美猴王"都非常敬畏，常常敬献食物给它，还为它搔痒、梳发、捉虫子等，以讨取它的欢心。"美猴王"非常勇敢，遇有敌情时，总是奋不顾身地冲在最前面。

金丝猴也叫金线猴、狮鼻长尾猴，属我国特产，是一种身披金线一样美丽长毛的猴类。金丝猴分川金丝猴、黔金丝猴和滇金丝猴三种，分别分布于四川、陕西、甘肃、湖北；云南西北部、西藏西南部、贵州梵净山。

金丝猴身体瘦长，长着柔软的金色长毛，最长可达 30 多厘米，在阳光的照耀下金光闪闪，好似一件风雅华丽的金色斗篷。其脸庞为蓝色，面貌和蔼，鼻孔向上，朝天翘起，颇受人们喜爱，于是也被亲切地称为"蓝面猴"、"仰鼻猴"等。

● 猕猴

猕猴亦称猴、黄猴等，热带和亚热带森林中。猕猴在我国的分布范围十分广泛，西南、华南、华中、华东、华北及西北的部分地区都有

金丝猴

金丝猴群栖于高山密林中。主要在树上生活，也在地面找东西吃。主食树叶、嫩树枝、花、果，也吃树皮和树根，爱吃昆虫、鸟、鸟蛋等。

它们的踪迹。猕猴的食性较杂，吃多种植物性和动物性食物，如果子、树叶、昆虫、鸟蛋等。猕猴善于攀缘跳跃，有半树栖性，多在悬崖峭壁等险峻处活动，白天在地面活动，晚间宿于树上。它们很爱清洁，夏季常会洗澡沐浴。猕猴还会游泳和模仿人的动作，并能做出喜怒哀乐各种表情。

说"悄悄话"的猕猴

猕猴善于攀缘跳跃，会游泳和模仿人的动作，有喜怒哀乐的表情。取食植物的花、果、枝、叶及树皮，偶尔也吃鸟卵和小型无脊椎动物。

■ 长臂猿（Gibbon）——攀缘能手

长臂猿是东南亚热带和亚热带密林里的奇客，世界上共有 8 种，全部都居住在这里。长臂猿是类人猿中最小的一种，身长最长不过 1 米，体重 7~14 千克。它同其他猴类不同，没有尾巴，在身体构造和智力上比其他猴类高级。从亲缘关系上来看，它与大猩猩、黑猩猩等是一家。长臂猿头小而圆，两臂特长，伸开能达 1.6~1.8 米，是体长的好几倍，直立时手可触地还有余，手掌比脚掌还长。

● 奇长的手臂

在灵长目动物中，长臂猿的手臂算是最长的了。一只 78 厘米高的长臂猿，手臂竟长达 68 厘米。由于终日在树林间活动，长臂猿的手臂变得特别发达，可以左右回转 180°，手指细长有力，能弯曲成钩子状，紧紧抓住树枝。

白掌长臂猿
白掌长臂猿的手、足为白色或淡白色，故称白掌长臂猿。

它靠两臂交互摆动来悬跃攀树前进，速度几乎可以赶上飞鸟。动物学家把它的这种行走方式称为"臂行法"。长臂猿白天都在 30 米高的上层树冠上活动，手脚并用，连攀带跳，两棵相距三四米远的树，它都能轻松地一跃而过，最远可跳 12 米，而且毫不费力，可以说是空中的跳远冠军。此外，它还具有一双敏锐的眼睛，能在密林中轻松地搜索到食物。

● 不善于地面行走

长臂猿虽然在树上灵活自如，健步如飞，可是一到地面上，就有些笨手笨脚了。由于两臂太长，在它走路时似乎无处可放，于是只好上身略向前倾，将两臂举在头上，肘和腕怪模怪样地扭动着，好像在做出一种投降的姿势，样子非常滑稽可笑。

● 强烈的家庭观念

长臂猿也喜欢群居，但不像其他猴子那样杂是实行严格的"一它们以"家庭"为首领，一家人庭包括双亲和刚只未成熟的小猿。它们的"家庭观念"比较强，彼此之间很关切，常常能在一起同居很长时间。每一个家庭在森林中都占有一块固定的地盘，它

伤心的长臂猿
长臂猿是最重感情的动物，当猿群中出现受伤、生病或死亡者时，在相当长的时间里，它们就不再歌唱和嬉闹，并常常露出哀戚或忧郁的表情。

们从不搭窝，但经常会到固定的树顶上过夜。如果有谁胆敢闯入它们的住地，这些猴子就会集体出动，连喊带叫，齐心协力将敌人赶走。

■ 狒狒（Baboon）——天资聪颖的猴子

狒狒是猴类的一种，生活在非洲东北部和亚洲阿拉伯半岛半沙漠的稀疏树林中，也被称为"阿拉伯狒狒"。雌雄狒狒的个头相差很大，雄性身长 70~75 厘米，大者可达 90 厘米，站立时体高约 1.2 米，而雌性身长不超过 70 厘米。狒狒头部大，吻部像狗，所以又叫"狗头猿"。它的头部两侧至背部披着长毛，从背面看，就像披着一件蓑衣。与雄性狒狒相比，雌性狒狒不仅个头小，而且头小、毛短、吻短，有点儿像猕猴。狒狒吃各种植物，也吃昆虫、蚂蚁、小鸟、野兔等，有时也会成群结队到田间盗食农作物，糟蹋庄稼。

● 严格的集体生活

狒狒

狒狒是灵长类中仅次于猩猩的大型猴类。体形粗壮，四肢修长，短而粗，适于地面活动。

狒狒是唯一聚成大群生活的高等猴类动物。每个群体有 20~60 只狒狒，大的群体多达二三百只，每群又包含若干个"家庭"，各群都有自己的活动领地。狒狒群过着严格的集体生活，组织性很强，领头的是一只身体最强壮、个头最魁梧、毛色最漂亮的雄性狒狒，称为狒王。狒狒和其他猴类不同，是一种地栖生活的种类，甚至晚上也很少上树隐蔽，而宁愿在峭壁悬崖上群体过夜。狒狒的生活很有规律，早上大约 7 点多一齐"起床"，然后成群外出寻找食物和饮水。为了觅食方便，常 30~50 只结成小群分散觅食，每个小群都有一个首领带路，其他雄狒在两侧警戒，中间是母狒和幼狒，幼狒受全群的保护。进食时，从首领开始按等级享用，首领所到之处，其他狒狒都敬畏地退避。首领也时常主动地为礼让它的狒狒理毛以表示友好，这样既联络了感情，又能换来其他狒狒对它更多的殷勤。

爱"扎堆"的狒狒

狒狒喜欢群居，主要在地面活动，也会爬到树上睡觉或寻找食物。善于游泳，也善于鸣叫，能发出很大的叫声。

● 聪明的狒狒

在猴类中，狒狒是最富有智慧的，智力接近于黑猩猩。它们不仅能巧妙地使用工具，而且还能相互合作，共同完成一件事情。狒狒吃果实时，嘴唇边往往沾满了果汁，这时它们会拾起小石块之类的硬东西作为"餐巾"，反复擦拭自己的嘴巴和鼻子，把果汁和其他脏东西擦掉。

另外，狒狒还具有简单的抽象推理能力。科学家通过实验发现，狒狒能感知到 2 套各 16 个不同物体的电脑图像。狒狒还会使用"欺骗术"将别的狒狒支到远离食物的地方，自己则躲在一旁独吞"战利品"。

狒狒母子

狒狒属于濒于灭绝的珍稀动物。科学研究发现，由喜欢聚堆交流的雌狒狒生育和培养的孩子，其存活率特别高。

【动物趣闻】

狒狒群中最大的喜事就是小狒狒的诞生。那时，会有众多狒狒纷纷来到新生"婴儿"的周围，争着向狒妈妈"道喜"。但狒群中有 1 条"家规"，那就是"只准看，不准摸"，只有亲生母亲才能抚摸新生的小狒狒，其他狒狒只能通过抚摸母狒狒来表示它们的慰问和祝贺。

■ 猩猩（Orangutan）——繁殖最慢的哺乳动物

猩猩别名红毛猩猩，曾经一度广泛分布于东南亚和中南半岛，现在仅存于苏门答腊的北部和婆罗洲的大部分低地。猩猩体长约78~97厘米，身高115~137厘米，体重40~90千克；体毛长而稀少，毛发为红色，较粗糙；面部赤裸，呈黑色。猩猩是世界上繁殖最慢的哺乳动物，平均每6年才产下一头幼仔，一生也不过产下3~4头幼仔。

● 森林中的"人"

在马来语中，猩猩是"森林中的人"的意思，因为它们长期生活在森林中。猩猩在树上攀爬的时候十分谨慎，由于身体太重而无法跳跃，因此它们穿越森林顶篷间隙时会在

猩猩
猩猩眉弓不明显，眼睛很小，且中间距离不大，这使它们的脸庞和眼神很像人类。

一棵树上来回地摆荡，从一棵树抓住另一棵树。由于它们总用两个前肢来抓树枝，因此它们的手臂很长，而腿则较短（比手臂短约30%）。猩猩几乎从不下到森林的地面上，但是成年的雄性婆罗洲猩猩除外，这也许是因为它们的天敌——婆罗洲的老虎已经灭绝了。此外，猩猩并不能像非洲的猿类一样用指关节行走，当在地面行动时，它们的手和脚是卷起的。

● 素食主义者

猩猩是素食主义者，食物主要以水果为主。猩猩的胃口很大，有时它们会一整天坐在一棵果树上狼吞虎咽。猩猩也不挑食，它们食用的果实的种类有几百种，也不论成熟与否。因此可以说，它们是全球最大的热带水果消耗者。猩猩有时也会吃一些树叶和嫩枝，偶尔也吃富含矿物质的泥土；它们在很偶然的情况下还会吃脊椎动物，如懒猴等。当缺少水果的时候，它们会吃种子、树木或者藤蔓植物的树皮，这在其他猴类中非常少见。每个猩猩都有自己的领地，因此它们很少会为争食而发生冲突。

● 离群索居的生活

猩猩很少过群体生活，它们是一种非常独行的动物，特别是生活在婆罗洲的猩猩。幼年和青春期的幼猩猩有时会成对地在周围走动或紧跟着家庭，有时也可看见母猩猩和幼猩猩在一起，但当幼猩猩断奶之后，它们就会逐渐独立。

成年猩猩大部分都是独自行动和进食的。即便是被同一棵果树所吸引而相遇时，也都是漠不关心。它们几乎不会进行社会互动，在吃完食物后就各自离去了。

相比之下，苏门答腊猩猩之间的社会交往就会多一些。除了低等级的成年雄性以外，各个阶层的猩猩都是群居并一起活动的。与婆罗洲猩猩相比，苏门答腊猩猩更多地吃水果和无脊椎动物，而比较少吃树皮，它们还会使用工具。这

年幼的猩猩
母猩猩对孩子十分耐心，幼崽在3岁断奶之前，一直都睡在母猩猩的巢里，并受到母亲的精心照料。

【动物趣闻】

猩猩虽然智商很高，但由于声带与人类构造不同，因此受到了发声的限制。但它们可以使用手语，并能用手语与人类交谈。科学家们曾对猩猩进行手语训练，结果发现，不到一年的时间，它们就可掌握近百个词汇。等长到6至7岁时，它们就能用手语与人类交流了。

些差异主要源于它们比较高的种群密度和栖息地比较高的食物产量。在物产丰富的栖息地，集体行动和进食的代价比较低，因此它们能够从群体生活当中受益，比如相互学习使用工具的技能等。

● 濒临绝境

人类一直是猩猩的掠食者和竞争者。大量的野生猩猩的灭绝都是由人类的捕猎活动造成的。在历史上，人们为生存而进行的捕猎活动，可能也是造成猩猩不连续地分布在婆罗洲和苏门答腊岛的主要原因。

猩猩对伐木很敏感，当伐木活动越来越密集的时候，它们就会完全消失。因此，保护猩猩的唯一有效途径就是在自然保护区和国家公园内为它们保留尽可能多的栖息地。为此，马来西亚和印度尼西亚都已经建立了主要的森林保护区。从前，超过90%的野生猩猩都生活在印度尼西亚，然而在20世纪90年代，印度尼西亚发生的经济和政治动乱使得人们开始在保护区伐木。这场动乱最后引发了婆罗洲毁灭性的森林大火。现在，猩猩的数量已经减少了92%以上，而且在1993年和2000年之间，苏门答腊岛北部的数量就下降了整整一半，剩下的种群仅分布于一些小岛。因此，为了防止猩猩在野外灭绝，我们需要对猩猩仅存的一点儿栖息地严加保护。

小猩猩
小猩猩有时会成对聚在一起，但它们长大以后就开始了各自独立的生活。

■ 大猩猩（Gorilla）——温和的巨人

大猩猩主要分布于非洲的喀麦隆、几内亚、加蓬、刚果、扎伊尔等地。大猩猩身高达1.7米以上，体重达300千克，是世界上最大的灵长类动物。大猩猩有三个亚种，分别是低地大猩猩、高山大猩猩（山地大猩猩）和中非平原大猩猩。通常它们栖居于海拔1500~3500米的热带雨林地带，以树叶、嫩芽、花、果实等为食。大猩猩平均寿命为60岁，一般在13~16岁时开始繁殖后代。

● 性情温和的素食动物

大猩猩身材巨大，面孔粗陋，看起来十分怕人，但其实它们并不凶猛，而且还很温和。若遇到陌生的生物距离它们很近时，它们便会大声地咆哮，但这只是为了恐吓对方，使自己不受攻击。它们在发怒或威胁对手时，常用双手捶打胸部，这也只是一种虚张声势的恐吓行为。大猩猩群与群之间也是以礼相待，很少发生厮杀，而且大猩猩与人类的关系也很好，至今还没有出现过确凿的大猩猩伤害人类的案例。

【动物趣闻】

大猩猩是人类的朋友，也受到人类的喜爱。从20世纪30年代开始，电影里就不断出现巨型大猩猩的形象，著名电影《金刚》、《泰山》等都以巨型大猩猩作为主角。在漫画里也常有大猩猩出现。扮装大猩猩的衣服也很普及，许多运动队使用大猩猩作为吉祥物。

低地大猩猩
低地大猩猩主要分布在喀麦隆及中非等地，由于人类的大肆捕杀，数量急剧下降。